即学即用电工电子技术丛书

轻松学同步用电子技术

陈永甫　编著

电子工业出版社.

Publishing House of Electronics Industry

北京·BEIJING

内容简介

本书是根据劳动和社保部的《职业技能鉴定规范》中对电子、电气等相关工种的知识要求编写的。本书的主要内容有：半导体二极管及其应用，半导体三极管及其放大电路，功率放大器，集成运算放大器，*LC*、*RC* 正弦波振荡器和石英晶体振荡器，压电系列元器件，太阳能电池，直流稳压电源。这些内容是从事电子、电气、通信、自动化等专业不可缺少的基础知识。

为配合所学内容，理论联系实际、学用结合，每章末尾均配有同步自测练习题，它涵盖了本章的各主要知识点、重要定理和典型电路，即学即用。题后附有各题的参考答案，解题思路清晰，解题过程完整，答案精准，便于办班培训或自学。

本书的编写以突出应用性为出发点，侧重讲清物理概念，尽量淡化烦琐的数学推导，图文结合，语言通俗，深入浅出，学用结合，易学易懂，融知识性、趣味性和实用性为一体，适合具有中等文化程度的读者学习。本书可作为电子、电气、通信、自动化行业从业人员的上岗、转岗、晋级培训及学习用书，也可供相关职业院校、技校的师生和相关行业的技师、技工及广大电子爱好者学习参考。

图书在版编目（CIP）数据

轻松学同步用电子技术/陈永甫编著. —北京：电子工业出版社，2015.2
（即学即用电工电子技术丛书）

ISBN 978-7-121-25128-3

Ⅰ. ①轻…　Ⅱ. ①陈…　Ⅲ. ①电子技术　Ⅳ. ①TN

中国版本图书馆 CIP 数据核字（2014）第 294345 号

策划编辑：柴　燕（chaiy@ phei. com. cn）
责任编辑：韩玉宏
印　　刷：北京天来印务有限公司
装　　订：北京天来印务有限公司
出版发行：电子工业出版社
　　　　　北京市海淀区万寿路 173 信箱　邮编 100036
开　　本：787×1 092　1/16　印张：21.5　字数：550 千字
版　　次：2015 年 2 月第 1 版
印　　次：2015 年 2 月第 1 次印刷
定　　价：59.80 元

凡所购买电子工业出版社图书有缺损问题，请向购买书店调换。若书店售缺，请与本社发行部联系，联系及邮购电话：（010）88254888。

质量投诉请发邮件至 zlts@ phei. com. cn，盗版侵权举报请发邮件至 dbqq@ phei. com. cn。

服务热线：（010）88258888。

前　　言

　　随着时代的发展，电子技术在国民经济的各个领域所起的作用越来越大，并深深地渗透到人们的生活、工作、学习的方方面面：从居家的高清晰电视、高保真度 CD 机、Hi-Fi 影视机、4G 手机、100M 宽带网，到室外天空的飞机、GPS 定位卫星、太空航天器、宇宙飞船的无线电遥控遥测，电子技术的应用举目可见、无处不在。

　　在电子技术广泛应用的今天，懂得电子学的一些基础知识，是每个国民应具备的素质，是时代的要求。对于初涉电子、电气行业的从业人员和电子爱好者，学习并掌握一定的电子技术知识和技能，是做好本职工作的需要。

　　电子是人眼不能直接观察到也摸不到的精微物质，电子从哪里来？电子流怎样流动？半导体 PN 结何以将交流整流成直流？而内有两个 PN 结的三极管何以能对弱信号进行高倍数放大？太阳能光伏电池是什么？这种半导体 PN 结何以能将光能转化成电能？太阳能光伏阵列如何并入国家电网？……这些问题是"电子技术"课程研究的范畴。

　　"电子技术"是研究各种半导体器件、电子电路及其应用的学科，是从事或学习电子、电力工程、通信、雷达、遥控遥测、自动化等专业必修的技术基础课。根据作者多年来从事电子工程设计、教学和技能培训的经验和心得体会，参考劳动和社保部颁发的《职业技能鉴定规范》和《技术等级标准》中对电气、电子等相关工种的知识要求和技能要求的内容，决定了本书的 8 章内容：半导体二极管及其应用，半导体三极管及其放大电路，功率放大器，集成运算放大器，LC、RC 正弦波振荡器和石英晶体振荡器，压电系列元器件，太阳能电池，直流稳压电源。

　　本书的每章均由如下四部分组成。

　　（1）知识结构图：归纳、概括了本章的主要内容和各相关知识点、重要定理（定义）、运用公式，使读者从每章一开始便了解到本章的核心内容和各部分间的来龙去脉及其内在联系，对本章的核心内容、各主要知识点、难点一目了然。

　　（2）课程基本内容：针对电子、电气行业在岗技能培训人员和刚从事电子技术工作的就业人员及具有中等文化程度的电子爱好者，在编写本书时，尽量做到内容取舍得当，难易适中，突出技术性、应用性的特点，着重阐明物理概念，力求突出问题的实质，淡化烦琐的数学推导，让初涉电子技术的读者入门快、看得懂、学得会、记得牢、用得上、学用结合、融会贯通、与时俱进。

　　（3）章节内的例题：为配合书中的重要内容，紧密联系实际，选配了一些具有代表性的例题，通过对例题的解题分析，引导读者归纳出解题的方法和技巧，提高分析和解决问题的能力，具有举一反三、触类旁通的作用。

（4）同步自测练习题及参考答案：为学用结合，在每章末尾都配备了适量的同步自测练习题，以巩固和加深理解所学内容。对于稍难的题，还有解题提示，在分析题意的基础上，给出了解题的思路或方法，引导读者进行分析、归纳，提高解题技巧。

本书由陈永甫教授主笔，谭秀华教授审核，陈一民、张梦儒参加了编写工作。由于书中内容涉及面广，加之水平有限，难免存在疏漏之处或错误，恳请广大读者批评、指正。

作者于河大紫园

2015 年 1 月

关于书中相关栏目的说明

◆ **各章知识结构**：每章始页绘出了该章的知识结构图，它概括了该章的知识内容、重要定理、推理、公式和主要知识点。读者只需浏览片刻，就能迅速了解该章的重要知识点，理清各知识点之间的脉络联系及体系结构。

◆ **要点**：位于每节的开始，点明该节的实质内容或结论，以利于读者了解该节所讲述的中心内容和精髓所在。

◆ **例题**：结合内容，列举典型例题，有助于深入理解课程内容，消化所学知识，并从中学习解决问题的方法，提高分析问题的能力。

◆ **相关知识**：穿插于各章节之中，对与所讲内容相关的知识或连带的技术（信息）进行扼要说明或介绍，加强知识间的联系，拓宽知识面。

◆ **应用知识**：穿插于各章节之中，结合书中内容，联系实际，列举应用实例或典型现象，进行简短说明或分析，学用结合，提高读者的应用能力和动手制作能力。

◆ **图表的使用**：为了便于理解所讲内容，书中安插了大量配图，图形绘制精细，表达确切，图文结合，易学易懂；书中还配备了大量数据表格，资料来源确切、翔实，可直接用来进行电路计算或工程设计。

◆ **解题提示**：对有代表性的例题和较难的练习题，从分析其题意（或电路模型）、给定条件和求证（结果或结论）之间的关系入手，引导读者分析前因后果关系，理清解题思路，找出问题的症结所在，给出解决问题的方法。

◆ **题后分析**：有些习题可能有多解或思路不同的解法（或做法）。题后进行讨论、分析、比较，一则引导读者广开思路，找出最简解法（或做法），提升综合分析能力；二则通过归纳解题技巧和做题方法，提高读者解题的思维技巧，巩固所学，做到融会贯通，达到触类旁通的功效。

目　　录

半导体二极管及其应用

本章知识结构

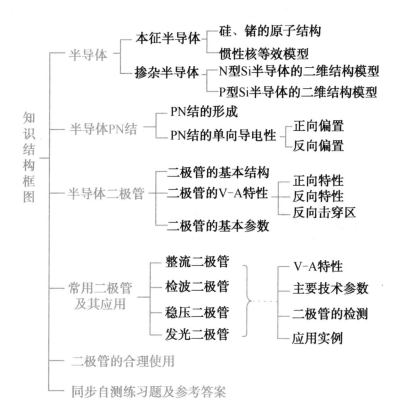

1.1 半导体 PN 结

要点▶

半导体是指导电能力介于导体和绝缘体之间的一类物质，它可分为本征半导体、P 型半导体和 N 型半导体。P 型、N 型半导体的导电能力远高于本征半导体，使用特殊工艺可在 P 型和 N 型半导体界面处形成 PN 结。

1.1.1 本征半导体、N 型半导体和 P 型半导体

价电子
惯性核

在半导体器件中，最常用的是硅（Si）和锗（Ge）的单晶体。锗和硅的单个原子结构示意图如图 1.1（a）和图 1.1（b）所示。电子在原子核的周围形成轨道。锗和硅原子最外层的电子（称为价电子）数都是 4 个，即有 4 个价电子。因此锗和硅的原子价是 4 价。图 1.1（c）是带正电荷的惯性核及其最外层的价电子构成的简化后的惯性核等效模型。图中的"+4"表示除外层的价电子外，所有内层电子和原子核所具有的电荷量，而整个原子呈中性。

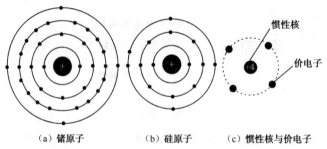

（a）锗原子　　　（b）硅原子　　　（c）惯性核与价电子

图 1.1　锗和硅单个原子的结构及惯性核等效模型示意图

1. 本征半导体

单晶硅、锗为 4 价电子

本征半导体硅是纯净晶体结构的单晶硅。在它的晶体结构中，每个原子之间相互结合，构成一种相对稳定的共价键结构，如图 1.2 所示。单晶硅和单晶锗中每个原子最外层的

共价键

4 个价电子同时受两个原子核的束缚，为它们所"共有"，

Si 二维模型

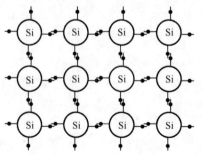

图 1.2　单晶硅（Si）的共价键结构二维模型

故称为"共价键"。这样一来，原子的最外层轨道上出现了图 1.2 所示 8 个价电子的稳定原子结构。

在本征半导体中，常温（$T = 300K$，即 $t = 25℃$）下，只有极少量的共价电子能够挣脱共价键束缚，产生的电子 - 空穴对的数量很少，导电能力差，难以制造有实用价值的半导体器件。

2. N 型半导体（电子型半导体）

在本征半导体硅（或锗）中掺入极其微量（同硅的重量比约为 1：1000000）的砷（As）、磷（P）或锑（Sb）等 5 价杂质原子时，其二维结构模型如图 1.3 所示。

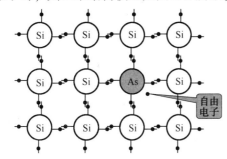

图 1.3　N 型半导体硅（Si）的二维结构模型

掺入的 As 原子在本征半导体中给出了一个多余的电子，故称 As 为施主杂质。每个施主原子在给出一个自由电子后成为一个带正电荷的离子，该正离子被固定在晶格中不能移动（由于共价键的束缚），因而无法参与导电。这样，在本征半导体中掺入微量的 5 价元素就可在半导体中产生大量的自由电子，使其导电能力大大增强。这种以电子为多数载流子的杂质半导体，因其以带负电的电子导电，故称为 N（取 negative 的首个字母）型半导体，或称电子型半导体。

3. P 型半导体（空穴型半导体）

在本征半导体硅（Si）或锗（Ge）中掺入微量的镓（Ga）或硼（B）等 3 价元素，就形成了 P 型半导体。镓（或硼）原子有 3 个价电子，与相邻的 4 个硅原子组成共价键时，因缺少一个价电子而出现一个空位。当相邻共价键上的电子受到热振动和在其他激发条件下获取能量时，就有可能填补这个空位，而使相邻原子形成一个空穴，如图 1.4 所示。

在 P 型半导体中，空穴是多数载流子，自由电子是少数载流子，导电以空穴为主，故 P 型半导体也称为空穴半导体。

在 P 型半导体（或 N 型半导体）内部有大量带正电的

本征半导体中掺入 5 价原子 As

掺入 5 价元素使导电能力增强

N 型半导体

P 型半导体

本征半导体中掺入 3 价元素

P 型半导体
（空穴半导体）

在无激发状态下均呈现中性

空穴（或带负电的自由电子），但由于带有相反极性电荷的杂质离子的平衡作用，无论是 P 型半导体还是 N 型半导体，对外均呈现电中性。

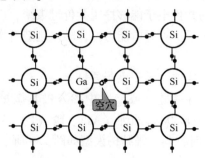

图 1.4　P 型半导体硅（Si）的二维结构模型

1.1.2　半导体器件的核心——PN 结

杂质半导体虽然使半导体的导电能力有所增强，但单一的 P 型或 N 型半导体还不具备形成半导体器件的能力。下面介绍半导体二极管、三极管和场效应管等的 PN 结的形成和特性。

1. PN 结的形成

扩散形成薄电荷区，即 PN 结

利用特殊的掺杂工艺，在一块单晶硅（或锗）片的一边形成 P 型半导体，另一边形成 N 型半导体。在 P 型和 N 型半导体结合之初，由于 P 区的空穴浓度大，N 区的电子浓度大，因此在两者的结合面处发生空穴与电子的扩散，如图 1.5（a）所示。扩散过程中，一方面，P 区中的空穴越过交界面与 N 区中的电子复合；另一方面，N 区中的电子会越过交界面与 P 区中的空穴复合。这样，就在 N 区靠近交界面处带正电荷，在 P 区靠近交界面处带负电荷，于是在交界面的两侧形成了一个很薄的空间电荷区，这一薄层命名为 PN 结，如图 1.5（b）所示。

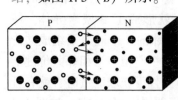

（a）载流子的扩散运动

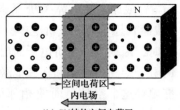

（b）PN结的空间电荷区

图 1.5　半导体 PN 结的形成

耗尽区两侧形成内电场

在空间电荷区内，由于多数载流子（在 P 区为空穴，在 N 区则为电子）扩散到对边并被复合，不再存在载流子，所以又叫耗尽区。同时，由于 **PN** 结两边分别带正电和负电，故在其交界面形成了一个电位差，即形成了内电场。该内电场具有阻挡多数载流子扩散运动的作用，所以又称其为阻挡层。

2. PN 结的单向导电特性

1）PN 结加正向电压（正向偏置）

在 PN 结上加正向电压的电路如图 1.6（a）所示，将 P 区接电池正极，N 区接电池负极，这种接法叫作 PN 结正向连接，或称正向偏置。正向偏置电压所产生的外电场与 PN 结内电场方向相反，使内电场削弱，空间电荷区变窄，即阻挡层变薄，壁垒变低，多数载流子形成较大的正向电流（从 P 区流向 N 区的电流），如图 1.6（b）所示。在一定范围内，外电场越强，正向电流越大。这说明 PN 结在正向电压作用下，其 PN 结电阻很小，呈导通状态。

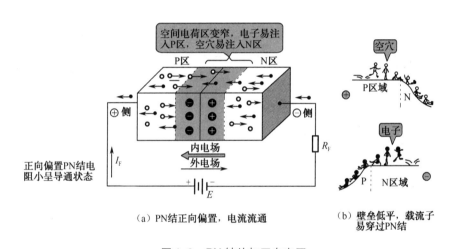

（a）PN结正向偏置，电流流通　　（b）壁垒低平，载流子易穿过PN结

图 1.6　PN 结外加正向电压

2）PN 结加反向电压（反向偏置）

若给 PN 结加反向电压，即外电源的正极接 N 区，负极接 P 区，如图 1.7（a）所示。这时 PN 结反向偏置，使外电场与内电场方向一致，加强了内电场，空间电荷区变厚，即阻挡层加宽，PN 结呈现的反向电阻很高，即处于高阻截止状态。图 1.7（b）形象地表示，多数载流子的扩散运动因 PN 结的壁垒高耸而难以穿过而断流。

综上所述，PN 结在正向偏置下，PN 结导通；当 PN 结反向偏置时，反向电阻很大，PN 结呈截止状态。半导体 PN 结的这种特性称为单向导电性。

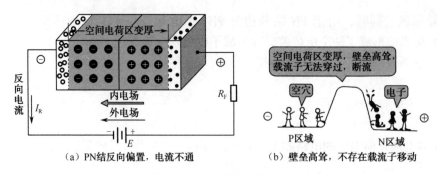

（a）PN结反向偏置，电流不通　　（b）壁垒高耸，不存在载流子移动

图 1.7　PN 结外加反向电压

1.2　半导体二极管

要点 ▶

　　二极管是由 PN 结加上外封装和引线构成的，其基本特性就是 PN 结的单向导电特性。它的 V－A 特性曲线形象地反映了半导体二极管的单向导电特性和反向击穿特性。二极管是非线性器件。

1.2.1　二极管的基本结构和电路图形符号

二极管 VD

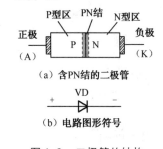

（a）含PN结的二极管

（b）电路图形符号

图 1.8　二极管的结构
与电路图形符号

　　半导体二极管简称二极管，其基本结构是一个 PN 结。将 PN 结加上欧姆接触电极和外引线，再用管壳封装起来，就成为一个二极管，如图 1.8（a）所示。P 区的引出端为正极（或称阳极），N 区的引出端为负极（或称阴极）。二极管的文字符号用 V 或 VD 表示，电路图形符号如图 1.8（b）所示。

二极管的分类方法有多种。

（1）按 PN 结的半导体材料分，有硅（Si）二极管、锗（Ge）二极管及砷化镓（GaAs）二极管等。

（2）按二极管的内部结构分，有点接触型、面接触型及平面型等。点接触型和面接触型二极管的结构如图 1.9 所示。

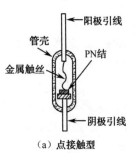

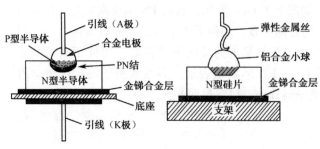

（a）点接触型　　　　　　　　（b）面接触型

图 1.9　二极管的内部结构示意图

1.2.2 二极管的 V – A 特性

二极管最重要的特性就是单向导电性，可以用 V – A 特性来说明。二极管两端所加电压与通过它的电流之间的关系，用曲线可形象地表示出来，如图 1.10 所示。

V – A 特性

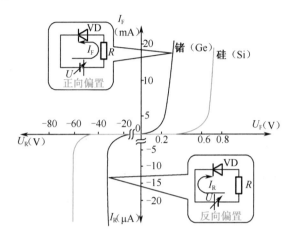

图 1.10 二极管的 V – A 特性曲线

1. 正向特性

当加在二极管上的正向电压很小时，外电场不足以克服 PN 结内电场对多数载流子扩散运动的阻力，二极管呈现较大的阻值，形成的正向电流 I_F 很小，几乎为零。当正向电压超过一定数值后，内电场被大大削弱，正向电流逐渐变大，二极管开始导通。

二极管导通的条件：一是 PN 结必须加正向偏置电压；二是正向偏压大到一定的值，其大小与 PN 结的材料与环境温度有关。对于硅二极管，其值约为 0.6V；对于锗二极管，其值为 0.2V 左右。

正向偏压：
硅管为 0.6V 左右
锗管为 0.2V 左右

需要说明的是，二极管导通后的正向电流将随着正向电压的增加而急速增大，如不采取限流措施，过大的电流会使 PN 结发热，当超过最高允许温度（一般锗管为 90 ～ 100℃，硅管为 125 ～ 200℃）时，二极管将被烧坏。为此，常在二极管电路中串入限流电阻，用以保护二极管，如图 1.11 （a)所示。

为防止管子烧坏，应加限流电阻

2. 反向特性

当二极管进行反向偏置（即二极管加上反向电压）时，外电场加强了 PN 结的内电场，使二极管处于截止状态，正

反向偏置：二极管截止

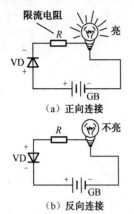

限流电阻 *R* 亮

VD

+ — GB

（a）正向连接

R 不亮

VD

+ — GB

（b）反向连接

图 1.11 二极管的正向和反向连接

反向击穿用 U_{BR} 表示

一般规定，$U_{RM} \approx \frac{1}{2} U_{BR}$

反向电流 I_R 越小越好

向电流被完全截断，图 1.11（b）中的灯光不亮。但二极管内少数载流子的漂移运动会形成很小的反向电流。常温下，反向电流 I_R 很小，如图 1.10 所示。

反向电流 I_R 的大小是衡量二极管质量优劣的重要参数之一。反向电流太大，说明二极管的单向导电性能和温度稳定性很差。因此，选择和使用二极管时，对 I_R 应给予充分的注意。

3. 反向击穿区

当加在二极管上的反向电压增加到某一数值时，反向电流会急速增大，这种现象叫作反向击穿，如图 1.10 所示。发生击穿时的电压叫作反向击穿电压，常以 U_{BR} 表示。

普通二极管在正常运行时应限制击穿电流，避免出现反向击穿。但利用反向击穿后二极管两端电压降几乎不变的特性，可制成稳压二极管。

1.2.3 半导体二极管的主要技术参数

二极管的技术参数是评价二极管性能的重要指标，是正确地选用和使用二极管的依据。

（1）最大整流电流 I_{FM} I_{FM} 是指二极管长期工作时，允许通过的最大正向电流的平均值。超过这一值，二极管将因过热而烧坏。

（2）最高反向工作电压 U_{RM} U_{RM} 是指允许加在二极管上的反向电压最大值，即耐压值。一般半导体手册中规定最高反向工作电压为反向击穿的电压的一半，以确保二极管安全应用。

（3）反向电流 I_R I_R 是指二极管在规定的反向电压和环境温度下的反向电流。I_R 值越小，则管子的单向导电性越好。一般，硅管的反向电流较小；锗管的反向电流较大，为硅管的几十至几百倍。

（4）最高允许工作频率 f_M f_M 是二极管工作频率的上限值，主要由 PN 结电容的大小所决定。

除上述参数外，二极管的参数还有反向饱和电流、正向压降、结电容、截止频率等。对于普通整流用的二极管可不考虑这些参数。

1.2.4 测量二极管

半导体二极管的核心是一个 PN 结，它具有单向导电的特性，正向导通时呈低阻，反向偏置时呈高阻，利用数字万用表的二极管挡可以判定二极管的正、负极性，鉴别是锗管还是硅管，并能测出管子的正向导通电压。

用二极管挡测量时，将黑表笔插入 COM 孔，红表笔插入
V/Ω 孔，如图 1.12 所示。二极管测量与线路通断检测用的蜂鸣
器挡是同一个挡位，有的数字万用表也称之为二极管挡。

二极管的测量

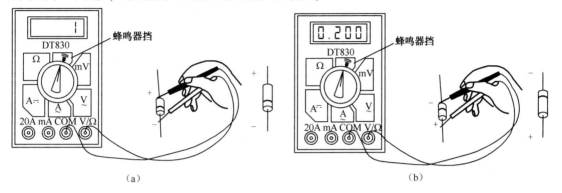

(a)   (b)

图 1.12　用数字万用表检测二极管

1. 判定正、负极

将数字万用表功能开关选择为二极管挡，用红、黑两只
表笔分别接二极管的两个电极，若显示值为 1V 以下，则说
明管子处于正向导通，红表笔接的是正极，黑表笔接的是负
极。如果显示 .OL 或溢出符号 1，则管子处于反向截止状
态，黑表笔接的是正极，红表笔接的是负极。

对调表笔，若两次测量都显示 .000，则说明二极管内
部短路；都显示 .OL 或溢出符号 1，说明管子内部断路。

2. 区分锗管与硅管

二极管挡的工作原理是：万用表内基准电压源向被测二
极管提供大约 1mA 的正向电流，管子的正向电压降就是万
用表输入电压——对于锗管，应显示 0.150～0.300V；对
于硅管，应显示 0.500～0.700V。根据管子的正向电压差，
很容易区分锗管与硅管。

蜂鸣器挡用来检测线路通断时，若被测两点间的电阻小
于 30Ω，则会同时发出声光信号。

用蜂鸣器挡检查线路通断情况

1.3　半导体二极管的常见应用

半导体二极管是一种非线性器件，常用 V－A 特性描述
其性能。不同类型的二极管，其 V－A 特性不同。整流二极
管利用 PN 结的单向导电性进行整流；稳压二极管利用 PN
结的反向击穿特性实现稳压；发光二极管是一种电致发光器
件，在其 PN 结正向导通时，其管芯能将电能转换成光能而
发光。

◀要点

1.3.1　整流二极管

1. 整流二极管的特点和作用

整流二极管的特点

整流二极管通常选用硅半导体材料制作的面接触型 PN 结，具有正向电流大、反向击穿电压高、允许结温高等特点。

作用

整流二极管的作用是利用其内 PN 结的单向导电性，将交流电变成直流电。整流二极管有金属封装、玻璃封装、塑料封装和表面封装等多种形式，图 1.13 给出了部分整流二极管的外形。

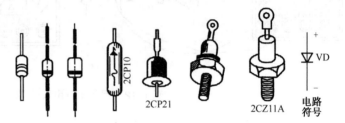

图 1.13　部分整流二极管的外形

2. 常用整流二极管

常用的国产普通（低频）整流二极管有 2CP1 ～ 2CP4 系列、2CZ11 ～ 2CZ13 系列、2CZ55 ～ 2CZ60 系列、2CZ80 ～ 2CZ86 系列和 2DP3 ～ 2DP5 系列等。常用的国产高频整流二极管有 2CP6 系列、2CP10 ～ 2CP20 系列、2CZ20/21 系列、2CG 系列、2DG 系列和 2DZ2 系列等。

表 1.1 给出了国产 2CP 系列和 2CZ 系列普通整流二极管的主要技术参数。

表 1.1　国产 2CP 系列和 2CZ 系列普通整流二极管的主要技术参数

技术参数 型号	量大整流 电流（A）	正向压降 （V）	最高反向工作电压（V）	反向电流 （μA）	截止频率 （kHz）
2CP1/2CP2/2CP3/2CP4	0.5	≤1	100/200/300/400	≤500	3
2CP1D/E/F/G/H/I	0.5	≤1	500/600/700/800/900/1000	≤500	3
2CP21/2CP21A/2CP22/2CP23	0.3	≤1	100/50/200/300	≤250	3
2CP24/25/26/27/28	0.3	≤1	400/500/600/700/800	≤250	3
2CZ5/10/50	5/10/50	≤0.65	300 ～ 700	1.5/2/5	3
2CZ11K/A/B/C/D/E/F/G/H/I	1	≤1	50/100/200	≤10	3
2CZl2/A/B/C/D/E/F/G/H/I	3	≤1	/300/400/500	≤50	3
2CZ13/A/B/C/D/E/F/G/H/I	5	≤0.8	/600/700/800/100	≤50	3
2CZ30A ～ 2CZ30M	30	≤0.8	25 ～ 100	≤50	3
2CZ32B/C	1.5	≤1	50/100	≤10	3
2CZ100A ～ 2CZ/100M	100	≤0.8	25 ～ 1000	≤1000	3
2CZ200A ～ 2CZ200M	206	≤0.8	25 ～ 1000	≤2000	3

3. 半波整流电路

图 1.14 为简单的半波整流电路。利用二极管 VD 的单向导电特性，可将交流电整流成直流电压。在交流正半周时，VD 导通；在负半周时，二极管 VD 不导通，将正、负交变电压变成单方向的脉冲电压。脉冲电压经 RC 滤波器滤波后，得到近似于直流的电压 u_o。

半波整流

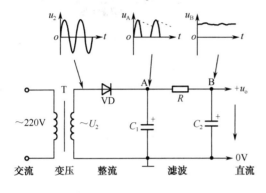

图 1.14 半波整流电路

4. 全波整流电路

全波整流电路由 4 只整流二极管（称为"全桥整流器"，VC），将交流电变换为直流电，实现变换这一任务还是靠二极管的单向导电作用。图 1.15 是单相桥式整流电路。

全波整流（桥式整流）

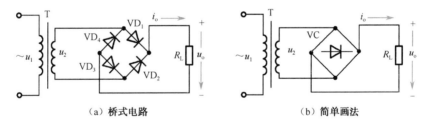

（a）桥式电路　　　　　　　　（b）简单画法

图 1.15 单相桥式整流电路

图 1.15 中桥式电路的整流原理如下：当 u_2 交流电为正半周时，二极管 VD_1、VD_3 导通，而 VD_2、VD_4 截止，电流 I_o 流过负载 R_L，输出 $u_o = u_2$；当 u_2 为负半周时，VD_2、VD_4 导通，VD_1、VD_4 截止，电流 i_o 也流过负载，$u_o = -u_2$。

桥式整流电路原理

图 1.16 是在图 1.15（a）基础上加了 π 型 RC 滤波器的整流电路。两个电路的整流原理相同，在桥式整流器与负载 R_L 之间加了一个由 C_1、C_2 和 R 组成的 $RC-π$ 型滤波器，可对整流输出的脉冲电压进行滤波，使输出变为平直的直流电压，如图 1.16 所示。

π 型滤波器

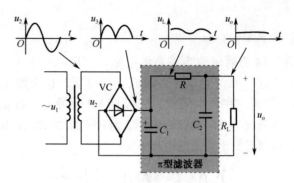

图 1.16　单相桥式整流 $RC-\pi$ 型滤波电路

1.3.2　检波二极管

1. 检波二极管的作用

人耳可听到的高音有限

电子爱好者对调幅（AM）收音机很熟悉，中频放大器的输出是载频为 465kHz 的调幅信号，由于频率高，人耳听不到（人耳可听到的信号频率最高为 18kHz 信号）。中频（465kHz）调幅信号必须经过二极管检波检出音频信号，人耳方能听到。

检波概念

调幅（AM）信号的解调称为振幅检波，简称检波。检波是利用二极管 PN 结的 V-A 特性的非线性检出信号的。检波二极管广泛应用于半导体收音机、电视机、通信机等的解调电路中。

2. 检波二极管的 V-A 特性及其主要技术参数

检波管为非线性器件

检波是利用二极管的单向导电特性，将调制在高频载波上的音频信号解调出来。检波二极管是一种典型的非线性器件，要求结电容小、反向电流小、正向压降小、频率特性好，常采用锗（Ge）材料的点接触型的二极管。图 1.17 是国产 2AP 系列锗玻璃封装二极管的外形和内部的触丝（钨丝）点接触结构示意图。图 1.18 是锗检波二极管的 V-A 特性曲线。

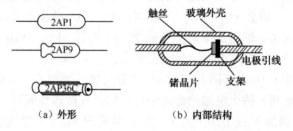

（a）外形　　　　　　（b）内部结构

检波用锗 2AP 型管

图 1.17　2AP 系列锗二极管的外形和内部结构示意图

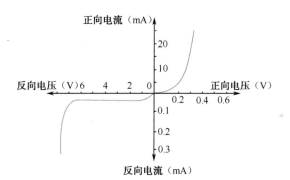

图1.18 锗检波二极管的V–A特性曲线

除一般二极管参数外，检波二极管还有一个特殊参数——检波效率 η。它定义为在检波二极管输出电路的电阻负载上产生的直流输出电压与加于输入端的高频正弦信号电压峰值之比的百分数，即

$$\eta = \frac{直流输出电压}{输入信号电压峰值} \times 100\% \qquad (1.1)$$

检波效率 η

检波二极管的检波效率会随工作频率的增高而下降。

常用的检波二极管有 2AP1～2AP7 及 2AP9～2AP17 等型号，表1.2列出了其主要技术参数。

表1.2 常用检波二极管的规格及参数

参数	单位	型号									
		2AP1	2AP2	2AP3	2AP4	2AP5	2AP6	2AP7	2AP9	2AP10	2AP11～2AP17
最大整流电流	mA	16	16	25	16	16	12	12	5	5	15～30
最高反向工作电压	V	20	30	30	50	75	100	10	15	30	10～100
反向击穿电压	V	≥40	≥45	≥45	≥75	≥110	≥150	≥150	≥20	≥40	—
正向电流	mA	≥2.5	≥1.0	≥7.5	≥5.0	≥2.5	≥1.0	≥5.0	≥8	≥8	≥10～60
反向漏电流	μA	≤250	≤250	≤250	≤250	≤250	≤250	≤250	≤200	≤40	≤250
截止频率	MHz	150	150	150	150	150	150	150	100	100	40
极间电容	pF	≤1	≤1	≤1	≤1	≤1	≤1	≤1	≤1	≤1	≤1
检波效率	%								≥80	≥80	

3. 接收机检波电路

图1.19是接收机常用的检波电路。中放末级输出的调幅波经中周 T 的次级加至检波二级管的负极，其调幅波的上部被截止，下部通过了二极管，k 点波形如 $u_k(t)$ 所示。$u_k(t)$ 波形经 R_2C_4 滤波器滤除其载频（465kHz）成分，在 c 点输出解调后的音频信号 $u_c(t)$，经可调电位器 RP 和隔直电容 c_5 加至前置低频放大器。AGC（自动增益控制）是利

调幅（AM）检波

用检波输出电压直流成分的一部分，经 R_3 加至中放的 VT_2、VT_3 的基极，实现中放的自动增益控制。

4. "随身听"袖珍机倍压检波

图 1.20 是一个来复式单管收音机（俗称"随身听"）电路。磁性天线线圈 L_1 和可调电容器 C_1 组成调谐回路，用于选择要收听的电台信号，高频信号经 L_2 加至锗三极管 VT_1 的基极进行高频放大，放大后的高频信号由电容 C_2 送至二极管 VD_1 和 VD_2 进行倍压检波，检波后的音频信号再送回到 VT_1 的基极进行低频来复放大，放大后的音频信号再由 VT_1 集电极输出推动耳机 B 放音。VD_1、VD_2 采用锗二极管 2AP9（或 2AP10），用于倍压检波。

倍压检波

实用电路 I

实用电路 II

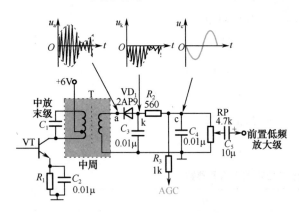

图 1.19 用检波二极管进行检波的典型电路

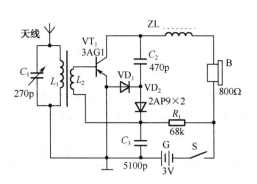

图 1.20 来复式单管收音机电路

1.3.3 稳压二极管

稳压二极管也称齐纳（Zener）二极管，在反向击穿时其反向电压几乎不随反向电流大小变化而是稳定在某一数值，在电路中起稳定电压的作用。

1. 稳压二极管的 V–A 特性

稳压是利用反向击穿电压不变特性

稳压二极管通常由硅（Si）半导体材料制成，具有普通二极管的单向导电性能，如图 1.21 所示。它的正向特性及反向电压特性与普通二极管很相似。但当反向电压增大到一定值时，反向电流突然增大而发生击穿，由于其内阻很小，反向电流在很大范围内变化时，管子的端电压基本保持不变，相当于一个恒压源。普通二极管是不允许使用在击穿区的，否则会因击穿而损坏。

2. 稳压二极管的种类和主要技术参数

稳压二极管的种类很多，可根据其封装形式、稳压时电流容量等进行分类。按照封装形式的不同，可分为金属壳体封装、玻璃封装和塑料封装二极管等。图 1.22 给出了部分稳压二极管的外形及电路图形符号。

注意其 **V – A** 特性曲线的反向击穿电压不变特性

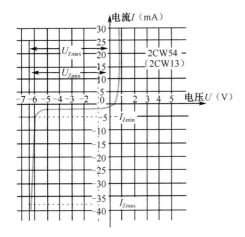

图 1.21　稳压二极管的 V – A 特性曲线

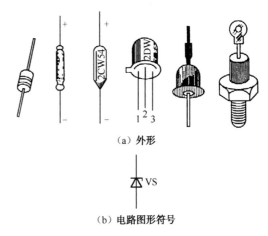

（a）外形

（b）电路图形符号

图 1.22　部分稳压二极管的外形及电路图形符号

稳压二极管的主要技术参数如下。

主要技术参数

（1）**稳定电压 U_Z**　它是指在稳压二极管击穿后，在规定的电流值下管子两端的反向电压值。例如，2CW53 型硅稳压二极管的 $U_Z = 4.0 \sim 5.8\text{V}$。

（2）**最大工作电流 I_{ZM}**　它是指稳压二极管在长期工作时，允许通过的最大反向电流值。例如，2CW53 型管的 $I_{ZM} = 41\text{mA}$。

（3）**最大耗散功率（功耗）P_{CM}**　它是指稳压二极管允许的最大工作电流 I_{ZM} 与稳定电压 U_Z 的乘积。例如，2CW53 型管的 $P_{CM} = 0.25\text{W}$。

除上述几项参数外，还有反向测试电流（I_Z）、动态电阻（R_Z）、最高结温（T_{JM}）、温度系数（C_{TV}）等参数。

3. 常用稳压二极管

国产稳压二极管有 2CW37-2.0A ～ 2CW37-36B 系列、2CW50 ～ 2CW149 系列、BW 系列和 2DW 系列。表 1.3 列出了 2CW 系列部分稳压二极管的型号和主要技术参数。

表 1.3　2CW 系列部分稳压二级管的型号和主要技术参数

型号	最大耗散功率（W）	稳定电压（V）	最大工作电流（mA）	动态电阻 R_{Z1}（Ω）	动态电阻 I_{Z1}（mA）	动态电阻 R_{Z2}（Ω）	动态电阻 I_{Z2}（mA）	电压温度系数（×10⁻⁴/℃）	最高结温（℃）	外形及尺寸（mm）
2CW52	0.25	3.2～4.5	55	550	1	70	10	-8	150	2CW50～2CW109（0.25W、1W） 30　φ7/φ9.6　73/76　7.4　φ4.5/φ6.5　13/14.5　φ0.7/φ0.8
2CW53		4.0～5.8	41	550		50		16～−14		
2CW54		4.5～6.5	38	500		30		−3～−5		
2CW55		6.2～7.5	33	400		15	5	6		
2CW56		7.0～8.8	27					7		
2CW57		8.5～9.5	26			20		8		
2CW58		9.2～10.5	23			25	15	≤8		
2CW59		10～11.8	20			30		≤9		
2CW60		1.5～12.5	19			40				
2CW61		12.2～14	16			50	3	≤9.5		
2CW62		13.5～17	14			60				
2CW63		16～19	13			70				
2CW64		18～21	11			75		≤10		
2CW65		20～24	10			80				

4. 稳压二极管的应用

应用场合

硅稳压二极管的稳压电路的优点是简单、成本低，通常适用于输出功率不大、稳定度要求不高的场合。下面举例说明。

1）简单的并联型稳压电路

并联稳压

用稳压二极管作调整管与负载并联所组成的稳压电路如图 1.23 所示。

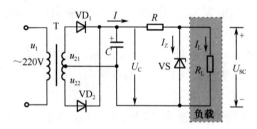

图 1.23　最简单的并联稳压电路

要求输入电压
$U_{\mathrm{C}}=(2～3)\,U_{\mathrm{SC}}$

稳压工作原理：当输出电压 U_{SC} 升高（或降低）时，会引起稳压二极管 VS 反向电阻的减小（或增大），即流过稳压管 VS 的电流 I_{Z} 的增大（或减小），从而升高（或降低）在 R 两端的电压来抵偿 U_{SC} 的变化，使输出电压稳定。输入电压取 $U_{\mathrm{C}}=(2～3)\,U_{\mathrm{SC}}$。

2）简单的串联型晶体管稳压电路

电路如图1.24所示。由于串联在输出电路中的调整管 串联稳压
VT的基极电压被稳压二极管VS所稳定，故在输出电压 U_{SC}
发生变化时，调整管VT的基极–发射极电压 U_{BE} 相应变化，
使得VT的管压降向相反方向变化，从而使输出电压基本保
持稳定。

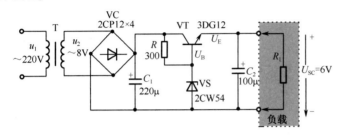

图1.24 最简单的串联型晶体管稳压电路

具体调整过程：当负载变化引起输出 U_{SC} 下降时，调整 稳压过程
管VT的基极–发射极电压 $U_{BE} = U_B - U_E = U_B - U_{SC}$，由于
基极电压 U_B 是恒定的，U_{SC} 降低，则 U_{BE} 升高，使基极电流
和集电极电流都增加，从而使 U_{SC} 上升，则 U_{SC} 仍保持不变。
这一调整过程可简化为

$$U_{SC}\!\downarrow\;\rightarrow U_{BE}\!\uparrow\;\rightarrow I_C\!\uparrow\;\rightarrow U_{CE}\!\downarrow$$
$$U_{SC}\!\uparrow$$

负反馈环路

1.3.4 发光二级管（LED）

发光二极管是一种把电能转换成光能的半导体发光器
件，常写作LED（Light Emitting Diode）。

1. 发光二极管的发光机理与特点

发光二极管的PN结通常采用复合几率高的磷化镓 LED的发光机理
（GaP）或磷砷化镓（GaAsp）等半导体材料制成，在其PN
结加上足够的正向偏置电压时，PN结两侧的空穴与电子复
合，能把电能直接转换成光能，这就是电致发光的机理。因
此，发光二极管是一种自发辐射器件，是一种冷光源。

发光二极管的特点：它与普通发光二极管一样，均具有 LED特点
单向导电性，当加上正向偏置电压且其PN结有足够电流流
过时，便会发出不同颜色的可见光或不可见的红外光。

发光二极管与其他照明或指示灯相比，具有体积小、工 LED的优点
作电压低、工作电流小、发光稳定、响应速度快及寿命长等
优点，应用极为广泛。

2. 发光二极管的种类

发光二极管的种类很多，可按不同方法分类，如图1.25所示。

LED 的种类

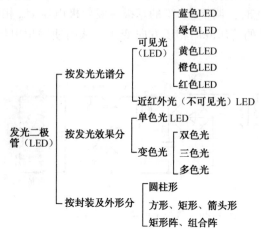

图 1.25　发光二极管的种类

发光二极管的发光颜色与发光波长相对应。发光波长取决于制作 PN 结的半导体材料。

图 1.26 给出了部分发光二极管的外形和电路图形符号。

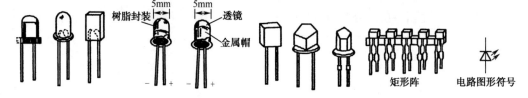

图 1.26　部分发光二极管的外形和电路图形符号

3. 发光二极管的主要技术参数

LED 的主要技术参数

（1）最大工作电流 I_{FM}　I_{FM} 是指发光二极管长期工作所允许通过的最大正向电流。在实际应用时，工作电流不能超过 I_{FM}。

（2）正向压降 U_F　它是指发光二极管通过规定的正向电流 I_F 时，管子两端的正向电压值。

（3）最大反向电压 U_{RM}　它是指发光二极管在不被击穿的前提下，所能承受的最大反向电压。一般发光二极管的 U_{RM} 在 5V 左右。

（4）发光强度 I_V　它是一个表示发光亮度大小的参数，其值为通过规定的电流时在管芯垂直方向上单位面积所通过的光通量，单位常用 mcd（cd 为坎〔德拉〕，为发光强度单位）。

（5）辐射方向性图与半功率角宽度 $Q_{0.5}$　发光二极管的辐射方向性图也称发光二极管发光强度角分布指向特性，是用来描述发光二极管在空间各个方向的光强度分布。

辐射方向性图，指不同方向的光强度分布

图 1.27 是两种封装结构的辐射方向性图。

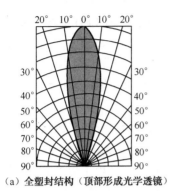

（a）全塑封结构（顶部形成光学透镜）

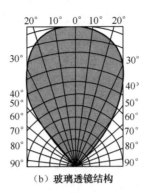

（b）玻璃透镜结构

图 1.27 不同封装结构的发光二极管的辐射方向性图

通常，顶部形成光学透镜封装的发光二极管的辐射方向性图好，其半功率角（也称半值角）$Q_{0.5}$ 为 25°～60°，而平顶封装的发光二极管的辐射方向性图较宽。

4. 常用单色发光二极管

国产普通单色发光二极管有 BT 系列、2EF 系列和 FG 系列等；常见的进口普通单色发光二极管有 SLC 系列和 SLR 系列等。表 1.4 列出了部分 BT 系列单色发光二极管的主要技术参数。

表 1.4 部分 BT 系列单色发光二极管的主要技术参数

技术参数 型号	发光颜色	波长（mm）	最大耗散功率（mW）	最大工作电流（mA）	正向电压（V）	反向电压（V）	反向电流	材料	封装结构	封装形式
BT102	红	700	50	20	≤2.5	≥5	≤50	GaP	φ3mm 陶瓷底座环氧树脂封装	D、W、C、T
BT103	绿	565	50	20	≤2.5	≥5	≤50	GaP		
BT104/X	黄	585	50	20	≤2.5	≥5	≤50	GaP/GaAaP		
BT111/X	红	650	50/100	20	≤2/1.9	≥5	≤50	GaAsP	φ3mm 全塑封结构	
BT113/X	绿	565	50/100	20	≤2.5	≥5	≤50	GaP		
BT114/X	黄	585	50/100	20	≤2.5	≥5	≤50	GaP		
BT117/X	橙	630	100	20	≤2.3	≥5	≤50	GaAsP	—	
BT712	红	700	100	20	≤2.5	≥5	≤100	GaP	全塑封结构	D、W
BT713	绿	565	100	20	≤2.5	≥5	≤100	GaP		
BT714	黄	535	100	20	≤2.3	≥5	≤100	GaAsP		
BT716	亮红	600	100	20	≤2.5	≥5	≤100	GaAlAs		
BT717	橙	630	100	20	≤2.3	≥5	≤100	GaAaP		

5. 交流220V电压LED指示电路

电路如图1.28所示，共有5个元器件组成，它指示电子设备或装置交流220V供电情况，有电LED发绿色光，无电供给时LED不亮。C_1、C_2起降压和镇流作用，R用于限止瞬态冲击电流。此电路简单，指示可靠，耗电省，常用于居家电源插座板的带电显示或电子设备电源指示。

6. 直流低压熔丝熔断指示器

电路如图1.29所示，它由熔丝FU、硅二极管VD_1、R和发光二极管LED_1（红色）、LED_2（绿色）组成。正常运行（FU完好）状态下，绿色LED_2亮；由于熔丝FU的电阻值极小（毫欧级），$U_{ab} + U_{bc} = U_{bc} = 2.5V$（$LED_2$正向电压），即$U_{ac} = 2.5V$，该电压被串联的$VD_1$、$LED_1$分压，$LED_1$分得的电压远低于正常发光所需的2.5V端电压，故$LED_1$不亮。熔丝熔断后，$LED_2$因b点无直流电压而自熄，$LED_1$点亮发红色光，以示告警。

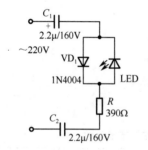

图1.28 LED市电指示电路

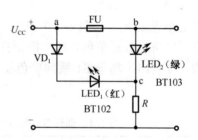

图1.29 直流低压熔丝熔断指示电路

7. 收音机调谐指示电路

电路如图1.30所示。

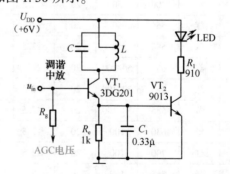

图1.30 半导体收音机调谐指示电路

通常，在较高档半导体收音机中，设置了LED指示的调谐电路。当调谐准确时，AGC电压最低，即加至调谐中放基极的直流电压值低，致使VT_1的发射极电流很小，其发射极电压很小，致使VT_2的发射极电流很小，其集电极上的

LED 的光很暗；若调谐调偏，LED 的发光强，偏离越大，光亮度越强。据此可准确调谐，收听效果好。

1.3.5 变色发光二极管

1. 变色发光二极管的外形和变色原理

单色发光二极管的内部只装一个管芯，只发出单一色的光。变色发光二极管则内装两个管芯，可发出双色光、三色光或多色光（红、蓝、绿、白 4 种颜色）。变色发光二极管按外管脚的多少，可分为二端型、三端型、四端型和六端型等。图 1.31 给出了常见的三端型和二端型变色发光二极管的外形和电路图形符号。

变色发光

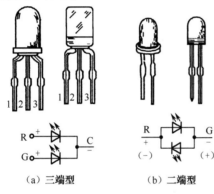

（a）三端型　　　　（b）二端型

图 1.31　三端型和二端型变色发光二极管
的外形和电路图形符号

图 1.32（a）中的三端型有 3 个外接管脚 R、G、C，其中 C 为公共极。当在 R 上加正电压时，管子发红光；当在 G 上加正电压时，发绿光；当 R、G 对 C 同时加正电压时，会发出红、绿二色的混合光，呈现橙色光。

变色原理

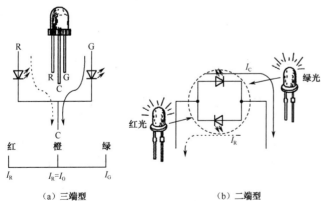

变色原理图解分析

（a）三端型　　　　（b）二端型

图 1.32　变色发光二极管的变色原理

图 1.32（b）为二端型，由两种不同材料的管芯反向并联而成。在 R、G 间加正向电压时，红管芯通电发红光；在 R、G 间加反向电压时，绿管芯通电发绿光；而当 R、G 间加交变电压时，红、绿管芯交替发光，当交变周期小于人眼的视觉滞留时间（约 0.1s）时，人眼就无法分清红、绿两色，而感觉为橙色。

2. 常用国产双色、三色发光二极管

国产变色发光二极管常见的有 2EF 系列、BT 系列等，表 1.5 列出了部分 2EF 系列变色发光二极管的型号及主要技术参数。

表 1.5　常用部分国产 2EF 系列变色发光二极管的型号及主要技术参数

技术参数 型号	发光颜色	耗散功率（mW）	正向电压（V）	反向电压（V）	正向电流（mA）	反向电流（μA）	材料	封装形式与引脚
2EF301（双色）	红、绿	100	<2.5	>5	40	≤50	GaP/C. aAsP	φ5mm，金属底座
2EF303（双色）	红、绿	100	<2.5	>5	40	≤50	GaP	φ5mm，全塑封，二端
2EF313（双色）	红、绿	100	<2.5	>5	40	≤50	GaP/GaAsP	φ5mm，全塑封，三端
2EF321（双色）	红、绿	100	<2.5	>5	30	≤50	GaP/GaAsP	2mm×5mm×8.5mm，全塑封，三端
2EF401（双色）	红、绿	100	<2.5	>5	40	≤50	GaP/GaAsP	φ5mm，金属底座，四端
2EF402（双色）	红、绿	100	<2.5	>5	40	≤50	GaP	φ5mm，金属底座，四端
2EF302（三色）	红、绿、橙	100	<2.5	>5	40	≤50	GaP	φ5mm，金属底座
2EF312（三色）	红、绿、橙	100	<2.5	>5	40	≤50	GaP	φ5mm，全塑封，三端
2EF322（三色）	红、绿、橙	100	<2.5	>5	40	≤50	GaP	2mm×5mm×8.5mm，全塑封，三端

应用实例 Ⅰ

3. 逻辑电平探头电路

采用变色发光二极管组成的脉冲逻辑电平探头电路，如图 1.33 所示。VT_1、VT_2、$R_2 \sim R_5$、VD_1 和 VD_2 组成斯密特触发器，由变色发光二极管 VD_1 来指示探头输入端是处于高电平（H）、低电平（L）、开路状态或成串脉冲状态。当输入信号为高电平时，VT_1 饱和导通，由于 VD_2、VD_3 上近 2V 电压的作用，VT_2 截止，VD_1 中的红色（R）发光管发亮；当输入信号为低电平时，VT_1 截止，VT_2 导通，VD_1 中的绿色（G）发光管发亮；当输入信号为 1MHz 左右的方波时，VD_1 中的红色管和绿色管都点亮，总体呈橙色；当无输入信号并呈开路状态时，VD_1 不发光。

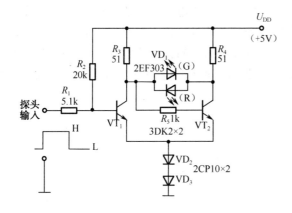

图1.33 脉冲逻辑电平探头电路

图1.33中的 VD_1 选用二端双色发光二极管，如2EF303（ϕ5mm，全塑封）或2EF301（ϕ5mm，金属底座）；VD_2、VD_3 采用2CP10型整流二极管，其正向电流为0.1A，正向压降为1V，反向工作电压为25V；VT_1、VT_2 采用开关三极管3DK2或进口管2N2222（A），要求 $h_{fe} \geqslant 100$；$R_1 \sim R_5$ 采用RJ型金属膜电阻器。

4. 变色验电笔电路   应用实例 II

电路如图1.34所示，由两个三极管、一个变色发光二极管和少量其他电子元器件构成。它可对 $6 \sim 240V$ 的电压信号进行有或无的判断，指示出是交流还是直流，并显示直流电压的极性。

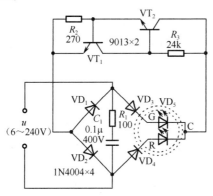

图1.34 变色验电笔电路

在图1.34中，$VD_1 \sim VD_4$ 组成桥式整流电路，变色发光二极管 VD_5 的两个引脚G、R分别与 VD_3、VD_4 串联，VD_5 的两个管芯分别作为桥臂的一部分，对进入桥路的信号进行检测、判别。三极管 VT_1、VT_2 和电阻 R_2、R_3 组成一个恒流源，通过三极管的调整保证在待测的宽电压范围内为

VD$_5$ 提供较恒定的工作电流。当进来的电压 u 为交流电时，VD$_5$ 内的两个管芯均发光而呈橙色；当 u 为直流电时，VD$_5$ 根据其正、负极性的不同，可分别发绿（G）、红（R）光。R_1、C_1 为吸收阻容网络，能在一定范围内减小输入的峰值电压。

同步自测练习题

一、填空题

1. 半导体材料包括本征半导体和杂质半导体。＿＿＿＿＿＿半导体中的载流子数目很少，类似绝缘体，在受到热能激发后，产生的＿＿＿＿＿很少；在＿＿＿＿＿半导体中掺入少量杂质（5 价或 3 价元素）后，就会使导电能力大增，这种杂质半导体是制作半导体器件的基本材料。在 N 型半导体中，＿＿＿＿＿＿为多数载流子（简称多子），＿＿＿＿＿＿是少数载流子（简称少子），主要靠＿＿＿＿＿导电；在 P 型半导体中，＿＿＿＿＿＿为多子，＿＿＿＿＿＿为少子，主要靠＿＿＿＿＿导电。

2. PN 结是由＿＿＿＿＿＿半导体和＿＿＿＿＿＿半导体相结合形成的空间电荷区。在这一区域内，＿＿＿＿＿＿＿已扩散到对方并复合掉了，或者说耗尽了。因此空间电荷区又称＿＿＿＿＿＿。当 PN 结外加正向电压时，耗尽区＿＿＿＿＿＿，有电流通过；外加反向电压时，耗尽区＿＿＿＿＿＿＿，几乎没有电流通过。这就是为什么说 PN 结具有＿＿＿＿＿＿＿的由来。

3. 在 PN 结加上正向电压，谓之正偏。正偏有利于＿＿＿＿＿＿的运动，正偏电阻值＿＿＿＿＿＿；PN 结反偏时，流过它的电流＿＿＿＿＿＿，即反偏电阻＿＿＿＿＿＿；PN 结零偏时，空间电荷区两侧有＿＿＿＿＿＿的电荷。

4. 半导体二极管的基本结构是＿＿＿＿＿＿＿。其最重要的特性是＿＿＿＿＿＿＿。二极管导通的条件：一是 PN 结必须外加＿＿＿＿＿＿＿＿；二是该电压应大到一定的值，对于硅二极管，其值约为＿＿＿＿＿＿，对于锗二极管，其值约为＿＿＿＿＿＿左右。

5. 整流二极管的整流作用是利用其内 PN 结的＿＿＿＿＿＿＿，将＿＿＿＿＿＿变为＿＿＿＿＿＿。

6. 稳压二极管具有普通二极管的＿＿＿＿＿＿＿＿，稳压管是工作在 PN 结的＿＿＿＿＿＿＿＿，它的稳压作用在于：当反向电流的变化 $\Delta I_Z = I_{Zmax} - I_{Zmin}$ ＿＿＿＿＿＿时，引起的电压的变化 $\Delta U_Z = U_{Zmax} - U_{Zmin}$ 却很＿＿＿＿＿＿，即利用稳压管的＿＿＿＿＿＿＿＿进行稳压的，其特性曲线＿＿＿＿＿＿，则稳压管的稳压性能＿＿＿＿＿＿。

7. 发光二极管是一种能将＿＿＿＿＿＿＿＿的半导体器件，常写作＿＿＿＿＿＿。这种管子之所以通以电流能发出＿＿＿＿＿＿，这是因为＿＿＿＿＿＿复合时会释放出能量，产生＿＿＿＿＿＿，使管子发出一定颜色的＿＿＿＿＿＿。发光颜色与＿＿＿＿＿＿相对应，这取决于制作发光管 PN 结的＿＿＿＿＿＿。

二、二极管应用及电路计算题

1. 图 1.35 为由硅二极管 VD 和限流电阻 R 构成的整流电路，设 VD 的管压降 $U_{VD} = 0.7V$，求流经 R 的电流 I。

2. 图 1.36 是由硅二极管 VD 和负载电阻 R_L 构成的电路，已知 VD 的导通电压降 $U_{VD} =$

0.7V，流过 VD 的正向电流 I_F 和正向平均电流 I_{FM} 的最小额定值各为多少？

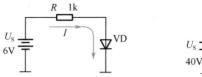

图1.35 整流电路

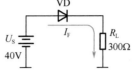

图1.36 硅二极管 VD 电路

3. 图1.37是硅二极管 VD 整流电路，已知 VD 的电压降 $U_{VD} = 0.7V$，试计算 VD 的正向耗散功率 P_{DM} 的最小额定值。

4. 图1.38是采用稳压二极管 VS 对不够稳定的电压 U_S 实施稳压的3种电路，哪种电路在稳压管两端能获得稳定的电压？并扼要说明其理由。

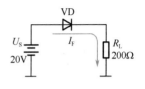

图1.37 硅二极管
VD 整流电路

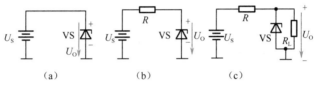

图1.38 3种电路结构的稳压电路

5. 图1.39（a）、（b）分别是由硅二极管 VD 和稳压二极管 VS 构成的稳压电路，试从电路结构，稳压原理和稳压范围说明其异同及应用场合。

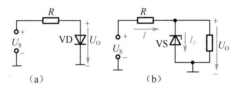

图1.39 稳压电路

6. 图1.40为硅稳压管电路，输入非稳压电压 $U_{in} = 18V$，稳压管的 $U_Z = 10V$，若忽略未被击穿时的反向电流及管子的动态电阻，（1）求 U_O、$I_O \cdot I_R$、I_Z 的值；（2）在 R_L 的阻值降低到多大时，其输出电压 U_O 就不再被稳定住了？

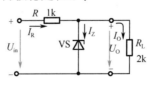

图1.40 硅稳压管电路

自测练习题参考答案

一、填空题

1. 本征　电子空穴对　本征　电子　空穴　电子　空穴　电子　空穴

2. P 型　N 型　多数载流子　耗尽区　变窄　变宽　单向导电性

3. 多子　很小　很小　很大　等量异性

4. 一个 PN 结　单向导电性　正向偏置电压　0.6V　0.2V

5. 单向导电性　交流电　直流

6. 单向导电性能　反向击穿区内　很大　微小　反向击穿特性　越陡　越好

7. 电能转换成光能　LED　光能　电子和空穴　光子　光束　发光波长　半导体材料

二、二极管应用及电路计算题

1. 解 已知 $U_S = 6V$，二极管 VD 电压降 $U_{VD} = 0.7V$，则流经 R 的电流：

$$I = \frac{U_S - U_{VD}}{R} = \frac{6 - 0.7}{1 \times 10^3} = \frac{5.3}{1 \times 10^3} = 5.3 \times 10^{-3} \text{（A）} = 5.3 \text{（mA）}$$

答 流经限流电阻 R 的电流为 5.3mA。

2. 【解题提示】 最大整流电流 I_{FM} 是指二极管长期负荷工作时，允许通过的最大正向平均电流值。使用二极管时，其工作电流应小于 I_{FM}，否则二极管将因过热而烧坏。二极管最大正向平均电流 I_{FM} 至少比工作电流 I_F 高 20%。

解 先求出图 1.36 中二极管的正向电流 I_F：

$$I_F = \frac{U_S - U_{VD}}{R} = \frac{40 - 0.7}{300} = 131 \text{（mA）}$$

二极管正向平均电流 I_{FM} 至少比 I_F 高 20%，即

$$I_{FM} = （1 + 20\%） \times I_F = 1.2 \times 131 = 157.2 \text{（mA）}$$

答 正向电流和正向平均电流的最小额定值各为 131mA 和 157.2mA。

3. 【解题提示】 二极管正向耗散功率的额定值是指二极管正向偏置时所消耗的最大功率。为求出 P_{DM}，应先求出图 1.37 电路中的电流 I_F，继而求出二极管的耗散 P_F，最后按高于 P_F 20% 算出 P_{DM}，以确保二极管的使用安全。

解 先求出图 1.37 电路中二极管的正向电流：

$$I_F = \frac{U_S - 0.7V}{R_L} = \frac{20 - 0.7}{200} = 96.5 \text{（mA）}$$

电路中硅二极管的电压降 $U_{VD} = 0.7V$，则二极管的耗散功率

$$P_F = I_F \cdot U_{VD} = 96.5 \times 0.7 = 67.6 \text{（mW）}$$

为确保二极管使用安全，其耗散功率的额定值 P_{DM} 应高出 P_F 的 20%，即

$$P_{DM} = （1 + 20\%） \times P_F = 1.2 \times 67.6 = 81.1 \text{（mW）}$$

答 为确保管子使用安全，二极管正向耗散功率 P_{DM} 的最小额定值为 81.1mW。

4. 解 （1）对于图 1.38（a）电路，其稳压二极管与非稳压电压源直接连接，两者中间无限流（或隔离）电阻，稳压管两端不能获得稳定的电压，且会因稳压管反向电流太大而将管子烧坏。

（2）对于图 1.38（b）电路，稳压管两端能获得稳定的输出电压。

（3）对于图 1.38（c）电路，当输入电压 U_S 波动或负载 R_L 的变化范围在一个预期数值（设计值）内，不会影响稳压管的正常稳压情况下，电路的输出电压 U_O 是稳定的。但若超过该管的稳压范围或因负载 R_L 过小（$R_L \to 0$），超出其管子的最大工作电流，其输出电压无法保持稳定，或将稳压管烧坏。

5. 解 对图 1.39 所示的两种稳压电路进行分析、说明。

（1）对于图 1.39（a）电路，由于二极管 VD 采用的是硅二极管，则可利用其正向导通特性，硅管电压降为 $0.65 \sim 0.70V$，故可在输入低电压（$U_S < 3V$）情况下，输出 0.7V 的稳定电压，通常用于三极管基极偏压或作为低压恒压源。

（2）图 1.39（b）中的 VS 为稳压二极管，利用其反向击穿特性（见书中图 1.21 所示的 V–A 特性曲线）来进行稳压，它适用于输入电压为 $3 \sim 300V$ 的稳压电路。

6. 【解题提示】 稳压二极管是利用其 PN 结反向击穿电压低且反向击穿特性（曲线）陡进行稳压的，条件是硅稳压管在电路中必须反向偏置，且偏置电压 U_i 大于管子的稳定电压，即 $U_i > U_Z$。

解 （1）求 U_O、I_O、I_R 和 I_Z 各值：

$$U_O = U_Z = 10V$$

$$I_O = \frac{U_O}{R_L} = \frac{10}{2 \times 10^3} = 5 \times 10^{-3} \text{（A）} = 5 \text{（mA）}$$

$$I_R = \frac{U_{in} - U_O}{R} = \frac{18 - 10}{1 \times 10^3} = 8 \times 10^{-3} \text{（A）} = 8 \text{（mA）}$$

$$I_Z = I_R - I_O = 8 - 5 = 3 \text{（mA）}$$

（2）按其前面的提示，当 $U_{in}\dfrac{R_L}{R + R_L} < U_Z$ 时，稳压管 VS 不能被击穿，电路不能稳压。将 U_{in}、R_L、R 及 U_Z 代入其数值，便可求出图 1.40 电路不再稳压时的 R_L，即

$$18 \times \frac{R_L}{1 \times 10^3 + R_L} < 10$$

$$18R_L < 10 \ (1 \times 10^3 + R_L)，\ 8R_L < 10 \times 10^3 \text{（}\Omega\text{）}$$

$$R_L < 1250\Omega$$

答 当负载电阻 R_L 的阻值小于 1250Ω 时，电路的输出电压就不再稳得住了。

第 2 章

半导体三极管及其放大电路

本章知识结构

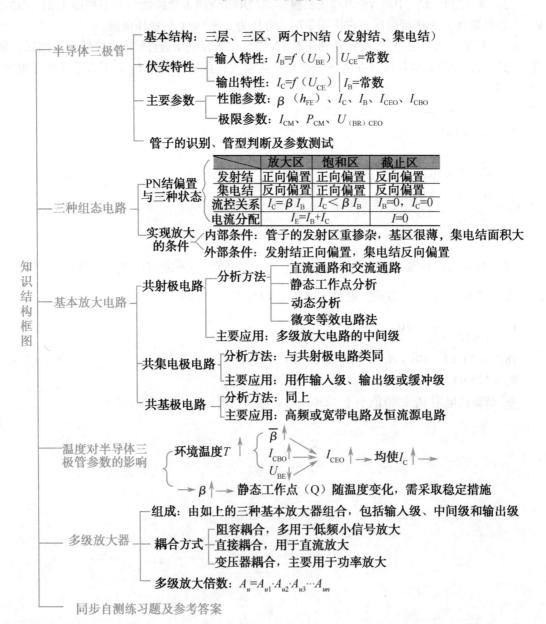

知识结构框图

- 半导体三极管
  - 基本结构：三层、三区、两个PN结（发射结、集电结）
  - 伏安特性
    - 输入特性：$I_B=f(U_{BE})\big|_{U_{CE}=常数}$
    - 输出特性：$I_C=f(U_{CE})\big|_{I_B=常数}$
  - 主要参数
    - 性能参数：β（h_{FE}）、I_C、I_B、I_{CEO}、I_{CBO}
    - 极限参数：I_{CM}、P_{CM}、$U_{(BR)CEO}$
  - 管子的识别、管型判断及参数测试

- 三种组态电路
  - PN结偏置与三种状态

	放大区	饱和区	截止区
发射结	正向偏置	正向偏置	反向偏置
集电结	反向偏置	正向偏置	反向偏置
流控关系	$I_C=\beta I_B$	$I_C<\beta I_B$	$I_B=0,\ I_C=0$
电流分配	$I_E=I_B+I_C$		$I=0$

  - 实现放大的条件
    - 内部条件：管子的发射区重掺杂，基区很薄，集电结面积大
    - 外部条件：发射结正向偏置，集电结反向偏置

- 基本放大电路
  - 共射极电路
    - 分析方法
      - 直流通路和交流通路
      - 静态工作点分析
      - 动态分析
      - 微变等效电路法
    - 主要应用：多级放大电路的中间级
  - 共集电极电路
    - 分析方法：与共射极电路类同
    - 主要应用：用作输入级、输出级或缓冲级
  - 共基极电路
    - 分析方法：同上
    - 主要应用：高频或宽带电路及恒流源电路

- 温度对半导体三极管参数的影响

  环境温度 $T\uparrow$ $\begin{cases}\overline{\beta}\uparrow\\I_{CBO}\uparrow\\U_{BE}\downarrow\end{cases}$ → $I_{CEO}\uparrow$ → 均使 $I_C\uparrow$ →

  → $\beta\uparrow$ → 静态工作点（Q）随温度变化，需采取稳定措施

- 多级放大器
  - 组成：由如上的三种基本放大器组合，包括输入级、中间级和输出级
  - 耦合方式
    - 阻容耦合，多用于低频小信号放大
    - 直接耦合，用于直流放大
    - 变压器耦合，主要用于功率放大
  - 多级放大倍数：$A_u=A_{u1}\cdot A_{u2}\cdot A_{u3}\cdots A_{un}$

- 同步自测练习题及参考答案

2.1　半导体三极管

半导体三极管也称晶体三极管，简称三极管，是一种有两个 PN 结（发射结和集电结）、三个区（发射区、基区和集电区）的半导体器件，分为 NPN 型和 PNP 型两大类，文字符号为"VT"，参数包括直流参数、交流参数和极限参数。三极管是一种电流控制型半导体器件，具有电流放大作用。三极管可用万用表进行引脚识别和检测。

◀要点

2.1.1　三极管的基本结构、种类和电路图形符号

三极管的种类、型号繁多，图 2.1 给出了部分常用三极管的外形。

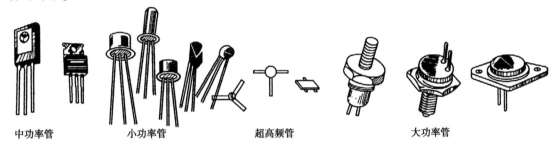

中功率管　　　小功率管　　　超高频管　　　大功率管

图 2.1　部分常用半导体三极管的外形

1. 三极管的基本结构和电路图形符号

按照构成 PN 结的半导体材料的不同，三极管分为硅（Si）管和锗管（Ge）两大类，按照结构上的不同则分为 NPN 型和 PNP 型两类。图 2.2 给出了它们的基本结构和电路图形符号。

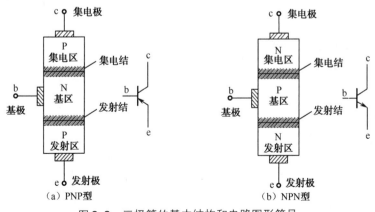

（a）PNP型　　　　　　（b）NPN型

图 2.2　三极管的基本结构和电路图形符号

不管是 PNP 型还是 NPN 型，它们均有发射区、基区和集电区三个区，从这三个区引出的电极分别称为发射极 e、

箭头指向与管型

基极 b 和集电极 c。在三个区的两两交界处形成两个 PN 结，靠近发射区的称为发射结，靠近集电区的称为集电结。在电路图形符号中，带箭头的电极是发射极，箭头指内的是 PNP 型，而箭头指外的是 NPN 型。箭头方向实际上是电流的方向。

2. 三极管的种类

不同方式分类

三极管的种类很多，除 PNP 型和 NPN 型外，还可按所用半导体材料、工作频率高低、功率大小等分类，如图 2.3 所示。

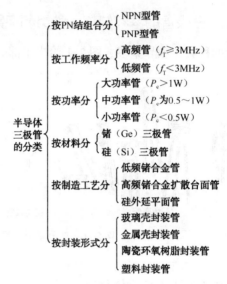

图 2.3　半导体三极管的分类

3. 三极管型号的命名方法

型号命名

按照国家标准 GB 249-74 的规定，国产三极管的型号命名由五部分组成，其型号组成部分及含义见表 2.1。

表 2.1　国产三极管的型号命名

第一部分		第二部分			第三部分		第四部分	第五部分
数字	名称	管子极性与材料			管子类型			
		符号	意义	符号	意义			
		A	PNP 型锗材料	X	低频小功率管			
3	三极管	B	NPN 型锗材料	G	高频小功率管		用数字表示器件的序号	用汉语拼音字母表示规格号（可缺）
		C	PNP 型硅材料	D	低频大功率管			
		D	NPN 型硅材料	A	高频大功率管			
		E	化合物材料	K	开关管			
				T	闸流管			

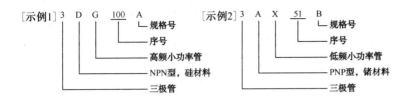

2.1.2 三极管的电流放大作用与电流分配

1. 三极管电流放大的必要条件

半导体三极管的最基本作用是电流放大，但实现放大，必须满足一定的外部条件：发射结必须加正向偏置电压，集电结必须加反向偏置电压。

电流放大的必要条件

由于 NPN 型和 PNP 型三极管的极性不同，所以外加电压的极性也不同。下面以图 2.4 所示的 NPN 型三极管为例说明。

2. 三极管是一个三端电流放大器件

三极管具有放大性能，是由其内部结构决定的。将小信号放大成大信号，用一个 PN 结的半导体二极管（即二端器件）肯定不行（因为它只有单向导电特性），必须采用图 2.4（a）所示的三端器件（三极管），即由 c 端流向 e 端的大电流 I_E 要由第三个端子 b（极）的小电流 I_B 控制，即由基极电流 I_B 按比例去控制集电极电流 I_C。这个比例就是三极管的电流放大系数 β，即 $I_C = \beta I_B$。这犹如通过阀门来调节主管道的水流一样，通过细管上阀门（b）处的水量控制粗管中的主阀门（c），注入细管中的水量多，则主阀门开得大，粗管的水流也就越大。

三端器件

$I_C = \beta I_B$

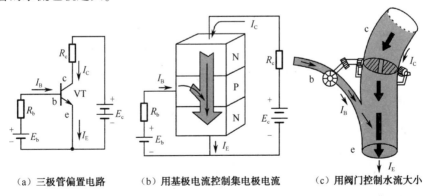

（a）三极管偏置电路　　（b）用基极电流控制集电极电流　　（c）用阀门控制水流大小

图 2.4　三端器件的电流放大作用

3. 三极管各极的电流分配

由于三极管 VT 的发射结正向偏置，集电结反向偏置，

电流分配

且 NPN 型三极管 c、b、e 三个电极的电位 $U_C > U_B > U_E$，如图 2.4（b）所示。在电路接通后，三极管发射区发射电子形成电流 I_E，基区复合电子形成 I_B，集电区收集电子形成 I_C。各极电流的关系为

$$I_E = I_B + I_C \qquad\qquad (2.1)$$

$$I_C = \beta I_B \qquad\qquad (2.2)$$

式（2.2）中的 β 为三极管的电流放大系数，通常 β 为十几至一百或更大。

$$I_E = I_B + I_C = (1+\beta) I_B \qquad (2.3)$$

电流放大作用的实质

式（2.2）和式（2.3）说明，当三极管的基极上加一个微小的电流时，在集电极上得到一个是注入电流 β 倍的集电极电流 I_C。用很小的基极电流控制较大的集电极电流，这就是三极管电流放大作用的实质。

4. 三极管电流分配实测

电流分配实测

以 NPN 型小功率三极管 3DG6A 为例，实验电路如图 2.5 所示。电路接通后，三极管各极都有电流通过。调节基极偏置变阻器 R_b 的阻值，从而调节基极的偏压和基极电流 I_B。每取一个 I_B 值，测集电极和发射极电流 I_C、I_E 的相应值，实验数据见表 2.2。

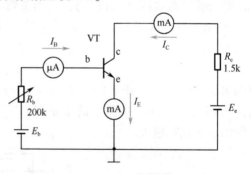

图 2.5　三极管电流分配实验电路

表 2.2　三极管各极电流实测数据

次数 数据 电流	1	2	3	4	5	6	7
基极电流 I_B（μA）	0	10	20	30	40	50	70
集电极电流 I_C（mA）	<0.01	0.45	0.90	1.35	1.80	2.25	3.15
发射极电流 I_E（mA）	<0.001	0.46	0.91	1.38	1.84	2.29	3.24

对实测的数据进行分析，不难得出如下结论。

（1）每次测得的数据（每列）均符合电路理论中的基

尔霍夫电流定律，即

$$I_E = I_C + I_B \tag{2.4}$$

由于 $I_B \ll I_C$，故有 $I_E \approx I_C$。

（2）I_B 增加时，I_C 会按一定比例相应地增加，I_C 与 I_B 的比值为三极管的直流电流放大系数，即

$$\bar{\beta} = I_C / I_B$$

直流放大系数 $\bar{\beta}$

（3）调节 RP，使基极电流 I_B 有一个微小变化时，集电极 I_C 发生较大变化，说明三极管具有电流放大作用，也说明三极管是一种电流控制型器件。ΔI_C 与 ΔI_B 的比值称作三极管的交流放大系数，即

$$\beta = \Delta I_C / \Delta I_B \tag{2.5}$$

交流放大系数 β

式（2.5）中的 ΔI_C、ΔI_B 可用表 2.2 中第 5 列、第 4 列的 I_C、I_B 分别相减，得出 ΔI_C 和 ΔI_B，则 $\beta = \Delta I_C / \Delta I_B =$ 0.45mA/0.01mA = 45。式（2.5）可为 $\Delta I_C = \Delta \beta I_B$，这表明集电极电流的变化量 ΔI_C 是基极电流变化量的 $\beta = 45$ 倍，说明集电极电流随基极电流变化，且基极电流很小的变化可引起集电极电流很大的变化。

2.1.3 三极管的 V – A 特性

三极管的 V – A 特性曲线能直观地描述各电极间电压与相应电极电流之间的关系，常见的是三极管的输入特性和输出特性曲线。

需要说明的是，三极管有 3 个电极，在放大电路中则相应地有 3 种连接方式：共发射极、共基极和共集电极，即分别把发射极、基极、集电极作为输入和输出端口的公共端，如图 2.6 所示。

3 个电极，3 种连接方式

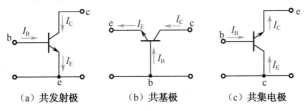

（a）共发射极　　　（b）共基极　　　（c）共集电极

图 2.6　三极管的 3 种连接方式

无论是哪种连接方式，要使三极管有放大作用，都必须保证发射结正偏、集电结反偏，而其内部载流子的传输过程相同。

三极管放大的必要条件

下面重点讨论共发射极连接时的 V – A 特性曲线。

1. 输入特性曲线

输入特性曲线是指在 U_{CE} 一定的条件下，加在三极管基

极 b 与发射极 e 之间的电压 U_{BE} 和基极电流 I_B 之间的关系曲线，即

$$I_B = f\left(U_{BE}\right) \mid_{U_{CE}=常数} \qquad (2.6)$$

图 2.7（a）是三极管的输入特性曲线。

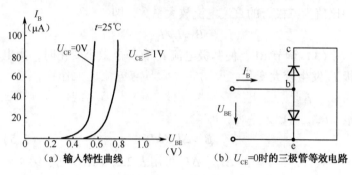

(a) 输入特性曲线　　(b) $U_{CE}=0$时的三极管等效电路

图 2.7　三极管的输入特性曲线及等效电路

（1）当 $U_{CE}=0$，即集电极与发射极短接时，其输入特性相当于由集电结和发射结组成的两个二极管并联，如图 2.7（b）所示。I_B 是两个二极管的正向电流之和，如图 2.7（a）中左边的曲线所示。

（2）当 $U_{CE} \geqslant 1V$ 且为定值的条件下，加在三极管基极与发射极之间的电压 U_{BE} 和基极电流 I_B 之间的输入特性曲线如图 2.7（a）右侧曲线。

从输入特性曲线可看出，三极管输入特性曲线与二极管的正向特性曲线相似，也呈非线性，只有当发射结的正向电压 U_{BE} 大于死区电压（硅管约 0.5V，锗管约 0.2V）时，才产生基极电流 I_B。在放大区，硅管的发射结压降 U_{BE} 为 0.6～0.7V，锗管的发射结压降为 0.2～0.3V。

2. 输出特性曲线

输出特性曲线是指在 I_B 一定的条件下，三极管集电极与发射极之间的电压降 U_{CE} 与集电极电流 I_C 之间的关系曲线，即

$$I_C = f\left(U_{CE}\right) \mid_{I_B=常数} \qquad (2.7)$$

图 2.8 是三极管共发射极电路的输出特性曲线。由图可见，每一个 I_B 值对应一条输出特性曲线，故为一组曲线，分为放大区、饱和区、截止区 3 个区域。它们分别与三极管的 3 种工作状态（放大状态、饱和状态、截止状态）相对应。

1）放大区

三极管处于放大工作状态的条件是：发射结正向偏置，集电结反向偏置。放大区位于图 2.8 中的截止区和饱和区之间。在放大区，各条输出特性曲线较平坦，当 I_B 为一定值时，I_C 基本上不随 U_{CE} 变化，I_C 受 I_B 控制，$I_C=\beta U_B$，具有电流放大作用。

输入特性呈非线性

锗 $U_{BE} \approx 0.25V$

硅 $U_{BE} \approx 0.65V$

输出特性关系式

特性曲线分 3 个区

放大区：线性区

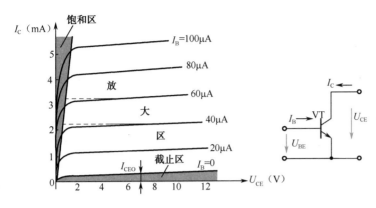

图 2.8 三极管共发射极电路的输出特性曲线

2）饱和区

输出特性曲线的拐弯点称为临界饱和点，各条曲线临界饱和点的连线称为临界饱和线，该线左侧的区域即为饱和区。在饱和区，三极管的发射结和集电结均处于正向偏置，输出电流 I_C 不随基极电流 I_B 变化，失去了电流放大作用。此时三极管处于饱和工作状态，管子的饱和压降 U_{CES}：硅管约为 0.3V，锗管在 0.15V 左右。

饱和区：失去放大作用

硅管 U_{CES} 约 0.3V

锗管 U_{CES} 约 0.15V

3）截止区

发射结和集电结两个 PN 结均处于反向偏置时，三极管处于截止状态。集电极与发射极之间仅存在很小的穿透电流 I_{CEO}，硅管的 I_{CEO} 只有几微安，锗管的 I_{CEO} 在几十微安至几百微安范围内。

截止状态

三极管的上述 3 个区域与 PN 结的偏置状态有关，放大区、饱和区、截止区的偏置状态、电流控制关系见表2.3。

表 2.3 三极管的输出特性与 PN 结的偏置状态的关系

区域名称	截止区	放大区	饱和区
发射结（U_{BE}）	反向偏置	正向偏置	正向偏置
集电结（U_{CE}）	反向偏置	反向偏置，$U_{CE} > U_{BE}$	正向偏置，$U_{CE} \leq U_{BE}$
电流控制关系	$I_B = 0$，$I_C \approx 0$	$\Delta I_C = \beta \Delta I_B$	$\Delta I_C < \beta \Delta I_B$
电流分配关系	$I_E = I_B + I_C$，$\Delta I_C = \beta \Delta I_B$，$I_E \approx I_C$		

综上所述，三极管在使用时有两种不同的工作状态：一种是三极管工作在放大状态，主要用于模拟信号放大；另一种是三极管工作在开关状态，使三极管在饱和和截止两个状态间进行转换，实现信号电路的通断，起自动开关作用。

三极管电路的两种工作状态

◎ 半导体三极管的集电极与发射极能否调换使用？请说明理由。

相关知识

答案是 C 极与 E 极不可对换，基于如下理由：一者，三极管发射区的掺杂浓度远比集电区的高，若两极对换，作为发射区使用的集电区发射的多数载流子数量过少，加之这些为数不多的载流子扩散到基区被基区的多数载流子复合，则流至集电结边缘载流子少，难以形成较大的集电极电流，故三极管几乎无放大作用；二者，通常半导体三极管的发射结反向击穿电压 U_{EBO} 较低，常用的 NPN 型硅小功率管 3DG 系列（3DG4 ~ 3DG12）的 U_{EBO} 只有 4V，当加的电压高于 4V 时，则会使其发射结反向击穿，管子损坏。

2.1.4　三极管的主要技术参数

三极管的参数是用来表征管子的性能及适用范围的，是合理选用管子和设计电路的依据。

1. 电流放大系数 $\bar{\beta}$ 和 β

直流 $\bar{\beta}$

（1）共射极直流电流放大系数 $\bar{\beta}$　它是指在三极管工作点附近集电极电流与相应的基极电流之比，即

$$\bar{\beta} = \frac{I_C}{I_B} \tag{2.8}$$

交流 β

（2）交流电流放大系数 β　它表示在三极管工作点附近集电极电流变化量与基极电流变化量之比，即

$$\beta = \frac{\Delta I_C}{\Delta I_B} \tag{2.9}$$

$\bar{\beta}$ 和 β 的区别

$\bar{\beta}$ 反映静态（直流工作状态）时的电流放大特性，β 反映动态（交流工作状态）时的电流放大特性。在三极管输出特性曲线比较平坦且各条曲线间距相等的条件下，$\beta \approx \bar{\beta}$，可不再区分，均用 β 来表示。

β 值不宜选得过大或过小

在选用三极管时，其 β 值应适当，β 值过小，放大能力差；β 值过大，则性能不稳定。一般 β 值宜为 30 ~ 120。

2. 集电极 – 发射极反向饱和电流 I_{CEO}

反向饱和电流 I_{CEO}

I_{CEO} 是指基极开路时，集电极、发射极间加规定电压 U_{CE} 时，集电极、发射极间的反向饱和电流。因 I_{CEO} 是从集电区穿过基区流至发射区的，故也称为穿透电流，如图 2.9 所示。一般锗管的 I_{CEO} 要比硅管的 I_{CEO} 大，小功率锗管在几十微安至几百微安，而小功率硅管的 I_{CEO} 值只有几微安。温度越高，I_{CEO} 值越大。在选用三极管时，应选 I_{CEO} 值小的管子。

I_{CEO} 越小越好

反向饱和电流 I_{CBO}

3. 集电极 – 基极反向饱和电流 I_{CBO}

I_{CBO} 是发射极断开情况下，集电极、基极间加反向电压 U_{CB} 时流过集电结的反向电流，也称集电结反向饱和电流，

如图 2.10 所示。好的三极管，其 I_{CBO} 很小（微安级）。小功率硅管，$I_{CBO} \leqslant 1\mu A$，锗管 I_{CBO} 值在 10μA 左右。I_{CBO} 值会随温度升高而增大，从温度稳定性考虑，宜选用 I_{CBO} 值小且稳定性好的硅管。

选管宜选 I_{CBO} 小的硅管

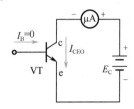

图 2.9 I_{CEO} 的测量电路

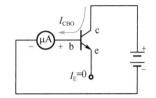

图 2.10 I_{CBO} 的测量电路

4. 极限参数

极限参数是指确保三极管安全工作的参数，若超过其使用极限值，很有可能导致三极管永久性损坏。

极限值

（1）**集电极最大允许电流 I_{CM}** 当集电极 I_C 超过某一数值时，三极管的 β 值将下降。通常规定 β 值下降到其正常值的 2/3 时的集电极电流即为 I_{CM}。在电路中使用时，其工作电流 $I_C < I_{CM}$。一般小功率管的 I_{CM} 为几十毫安（mA），大功率管的 I_{CM} 可为几安（A）或更高。

I_{CM}

（2）**集电极–射极反向击穿电压 $U_{(BR)CEO}$** 这是指三极管基极开路时，加在集电极、发射极之间的最大允许电压。下脚标"BR"表示击穿，"O"表示基极开路。手册上给出的 $U_{(BR)CEO}$ 值是温度 25℃ 下基极开路时的击穿电压。

$U_{(BR)CEO}$

（3）**集电极最大允许耗散功率 P_{CM}** 由于三极管的集电结处于反向偏置状态，呈现出高阻，因而当集电极电流 I_C 流动时，集电结的耗散功率将转化为热功率，使结温升高。当功率超过某个数值时，将因 PN 结温升过高导致热击穿而损坏。这个数值就称为最大允许耗散功率，表示成 P_{CM}。集电极最大允许耗散功率为

结温升高原因

$$P_{CM} = U_{CE}I_C \qquad (2.10)$$

$P_{CM} = U_{CE}I_C$

P_{CM} 可能发生在 U_{CE} 较大、I_C 较小的情况下，也可能发生在 U_{CE} 较小，I_C 较大的情况下。为此，在三极管输出特性曲线上画出管子的最大允许功耗线，再综合 I_{CM}、BU_{CEO}（同 $U_{(BR)CEO}$）的要求，圈出它的安全工作区，如图 2.11 所示。

功耗线

P_{CM} 主要受结温 T_i 的限制。通常，锗管允许结温为 70～90℃，硅管约为 150℃。对于大功率管（$P_{CM} \geqslant 1W$），为提高 P_{CM}，常采取散热措施，如加大散热片、强迫风冷等，以加快散热。

P_{CM} 受结温限制

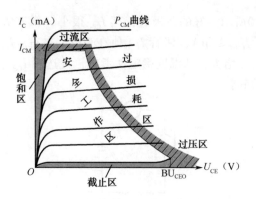

图 2.11　功耗线及安全工作区

应用知识

 温度对半导体三极管参数和特性曲线的影响

半导体三极管是双极型器件，三极管内有空穴和电子两种载流子参与导电，环境温度对管子的参数和特性曲线影响很大。

1. 温度对三极管参数的影响

（1）温度对 I_{CBO} 的影响　I_{CBO} 是集电结反向偏置时，集电区和基区的少数载流子作漂移运动时形成的反向饱和电流，因而对温度十分敏感：温度每升高 10℃，I_{CBO} 增大一倍，反向饱和电流 I_{CEO} 也随温度的升高而增大。硅管比锗管受温度的影响小。

（2）温度对 β 的影响　温度升高时，三极管内载流子的扩散能力增强，致使电流放大系数 β 随温度上升而增大：温度每升高 1℃，β 值增大 $(0.5 \sim 1.0)\%$，致使输出特性曲线间的间隔随温度升高而加大。

（3）温度对 U_{BE} 的影响　温度升高时，U_{BE} 减小：温度每升高 1℃，U_{BE} 减小 $2 \sim 2.5 \mathrm{mV}$。

2. 温度对三极管特性曲线的影响

（1）对输入特性曲线的影响：温度升高时，三极管共射极连接时的输入特性曲线会向左移动。

（2）对输出特性曲线的影响：温度升高时，三极管的 I_{CBO}、I_{CEO}、β 都将随之增大，结果会导致三极管的输出特性曲线向上移动，并使曲线间的间距加大。

2.1.5　三极管的识别、管型判断及 h_{FE} 测量

可用专用仪器检测，也可用万用表粗测

进行三极管的检测，有条件的话可使用专用特性图示仪，如 JT-1 型、QT-1 型及晶体管直流参数测试仪（如 HQ2 型）。对于电子爱好者或一般检测，可使用万用表来检查三极管的好坏，判断其类型、极性。

对于型号标识清楚的三极管，可通过产品说明书或相关手册查阅其型号及管脚排列；对于标志模糊的管子，首先应分辨出极性和管型。在无专用测试仪表的情况下，可使用万用表对三极管进行估测。

数字万用表与指针式万用表相比，通常都认为具有操作简便、显示直观等优点。但用数字万用表的 h_{FE} 挡测量三极管的 h_{FE} $(\bar{\beta})$ 时，它内部提供的基极电流仅有 10μA 左右，三极管工作在小信号状态，这样测出来的放大系数 h_{FE} 与实用时相差较大，只可作为参考。此外，在分辨或判定被测三极管的基极 b 和区分管子的类型（PNP 型或 NPN 型）时，还应借助二极管挡。

1. 用二极管挡判定三极管的基极 b

将数字万用表的功能开关置于二极管挡，如图 2.12 所示。用一只表笔固定某个电极（设为基极 b），另一只表笔依次接另外两个电极，若两次测量显示值都在 1V 以下或溢出（"1"），再将两只表笔对调后分别测一次，若还是上述结果，则证明固定表笔接的那一个管脚是基极 b；若两次测量显示值不符合上述条件，再换另外一个固定电极继续测量，直到确定基极 b。

2. 判断是 PNP 型管还是 NPN 型管

在确定 b 极后，将红表笔接 b 极，黑表笔分别接另外两个电极，若两次测出的都是正向压降（硅管为 0.5 ～ 0.7V，锗管为 0.15 ～ 0.3V），则证明是 NPN 型管；若两次显示皆为溢出（"1"），则该管为 PNP 型。

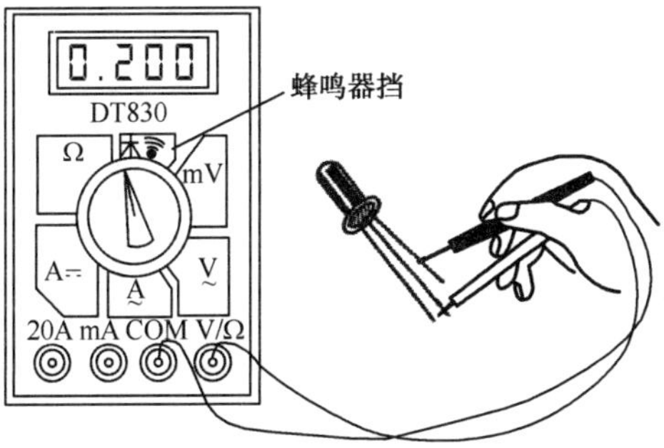

图 2.12　用数字万用表的二极管挡判别基极 b 和管型

3. 判定集电极 c 和发射极 e，测量 h_{FE}

将万用表的功能开关拨至 h_{FE} 挡，借助 h_{FE} 测试插孔来判定三极管的集电极 c 与发射极 e。假定测量的是 PNP 型管，把管子基极 b 插入 PNP 型测试插座的 B 孔中，另外两个极分别插入 C 孔和 E 孔中，如图 2.13 所示。通电后，显示屏

数字万用表测试电流很小，测得的 h_{FE} 误差较大

用二极管挡判定基极 b

判别管型

判定 c 极和 e 极

测读 h_{FE} 值

上便会显示出三极管的 h_{FE} 值。图 2.13 显示的值为 $h_{FE} = 130$。

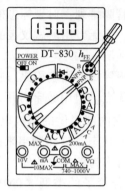

图 2.13 用数字万用表测量 h_{FE}

测 NPN 型管与测 PNP 型管类同

需要说明的是，若测 NPN 型管，得将开关拨至 NPN 挡。还要提及的是，若测出管子的 h_{FE} 值只有几至十几，则应检查管子的 c 极与 e 极是否接反了。正常二极管的 h_{FE} 值一般为几十至几百。

应用知识

用不同色点表示三极管的电流放大系数 h_{FE} $(\bar{\beta})$

色标法是用不同颜色的色点涂在三极管的顶部，以表示三极管的 h_{FE} $(\bar{\beta})$ 值。国产小功率管色标颜色与 h_{FE} $(\bar{\beta})$ 的对应关系见表 2.4。

表 2.4 国产小功率管色标颜色与 h_{FE} $(\bar{\beta})$ 的对应关系

色标	棕	红	橙	黄	绿	蓝	紫	灰	白	黑
h_{FE} $(\bar{\beta})$	5～15	15～25	25～40	40～55	55～80	80～120	120～180	180～270	270～400	400～600

2.1.6 三极管的使用注意事项

使用注意事项

（1）在接入电路前应复核三极管管型、极性是否正确，工作电压是否与电源电压相符合，主要参数（P_{CM}、f_T、BU_{CEO} 等）是否符合要求。

（2）焊接或装入印制电路板之前，应弄清管子的类型、管脚排列，以防装错。

（3）焊接管脚时，焊接时间宜短（2～3s）。焊接小功率管时，宜使用 25W 左右的三芯烙铁（其中一芯接"地"）。焊接前，应清理管脚污物（必要时可用刮刀剔除氧化膜并上锡），避免虚焊或漏焊。

（4）接入印制电路板或管座的三极管的管脚宜短，防止引入较大的寄生电感和分布电容，这对工作频率较高的电路来说尤显重要。

（5）安装功率管时（尤其是大功率管），应按规定加装散热片，否则会因 PN 结温度过高而烧毁。

（6）三极管应避免装在热源（如变压器、热电阻等）附近，以免温度升高对管子参数 U_{BE}、I_{CBO}、I_{CEO} 和 β 的影响，进而影响管子的输入和输出特性。

（7）为确保三极管的使用安全，管子的工作参数应小于其极限参数，即 $I_C < I_{CM}$、$P_C < P_{CM}$、$U_{CB} < BU_{CBO}$ 或 $U_{CE} < BU_{CEO}$。

（8）更换三极管时，应断开供电电源，避免带电操作，防止管子损坏。

 半导体三极管的代换

应用知识

在进行电路调试或维修时，难免要进行三极管的更换或代换。代换时有以下注意事项。

（1）如果电路中的原管子已坏，应尽量采用原型号的管子。代换前，应检测管子的参数。

（2）代换管应与原管的极性、半导体材料尽量相同，即锗管换锗管，硅管换硅管；PNP 型管换 PNP 型管，NPN 型管换 NPN 型管。

（3）若新换管与原管的型号不同，则最好用同一系列（如 3AX 系列或 3DG 系列）的特性相近的管子。

（4）极限参数（P_{CM}、I_{CM}、BU_{CBO} 或 BU_{CEO}）值高的三极管可代换极限参数值低的管子。

参数选择

（5）性能好的管子可代换性能差的管子。

（6）在管子耗散功率 P_{CM} 相近的情况下，高频管可代换低频管；反之，低频管不可替代高频管。

（7）开关三极管可代换普通三极管。在耗散功率 P_{CM} 和特征频率 f_T 相同或相近的情况下，开关管的开关性能比一般三极管的要好。例如，可用 3DK 管代换 3DG 管，用 3AK 管代替 3AG 管等。

（8）如果电路需要高 β 值的三极管，可用复合管或两只管按一定方式连接的组合管代替。复合管的 $\beta = \beta_1\beta_2$。但复合管代替单管后，管子的偏置电压会改变。

（9）大功率三极管代换时，宜选用与原功率管的类型相同、性能相近的管子，但因大功率管的封装外形和安装尺寸雷同者很少，给直接代换带来一定困难。大功率管安装时勿忘加装散热片。

在换上新管后，应首先检测管子的工作点，尤其是偏置电压，然后查看电路的电压、电流是否正常，管子是否过热，电路信号或电性能是否正常。

换后检测

2.2 基本放大电路分析

以三极管为核心组成的放大电路,其功能是对微弱的电信号进行不失真的放大。三极管是一种电流控制型器件,因而放大作用的实质是三极管的电流控制作用。按照三极管的三个电极在组成放大器时的输入、输出公共端的不同,有三种基本放大电路:共发射极(共射极)放大电路、共基极放大电路和共集电极放大电路。放大电路的主要指标有放大倍数、输入电阻和输出电阻等。

2.2.1 放大作用的实质

放大的实质 $I_C = \beta I_b$

三极管放大电路主要用来放大微弱的电信号,使输出电压或电流在幅值上得到放大。放大的实质,是用小能量的信号通过三极管的电流控制作用,将供给放大电路的直流电源的能量转化成较大能量的电信号。图 2.14 是放大电路的原理框图,输入端接欲放大的信号源电压 u_s,输出端接负载 R_L。

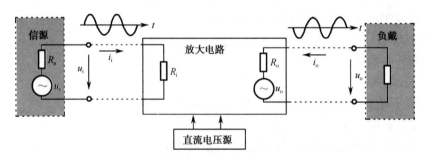

图 2.14 放大电路的原理框图

负载 R_L 可以是电阻,也可以是扬声器、显示器、继电器、仪表或下一级放大电路等。信号源可以是信号发生器,也可以是前级放大电路等,R_a 为信号源内阻。

不论是共射极放大电路、共基极放大电路还是共集电极放大电路,欲进行放大(工作在放大区),外围电路必须保证三极管发射结正偏、集电结反偏,且反偏电压应大于正偏电压的两倍。

欲放大,发射结正偏,集电结反偏

相关知识

● 欲使半导体三极管具有电流放大作用,应具备什么内部条件和外部条件?

实现电流放大的两个条件

要使三极管起电流放大作用,必须满足以下条件。

(1)内部条件:三极管的基区的掺杂浓度应远小于发

射区的掺杂浓度，且应制作得很薄，这是放大的内部条件。

（2）**外部条件**：发射结必须正向偏置，集电结则应反向偏置，在这样的偏置下，才能保证发射区扩散到基区的大部分多数载流子不被基区的多数载流子（与集电区的多数载流子极性相反）复合，而是继续扩散到集电极附近，被集电区收集，从而形成较强的集电极电流 I_{CE}。I_{CE} 与 I_{BE}（在基区复合掉的部分形成基极电流）之比，即为常说的电流放大系数 $\bar{\beta} = I_{CE}/I_{BE}$，这就是三极管中的电流的放大作用。

2.2.2　共发射极基本放大电路

1. 共发射极基本放大电路的组成

图2.15是共发射极基本放大电路，输入信号 u_i 和输出信号 u_o 的公共端为发射极。"⊥"符号表示接地，但并不是真正的接"地"，而是电路中的参考零电位。直流电源电压 $+U_{CC}$ 也是相对"⊥"而言的。

2. 电路中各元器件的作用

（1）**三极管 VT**　起电流控制和放大作用，以微小的基极电流 i_B 控制较大的集电极电流 i_C，是电路的核心元件。

（2）U_{CC} **直流电源**　使三极管 VT 处在放大工作状态：确保发射结正偏、集电结反偏，同时为放大电路提供放大所需要的能量来源。

（3）**集电极电阻 R_C**　为三极管 VT 提供集电结反向偏置，并将集电极电流 i_C 的变化转化为电压的变化，以获得电压放大。

（4）**基极偏置电阻 R_B**　为三极管 VT 提供发射结正向偏置，并为基极电路提供基极偏置电流 I_B，使 VT 获得一个合适的工作点。

（5）**耦合电路 C_1、C_2**　起"隔直（流）通交（流）"作用。所谓隔直，即使放大电路和信号源及负载间实现直流相互隔离；所谓通交，在 C_1、C_2 容量选得足够大时，对交流信号呈现的容抗 $[1/(\omega C)]$ 很小，交流信号便能畅通无阻地通过。C_1、C_2 一般为几微法（μF）至几十微法的电解电容。

（6）**负载电阻 R_L**　放大电路外接的负载，它可以是阻性负载，也可以是谐振回路或扬声器、显示设备等。

3. 放大电路的构成原则

由图2.15可见，构成一个放大电路应遵循如下原则：

（1）应有为放大电路提供能源的直流电源，电源的极性应保证发射结正偏、集电结反偏。

共发射极放大

各元器件的作用

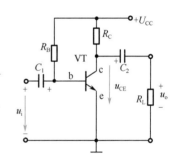

图2.15　共发射极基本放大电路

（2）放大电路与信号源及负载间的连接正确，确保信号传输畅通。

静态工作点

（3）元器件参数的选择应使三极管能建立合适的静态工作点（稍后将介绍）。

4. 放大电路中电压、电流符号的规定

电压、电流符号

放大电路由两部分组成：一是直流偏置电路，二是交流信号通路。因此，电路中既有直流分量，又有交流信号源的输入而形成的交流信号，还有交、直流分量叠加后形成的合成量。为了清楚地表示这些物理量，特以表2.5约定电压、电流各量的符号。

为准确表示各电压、电流量，本书进行统一约定

表 2.5　放大电路中电压、电流符号的规定

物理量名称	表示符号			
	直流分量	交流瞬时值	交流有效值	交直流叠加值
基极电流	I_B	i_b	I_b	i_B
集电极电流	I_C	i_c	I_c	i_C
发射极电流	I_E	i_e	I_e	i_E
集－射极电压	U_{CE}	u_{ce}	U_{ce}	u_{CE}
基－射极电压	U_{BE}	u_{be}	U_{be}	u_{BE}

通常，电压方向用正（＋）、负（－）表示，电流方向用箭头表示。

2.2.3　直流通路和交流通路

任何一个放大电路均包含直流偏置电路和交流信号通路。

1. 直流通路的分析思路及方法

直流通路分析

电路中直流分量电流通过的路径叫直流通路，分析思路及方法如下。

（1）由于电容器具有隔直（流）特性，故可将电路中的电容器均视为开路。

（2）因为电感器的直流电阻通常很小，且电感对直流电的感抗为零，故可将电感器视为短路。

（3）画直流通路时，令输入信号 $u_i = 0$。

共发射极电路直流图解分析

（4）流过三极管 VT 的直流，主要是对基极偏置电流 I_B 和流过三极管集电极至发射极间的直流的分析。

按照上述思路就可画出共发射极电路的直流图解分析图，如图 2.16（b）所示。

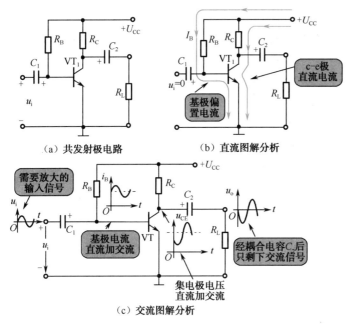

(a) 共发射极电路　　　　　(b) 直流图解分析

图 2.16　共发射极放大电路图解示意图

2. 交流通路的分析思路和方法

交流通路是放大电路中交流信号流通的路径，分析思路 交流通路分析
和方法如下。

（1）在放大电路的输入端加上合适的交流信号电压，
内阻很小的直流电压源可视为短路，内阻很大的直流电源或
恒流源可视为开路。

（2）对一定频率范围的交流信号，对容量较大的耦合
电容，因其容抗很小，可视为通路。

（3）弄清交流信号在共射极放大电路中的传输路径。
注意：共发射极放大电路具有电压放大作用，且输出信号电
压与输入信号电压呈反相，如图 2.16（c）所示。

3. 共发射极放大电路的直流通路和交流通路

由于放大电路中电容元件的存在，直流分量和交流分量 电容存在，故交、直流通路不
电流通过的路径不同，图 2.16（b）和（c）分别对两种分 同
量进行了图解分析和说明。

直流通路的作用是为放大电路提供必要的工作条件，为 直流通路的作用
放大电路设计（计算）设置合适的工作点。对图 2.16（b）
进行分析时，将耦合电容视为开路（隔直流），只有直流电
源 U_{CC} 起作用。故将耦合电容 C_1、C_2 去掉，共发射极放大
电路的直流通路表示成图 2.17（a）。

交流通路的作用是在其输入端加上交流信号后明确如何 交流通路的作用
保证交流信号在电路中通畅地输入、线性地放大和输出，并

求解放大电路的各项性能指标。将图 2.16（c）中的耦合电容和直流电压源（其内阻很小）作短路处理，则可得图 2.17（b）所示交流通路。

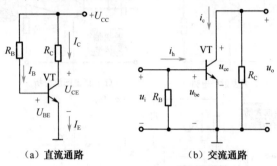

（a）直流通路　　　　　　（b）交流通路

图 2.17　共发射极放大电路

2.2.4　静态工作点的分析

静态

静态是指放大电路在没有加输入信号（即 $u_i = 0$）时电路的工作状态，即放大电路处于直流工作状态。此时，电路中的电压、电流都为直流信号，I_B、I_C、U_{CE} 的数值在特性

静态工作点 Q

曲线上所对应的点称为放大电路的静态工作点，记为 Q。

在放大电路中建立静态工作点的目的，是为了使三极管工作在特性曲线的线性区，使在交流信号作用下被放大的信号波形不失真。

2.2.5　静态工作点的确定方法

如何确定 Q

放大电路的静态分析方法常用的有两种：近似估算法和图解分析法。前者算法简单，后者形象直观。

1. 近似估算法找静态工作点

列方程式估算

近似估算法是从放大电路的直流通路列出计算电流和电压的静态值 I_B、I_C、I_E 和 U_{CE} 的表达式。根据图 2.17（a）所示共发射极放大电路的直流通路，有以下公式。

$$I_B = (U_{CC} - U_{BE}) / R_B \tag{2.11}$$

$$I_C = \beta I_B \tag{2.12}$$

$$I_E = I_B + I_C = (1 + \beta) I_B \tag{2.13}$$

$$U_{CE} = U_{CC} - I_C R_C \tag{2.14}$$

对于式（2.11）中的三极管的 U_{BE}，可近似认为

发射结电压 U_{BE}

$$\left. \begin{array}{l} 硅管\quad U_{BE} = 0.6 \sim 0.8\text{V} \\ 锗管\quad U_{BE} = 0.1 \sim 0.3\text{V} \end{array} \right\} \tag{2.15}$$

对于式（2.11）和（2.12），其成立条件是三极管必须工作在放大区。如果三极管处于饱和状态（此时 U_{CE} 值小于

1V），则 $I_\mathrm{C} \neq I_\mathrm{B}\beta$。

2. 图解法找静态工作点

图解法是以三极管的特性曲线为基础，用作图的方法，在特性曲线上分析放大电路的工作情况并找出静态工作点。

（1）由晶体管特性测试仪扫出放大电路所用三极管的输出特性曲线（或由晶体管手册查出管子特性曲线），如图 2.18 所示。

图解法

先画出特性曲线

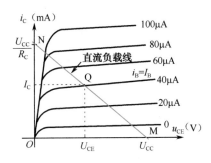

图 2.18　图解法分析静态工作点

（2）在输出特性曲线上作出直流负载线。直流负载线是在放大电路静态下，由集电极电流 i_C 和集 – 射极电压 u_CE 所确定的一条直线。

作直流负载线

$$u_\mathrm{CE} = U_\mathrm{CC} - i_\mathrm{C}R_\mathrm{C} \qquad (2.16)$$

令 $i_\mathrm{C} = 0$，$u_\mathrm{CE} = U_\mathrm{CC}$，则在横轴上得 M 点（$U_\mathrm{CC}$，0），令 $u_\mathrm{CE} = 0$，在纵轴上得 N 点（0，$U_\mathrm{CC}/R_\mathrm{C}$），连接 M、N 点则可得直流负载线 MN。

（3）确定静态工作点 Q。直流负载线 MN 与基极电流 I_B 所对应的那条曲线的交点即为工作点 Q，根据 Q 点即可确定集电极电流 I_C 和集 – 射极电压 U_CE 的数值。

确定 Q 点，找出 I_C、U_CE

■例 2.1　图 2.19（a）为共发射极基本放大电路，请用估算法和图解法求该电路的静态工作点。已知三极管 VT 的 $\beta = 35$，VT 的输出特性曲线如图 2.19（b）所示。

应用举例

解

1. 用估算法求静态工作点

已知 $U_\mathrm{CC} = 9\mathrm{V}$，$R_\mathrm{B} = 220\mathrm{k}\Omega$，$R_\mathrm{C} = 3.3\mathrm{k}\Omega$，三极管为硅管，其 $\beta = 35$，$U_\mathrm{BE} = 0.6\mathrm{V}$。

用估算法

$$I_\mathrm{B} = (U_\mathrm{CC} - U_\mathrm{BE})/R_\mathrm{B} = (9 - 0.6)/(220 \times 10^3)$$
$$\approx 0.04 \ (\mathrm{mA}) \ = 40\mu\mathrm{A}$$

$I_\mathrm{C} \approx \beta I_\mathrm{B} = 35 \times 0.04 = 1.4 \ (\mathrm{mA})$

$U_\mathrm{CE} = U_\mathrm{CC} - I_\mathrm{C}R_\mathrm{C} = 9 - 1.4 \times 3.3 = 4.4 \ (\mathrm{V})$

静态工作点 Q（I_C，U_CE）为 Q（1.4mA，4.4V）。

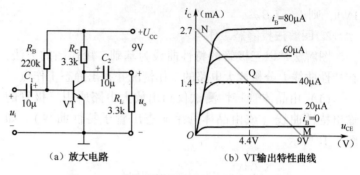

图2.19 共发射极放大电路和输出特性曲线

2. 用图解法求静态工作点

用图解法

（1）作直流负载线。由 $u_{CE} = U_{CC} - i_C R_C$，令 $i_C = 0$，$u_{CE} = U_{CC} = 9V$，在横轴上得 M 点（9，0）；令 $u_{CE} = 0$，在纵轴上得 N 点（0，2.7），连接 M、N 点，即直流负载线。

（2）求静态工作点。负载线 MN 与 $i_B = I_B = 40\mu A$ 的那条输出特性曲线相交点，即为静态工作点 Q。

（3）查静态工作点 Q 的数据。$I_B = 40\mu A$，$I_C = 1.4mA$，$U_{CE} = 4.4V$。

两种算法结果一致

可见，估算法与图解法两种算法的结果一致。

2.2.6 放大电路的动态分析

动态分析

当放大电路有交流信号输入时，三极管电路处于动态工作情况。此时三极管的电压、电流不再保持原来的静态直流量，它会在原直流量基础上叠加上交流分量。研究放大电路的电压、电流变化，以及输入和输出信号间的变化关系，这个过程就是动态分析。

1. 放大电路的交流通路

先简化

先将交流通路进行简化，放大电路中的耦合电容（C_1、C_2）和直流电压源（U_{CC}）作短路处理（电压源内阻很小），如图2.20所示。

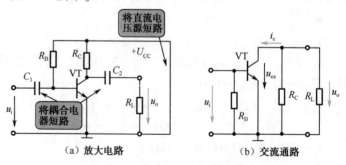

图2.20 共发射极放大电路的交流通路

当放大电路的三极管及其所接 R_B、R_C 确定后，管子的静态工作点 Q 也就确定了。交流信号 u_i 和负载电阻 R_L 的接入不会影响静态工作点，但放大电路在交流信号作用下，三极管的电压、电流以静态工作点为中心上下变动。三极管的管压降为

后作直流负载线

$$u_{ce} = -i_c (R_L /\!/ R_C) = -i_c R'_L \qquad (2.17)$$

$$R'_L = R_L /\!/ R_C \qquad (2.18)$$

交流量 i_c 和 u_{ce} 有如下关系。

$$i_c = \left(-\frac{1}{R'_L}\right) u_{ce} \qquad (2.19)$$

交流负载线斜率 $-\dfrac{1}{R'_L}$

$-\dfrac{1}{R'_L}$ 即为交流负载线的斜率。

2. 交流负载线的作法

在图 2.18 的静态分析中，只考虑了放大电路中集电极电阻 R_C，画出的 MN 线为直流负载线。而放大电路的输出端都带有一定的交流负载 R_L，这时放大电路的工作点就不再限定在直流负载线上移动了，而要用交流负载线表示了。

直流、交流负载线均通过 Q 点

需要明确的是：交流负载线必然是通过静态工作点的直线。因为 Q 点既可理解为无信号输入时的静态工作点，又可理解为当输入信号瞬时值为零时的动态工作点。

正确理解 Q 点

作交流负载线通常按下列步骤进行。

交流负载线作法

（1）根据实测或相关手册画出所用三极管的输出特性曲线，如图 2.21 所示。

（2）作出直流负载线 MN，确定工作点 Q。

（3）作交流负载线的辅助线 MP，M 点的坐标为 $(U_{CC}, 0)$，P 点的坐标为 $(0, U_{CC}/R'_L)$，如图 2.21 所示。$R'_L = R_C /\!/ R_L$。

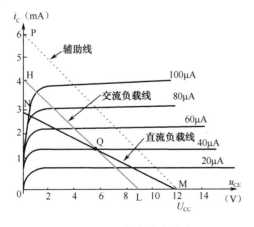

图 2.21　图解交流负载线

（4）过 Q 点作辅助线 MP 的平行线 LH。该线即是由交流通路得到的负载线，通称为交流负载线，其斜率为 $-1/R'_L$。

进一步说明交流负载线

● 交流负载线的特征如下。

（1）交流负载线也必须通过静态工作点 Q。

（2）空载情况下，交流负载线与直流负载线重合。

（3）交流负载线是有交流输入信号时，放大电路动态工作点移动的轨迹。

3. 输出信号的非线性失真与静态工作点 Q 的关系

（1）静态工作点设置得合适，其输出波形 $u_o(t)$ 被线性地放大，无失真，如图 2.22 所示。

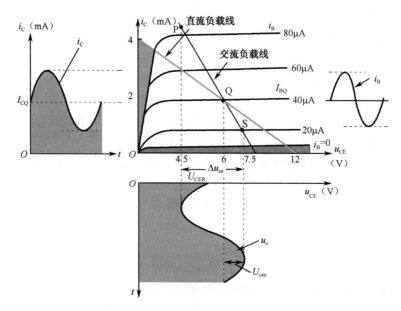

图 2.22　放大电路动态输出图解分析

若已知输入交流电压信号为 $u_i = U_{im} \sin \omega t$，输出正弦电压幅值为 U_{om}，则放大电路的电压放大倍数为

$$A_u = \frac{U_{om}}{U_{im}} \qquad (2.20)$$

共发射极放大电路是一个倒相放大器。由图解分析也可看出，其输出 u_o 与 u_i（或 i_b）相位相反。

饱和失真

（2）静态工作点（Q'）过高，会导致输出波形饱和失真。此时输出信号波形的负半周被部分削平，如图 2.23 所示。这是由于输入信号（i_c）的正半周有一部分进入饱和区，使输出信号的负半周被部分削平。

适当增大放大电路的偏置电阻 R_B（见图 2.19），减小 I_B，使工作点适当下移，则波形得到改善。

（3）静态工作点偏低（Q''），也会引起截止失真。此时 **截止失真** 输入信号（i_C）的负半周波形有部分进入截止区，使输出信号电压 $u_o(t)$ 的正半周被削去一部分，如图 2.24 所示。

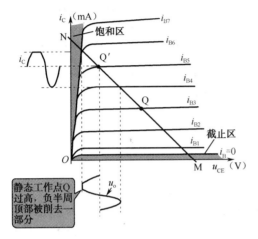

图 2.23 静态工作点过高导致饱和失真　　　图 2.24 静态工作点过低导致截止失真

减小三极管基极的偏置电阻 R_B，从而增大电流 I_B，使工作点适当上移。

饱和失真和截止失真是由于其工作点分别进入输出特性曲线的饱和区和截止区发生的。饱和失真和截止失真统称为非线性失真。

2.2.7 微变等效电路法

三极管是一个非线性器件，但在一定条件下（输入信号幅度很小，或输入信号变化量微小）可以用一个等效的线性电路来替代，从而将非线性问题转化成线性问题，于是就可利用适用于线性电路的各种定理（定律）对放大电路进行分析或计算。

图 2.25 是共发射极三极管的输入、输出特性。由输入 **输入特性** 特性可见，Q 点附近基本上是一段直线，可认为 Δi_B 与 Δu_{BE} 成正比，因而可以用一个等效电阻来代替输入电压和输入电流之间的关系。这个电阻即为三极管的输入电阻，用 r_{be} 表示：

$$r_{be} = \Delta u_{BE} / \Delta i_B \qquad (2.21)$$

三极管等效输入电阻 r_{be}

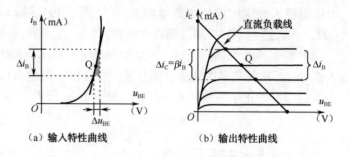

（a）输入特性曲线　　　　（b）输出特性曲线

图 2.25　三极管特性曲线的局部线性化

根据半导体物理分析，共发射极电路的低频小功率管，其输入电阻可以用下式估算。

共射电路输入电阻

$$r_{be} = 300\ (\Omega)\ +\ (1+\beta)\frac{26\ (mV)}{I_E\ (mA)}\ (\Omega)\quad (2.22)$$

在微小范围内工作时，三极管的电压和电流变化量之间的关系基本上是线性的。此时的三极管等效电路称为微变等效电路，如图 2.26 所示。

由三极管的输入端看，输入信号加至 b、e 两极间（即发射结），就产生基极电流 i_B，b、e 两极间相当一个等效电阻 r_{be}，即三极管的输入电阻。从输出端看，工作在线性区的 VT 具有恒流特性，c、e 两极间可以等效为一个受控电流源，其输出电流 $i_C = \beta i_B$，电流方向如图 2.26（b）所示。

微变等效电路

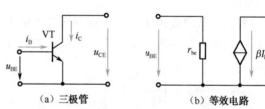

（a）三极管　　　　　　（b）等效电路

图 2.26　三极管的微变等效电路

1. 共发射极放大电路的微变等效电路

以图 2.27（a）所示交流通路为例，其微变等效电路如图 2.27（b）所示。

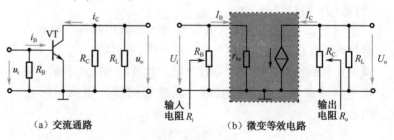

（a）交流通路　　　　　　　　（b）微变等效电路

图 2.27　单管共发射极放大电路的交流通路和微变等效电路

2. 用微变等效电路法进行动态性能分析

根据图 2.27（b）所示共发射极放大电路的微变等效电路，可依次求出三极管 VT 的输入电阻 r_{be}、电压放大倍数 A_u，放大电路的输入和输出电阻 R_i、R_o。

（1）估算 r_{be}。

$$r_{be} = 300 \ (\Omega) + (1+\beta) \frac{26 \ (mV)}{I_E \ (mA)}$$

或
$$r_{be} \approx 300 + \frac{26 \ (mV)}{I_B \ (mA)} \qquad (2.23)$$

若已知 I_B、I_E（$\approx I_C$）和 β，则可算出 r_{be} 的值。一般 r_{be} 的值在几百欧到几千欧，小功率管的 r_{be} 在 1kΩ 左右。

（2）求电压放大倍数 A_u。

$$A_u = \frac{U_o}{U_i} = \frac{-\beta I_B R'_L}{I_B r_{be}} = -\beta \frac{R'_L}{r_{be}} \qquad (2.24)$$

式中，$R'_L = R_C /\!/ R_L$；"$-$"号表示共射极放大电路的输出电压与输入电压反相。

（3）估算输入电阻 R_i。由图 2.27（b）等效电路不难看出

$$R_i = \frac{U_i}{I_i} = \frac{U_i}{I_B} = R_B /\!/ r_{be} \qquad (2.25)$$

由于 $R_B \gg r_{be}$，故 $R_i \approx r_{be}$。

（4）计算输出电阻 R_o。由图 2.27（b）等效电路可见，放大电路对负载 R_L 而言，相当于一个信号源，故其内阻就是放大电路的输出电阻 R_o，故有

$$R_o = \frac{U_o}{I_o} \approx R_C \qquad (2.26)$$

■例 2.2 图 2.28 是共发射极放大电路，$U_{CC} = 12V$，   应用举例
硅管 VT 的 $\beta = 45$。请：（1）画出交流通路、微变等效电路；
（2）求放大电路的动态性能指标 A_u、R_i、R_o。

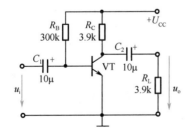

图 2.28 例 2.2 共发射极放大电路

画等效电路

静态工作点

解 （1）先画出图 2.28 的交流通路，然后画出其微变等效电路，如图 2.29 所示。

用估算法计算静态工作点。已知 $U_{CC} = 12\text{V}$，$R_B = 300\text{k}\Omega$，$R_C = 3.9\text{k}\Omega$，$R_L = 3.9\text{k}\Omega$，VT 为硅管，$\beta = 45$。

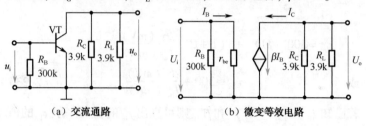

（a）交流通路 （b）微变等效电路

图 2.29　图 2.28 的交流通路和微变等效电路

$$I_B = \frac{U_{CC} - U_{BE}}{R_B} \approx \frac{U_{CC}}{R_B} = \frac{12}{300 \times 10^3} = 0.04 \ (\text{mA})$$

$$I_C \approx \beta I_B = 45 \times 0.04 = 1.8 \ (\text{mA})$$

$$I_E \approx I_C = 1.8 \ (\text{mA})$$

估算 A_u、R_i、R_o

（2）用微变等效电路法求 A_u、R_i、R_o。

$$r_{be} = 300 \ (\Omega) \ + \ (1 + \beta) \frac{26 \ (\text{mV})}{I_E \ (\text{mA})}$$

$$= 300 + (1 + 45) \times \frac{26}{1.8} = 964 \ (\Omega)$$

$$A_u = -\beta \frac{R'_L}{r_{be}} = -\frac{45 \times (3.9 /\!/ 3.9) \times 10^3}{964} \approx -91$$

$$R_i = \frac{U_i}{I_i} = r_{be} /\!/ R_B = 0.964\text{k}\Omega /\!/ 300\text{k}\Omega = 961\Omega$$

$$R_o = R_C = 3.9\text{k}\Omega$$

2.3　稳定工作点放大电路

要点 ▶

为进行不失真的放大，必须给三极管设置合适的静态工作点。温度变化等会使静态工作点产生移动，分压偏置式共发射极电路可克服温度等的变化，使静态工作点与环境温度及三极管的参数无关，从而有效地提高放大电路的稳定性。

当温度变化时，会导致放大电路静态工作点偏移，影响电路的正常工作。为使静态工作点稳定，必须对图 2.15 基本放大电路加以改进。

2.3.1　分压偏置式共发射极放大电路

分压偏置式：R_{B1}、R_{B2}、R_E
确定静态工作点 Q

电路如图 2.30 所示。相对于基本放大电路，在 VT 的 e 极加了反馈电阻 R_E，在 b 极加了 R_{B1}、R_{B2} 分压偏置，为三极管 b 极提供一个固定的基极电位。

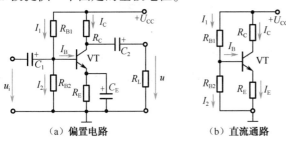

（a）偏置电路　　　（b）直流通路

图 2.30　分压偏置式共发射极放大电路

（1）基极偏置电阻　通过 R_{B1}、R_{B2} 的分压，为三极管 VT 提供一个合适的基极电位 U_{BQ}。　各元件的作用

（2）发射极电阻 R_E　引入直流负反馈，进一步稳定直流工作点。

（3）发射极旁路电容 C_E　C_E 的容量足够大，利用电解电容器的"隔直流通交流"作用，在确保放大电路动态性能不受影响的同时，将交流信号旁路到地。

2.3.2　稳定静态工作点 Q 的分析

（1）由于 R_{B1} 和 R_{B2} 的分压作用，基极电压 U_B 被固定，即

$$U_B = \frac{R_{B2}}{R_{B1} + R_{B2}} U_{CC} \qquad (2.27)$$
偏置电压

U_B 值不随温度而变化。

（2）当温度上升使 I_C 增大时，发射极电阻 R_E 的反馈使　R_E 反馈，保持 I_C 不变
I_C 基本保持不变。电路稳定工作点的过程如下。

$$T\,(℃)\!\uparrow \to I_C\uparrow \to I_E\uparrow \to U_E\uparrow \to U_{BE}\downarrow \to I_B\downarrow$$
$$I_C\downarrow$$

2.3.3　静态工作点的估算

图 2.30（b）为分压偏置式电路的直流通路，其静态工作点可采用估算法确定，其具体步骤如下。

（1）确定基极电位，$U_B = \frac{R_{B2}}{R_{B1}+R_{B2}} U_{CC}$

（2）$I_C \approx I_E = \frac{U_B - U_{BE}}{R_E} \approx \frac{U_B}{R_E}$

（3）$I_B = I_C/\beta$

（4）$U_{CE} = U_{CC} - I_C R_C - I_E R_E \approx U_{CC} - I_C\,(R_C+R_E)$

$$\Big\}(2.28)$$
用估算法确定静态工作点的步骤

动态分析

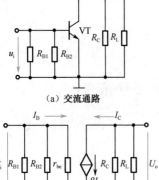

（a）交流通路

（b）微变等效电路

图2.31　分压偏置式共发射极放大电路的交流通路和微变等效电路

应用举例

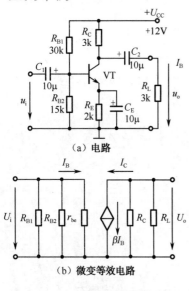

（a）电路

（b）微变等效电路

图2.32　例2.3电路图

2.3.4　用微变等效电路进行动态分析

1. 画出微变等效电路

按照图2.27和图2.29的方法，画出分压偏置式共发射极放大电路的交流通路和微变等效电路，如图2.31所示。

2. 求电压放大倍数A_u、输入电阻R_i、输出电阻R_o

（1）三极管输入电阻r_{be}：

$$r_{be} = 300\ (\Omega)\ +\ (1+\beta)\frac{26\ (mV)}{I_E\ (mA)}$$

在输入为小信号时，r_{be}一般在几百欧至几千欧范围。

（2）放大电路输入电阻：

$$R_i = \frac{U_i}{I_i} = R_{B1} /\!/ R_{B2} /\!/ r_{be} \approx r_{be}$$

（3）放大电路输出电阻：

$$R_o = U_o / I_o = R_C$$

（4）电压放大倍数：

$$A_u = \frac{U_o}{U_i} = -\frac{\beta I_b R'_L}{I_b r_{be}} = -\beta\frac{R'_L}{r_{be}}$$

式中，$R'_L = R_L /\!/ R_C$；"−"号表示输出与输入信号电压反相。

■例2.3　图2.32（a）为分压偏置式共发射极放大电路，$R_{B1} = 30k\Omega$，$R_{B2} = 15k\Omega$，$R_E = 2k\Omega$，$R_C = 3k\Omega$，$R_L = 3k\Omega$，$U_{CC} = 12V$，VT的$\beta = 50$。请：（1）画出微变等效电路；（2）求静态工作点；（3）计算放大电路的R_i、R_o、A_u。

解　（1）画出分压偏置式共发射极放大电路的微变等效电路，如图2.32（b）所示。

（2）用估算法计算静态工作点。

$$U_B = \frac{R_{B2}}{R_{B1} + R_{B2}}U_{CC} = \frac{15}{30+15} \times 12 = 4.0\ (V)$$

$$I_C \approx I_E = \frac{U_B - U_{BE}}{R_E} = \frac{4.0 - 0.7}{2 \times 10^3} = 1.65\ (mA)$$

$$I_B = \frac{I_C}{\beta} = \frac{1.65}{50} = 0.033\ (mA)\ = 33\mu A$$

$$U_{CE} \approx U_C - I_C\ (R_C + R_E)\ = 12 - 1.65 \times\ (3+2)\ = 3.75\ (V)$$

（3）按照微变等效电路求R_i、R_o和A_u。

$$r_{be} = 300\ (\Omega)\ +\ (1+\beta)\frac{26\ (mV)}{I_E\ (mA)} = 300 +\ (1+50)$$

$$\frac{26}{1.65} = 1104\ (\Omega)$$

$$R'_L = \frac{R_C R_L}{R_C + R_L} = \frac{3 \times 3}{3 + 3} = 1.5 \ (\text{k}\Omega)$$

输入电阻 $R_i = U_i / I_i \approx r_{be} = 1104\Omega$

输出电阻 $R_o = U_o / I_o \approx R_C = 3\text{k}\Omega$

电压放大倍数 $A_u = -\beta \dfrac{R'_L}{r_{be}} = -50 \times \dfrac{1.5 \times 10^3}{1250} = -60$

式中，"－"号表示放大电路输出与输入电压反相。

2.4 多级放大电路

单级放大电路的放大倍数是有限的，欲将微弱电信号放大几千倍或更大，需要将若干级放大电路连接起来。级与级之间的连接方法，称为级间耦合方式，常用的耦合方式有阻容耦合、直接耦合、变压器耦合和光电耦合等。在设计或计算放大电路时，不管哪种耦合方式，必须保证各级静态工作点能正常工作。注意：前级是后一级的信号源，而后一级则是前级的负载，应妥善处理它们之间的关系。

◀ 要点

2.4.1 多级放大电路的组成

通常，单级放大电路的电压放大倍数在几十至几百之间，但实际需要放大的信号可弱至毫伏（mV）级甚至微伏（μV）级。为获得推动负载的足够大的信号，需要将若干单级放大电路连接起来，组成多级放大电路。

多级放大电路一般由输入级、中间级、输出级组成，如图2.33所示。

图2.33 多级放大电路的组成框图

多级放大器总电压放大倍数 A_u 为

$$A_u = A_{u1} \cdot A_{u2} \cdot A_{u3} \cdots A_{un} \qquad (2.29)$$

式中，A_{u1}、A_{u2}、$A_{u3} \cdots A_{un}$ 分别为第1级、第2级至第 n 级的电压放大倍数。

2.4.2 多级放大电路的耦合方式

多级放大电路级间常见的耦合方式有阻容耦合、直接耦合、变压器耦合和光电耦合等。

常见耦合方式

1. 阻容耦合方式

阻容耦合是指前级的电信号通过电阻、电容加至后级放大电路，具有电路简单、频率特性好、体积小、成本低等优点，在分立元件放大电路中应用广泛。

2. 直接耦合方式

多级放大器级间不采用阻容元件，而是将前级管子的输出端直接接到下级管子的输入端，这种连接方式称为直接耦合，如图 2.34 所示。

直接耦合

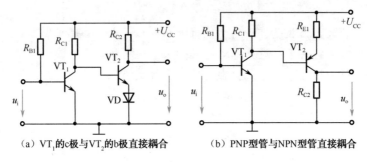

（a）VT₁的c极与VT₂的b极直接耦合　　　（b）PNP型管与NPN型管直接耦合

图 2.34　两级直接耦合放大电路

直耦方式便于集成

直接耦合放大电路的优点是：既能放大交流信号，也能放大缓慢变化信号和直流信号；更为突出的是，因其电路不存在大容量的电容器，故便于集成。因此，目前集成运算电路一般都采用直接耦合方式。

3. 变压器耦合方式

将前级输出的交变信号通过变压器耦合到下级放大电路，称为变压器耦合。图 2.35 是两级变压器耦合放大电路。这种耦合方式利用变压器初、次级线圈具有"隔直流耦合交流"的作用，能使各级放大电路的工作点相互独立；在传送交流信号的同时，还能实现电压和阻抗变换。

利用变压器"隔直流耦合交流"作用，实现电压和阻抗变换

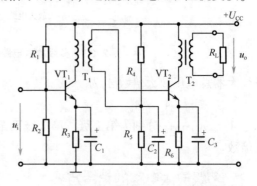

图 2.35　两级变压器耦合放大电路

$C_1 \sim C_3$ 对交流分量旁路到地，对直流工作点起稳定作用。变压器耦合放大电路具有阻抗匹配好、放大效率高等优点。但由于变压器体积大、制作麻烦、成本高，难于集成，一般在低频小信号放大电路中很少采用，主要用在高频电路和功率放大电路中。

变压器耦合方式的优、缺点

2.4.3　两级阻容耦合放大电路

图2.36为两级阻容耦合放大电路，级间通过阻容元件连接。

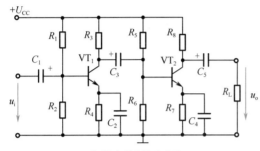

（a）两级阻容耦合放大电路

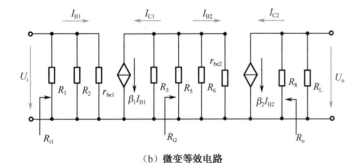

（b）微变等效电路

图2.36　两级阻容耦合放大电路及微变等效电路

1. 静态工作点

阻容耦合

由图2.36（a）可见，两级放大电路由电解电容器 C_3 分开，因电容器"隔直流通交流"，故第1级、第2级电路的静态工作点各自独立。两级电路均为分压偏置式共发射极电路，因此其静态工作点可用式（2.28）进行估算。

加隔直电容后工作点各级独立

2. 两级放大电路的电压放大倍数

由图2.36（a）所示不难看出，后级的输入电阻 R_{i2} 就是前级的负载，前级的输出电压 u_{o1} 就是后级的信号源，即 $u_{o1} = u_{i2}$。由此可得两级电压放大倍数为

$$A_u = \frac{U_o}{U_i} = \frac{U_{o1}}{U_{i1}} \cdot \frac{U_{o2}}{U_{i2}} = A_{u1}A_{u2} \qquad (2.30)$$

两级放大 $A_u = A_{u1} \cdot A_{u2}$

3. 两级放大电路的输入电阻 R_i 和输出电阻 R_o

一般来说，两级放大电路的输入电阻就是第 1 级的输入电阻，即 $R_i = R_{i1}$；输出电阻应是后级的输出电阻，即 $R_o = R_{o2}$。

2.4.4　多级阻容耦合放大电路

多级放大

单级或两级放大电路的放大倍数是有限的，驱动负载正常工作通常采用多级放大电路，组成框图如图 2.37 所示。

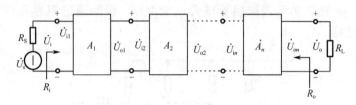

图 2.37　多级放大电路的组成框图

1. 电压放大倍数

n 级放大 A_u

n 级放大电路总的放大倍数为各级电路电压放大倍数的乘积：

$$A_u = A_{u1}A_{u2}A_{u3}\cdots A_{un} \tag{2.31}$$

在计算单级放大电路的电压放大倍数时，应将后一级的输入电阻作为本级的负载。

2. 输入电阻

多级放大电路的输入电阻等于第 1 级的输入电阻，即

$$R_i = R_{i1} \tag{2.32}$$

3. 输出电阻

多级放大电路的输出电阻等于末级（第 n 级）的输出电阻，即

$$R_o = R_{on} \tag{2.33}$$

应用举例

■例 2.4　请看图 2.36 所示两级阻容耦合放大电路，VT_1、VT_2 均为硅小功率三极管 3DG6，$\beta_1 = \beta_2 = 45$；电压源 $U_{CC} = 12V$；$R_1 = 100k\Omega$，$R_2 = 39k\Omega$，$R_3 = 5.6k\Omega$，$R_4 = 2.2k\Omega$，$R_5 = 82k\Omega$，$R_6 = 47k\Omega$，$R_7 = 2.7k\Omega$，$R_8 = 2.7k\Omega$，$R_L = 3.9k\Omega$，$r_{be1} = 1.4k\Omega$，$r_{be2} = 1.3k\Omega$。请计算两级的电压放大倍数 A_u、输入电阻 R_i、输出电阻 R_o。

解 根据图 2.36（b）的微变等效电路，计算第 1 级的等效负载电阻：

$$R_{L1} = R_5 \mathbin{/\mkern-5mu/} R_6 \mathbin{/\mkern-5mu/} r_{be2} = 82 \mathbin{/\mkern-5mu/} 47 \mathbin{/\mkern-5mu/} 1.3 \approx 1.3 \ (k\Omega)$$

$$R'_{L1} = R_3 \mathbin{/\mkern-5mu/} R_{L1} = 5.6k\Omega \mathbin{/\mkern-5mu/} 1.3k\Omega = 1055\Omega$$

第 1 级电压放大倍数：

A_{u1}、A_{u2} 的 "－" 号表明倒相放大

$$A_{u1} = -\beta_1 \frac{R'_{L1}}{r_{be1}} = -45 \times \frac{1055}{1.4 \times 10^3} = -33.9$$

$R'_{12} = R_8 /\!/ R_L = 2.7\text{k}\Omega /\!/ 3.9\text{k}\Omega = 1595.5\Omega$

第 2 级电压放大倍数:

$$A_{u2} = -\beta_2 \frac{R'_{12}}{r_{be2}} = -45 \times \frac{1595.5}{1.3 \times 10^3} = -55.2$$

放大电路的输入电阻:

$$R_i = R_{i1} = R_1 /\!/ R_2 /\!/ r_{be1} = 100 /\!/ 39 /\!/ 1.4 \approx 1.4 \ (\text{k}\Omega)$$

放大电路的输出电阻:

$$R_o = R_8 = 2.7\text{k}\Omega$$

两级放大电路总的放大倍数:

$$A_u = A_{u1} \cdot A_{u2} = -33.9 \times (-55.2) = 1871.3$$

 放大电路的倍大倍数与增益 G 应用知识

描述放大电路的放大能力,除了电压放大倍数 A_u,还有电流放大倍数 A_i 和功率放大倍数 A_P。放大量的单位有两种表示方式:一是用放大倍数,二是用增益(dB,分贝)。它们之间的表达式和关系见表 2.6。

表 2.6　放大电路放大倍数 A 和增益(dB)之间关系

电压放大倍数	$A_u = \dfrac{U_o}{U_i}$	$G_u = 20\lg \dfrac{U_o}{U_i}$ (dB)
电流放大倍数	$A_i = \dfrac{I_o}{I_i}$	$G_i = 20\lg \dfrac{I_o}{I_i}$ (dB)
功率放大倍数	$A_P = \dfrac{P_o}{P_i}$	$G_P = 10\lg \dfrac{P_o}{P_i}$ (dB)

■例 2.5　图 2.38 是一个放大电路的框图,请:(1)计算其电压、电流、功率的放大倍数;(2)用增益(dB)表示。 应用举例

图 2.38　放大设备及其输入、输出参量

解 (1)求电压、电流和功率放大倍数。 用倍数表示

电压放大倍数　$A_u = \dfrac{u_{om}}{u_{im}} = \dfrac{1 \times 10^3 \text{mV}}{10\text{mV}} = 100$

电流放大倍数　$A_i = \dfrac{i_{om}}{i_{im}} = \dfrac{1 \times 10^3 \mu\text{A}}{5\mu\text{A}} = 200$

功率放大倍数　$A_P = \dfrac{P_o}{P_i} = \dfrac{u_{om} i_{om}}{u_{im} i_{im}} = 100 \times 200 = 20000$

(2)图 2.38 所示放大设备标注的输入、输出参量用增

用增益（dB）表示

益公式可写为

电压增益　$G_u = 20\lg A_u = 20\lg 100 = 20 \times 2 = 40$（dB）

电流增益　$G_i = 20\lg A_i = 20\lg 200 = 20 \times 2.3 = 46$（dB）

功率增益　$G_P = 10\lg A_P = 10\lg 20000 = 10 \times 4.3 = 43$（dB）

应用举例

■例2.6　一个3级放大电路，如图2.39所示，求总电压增益。

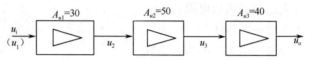

图2.39　3级放大电路

解 本例有两种算法。

两种算法结果相同

方法一：先求3级放大电路总的电压放大倍数，然后求增益，即

$$A_u = A_{u1}A_{u2}A_{u3} = 30 \times 50 \times 40 = 60000$$

$$G_u = 20\lg A_u = 20\lg 60000 \approx 95.5 \text{（dB）}$$

方法二：$G_u = G_{u1} + G_{u2} + G_{u3} = 20\lg A_{u1} + 20\lg A_{u2} + 20\lg A_{u3}$

$= 20\lg 30 + 20\lg 50 + 20\lg 40$

$\approx 29.5 + 34 + 32 = 95.5 \text{（dB）}$

综合知识

三种基本放大电路的比较

三种基本放大电路，由于连接方式不同，交流信号的输入和输出的公共端不同，交流信号在放大过程中的流通途径不同，从而导致放大电路的性能不同，动态参数（A_u、R_i、R_o等）和频率响应特性不同。但每种放大电路都有自身的特点，在组成多级放大电路或低频、高频或宽带电路时，应扬长避短，组合成所需要的性能完善的电路。

表2.7列出了共发射极、共集电极、共基极三种基本放大电路的主要性能和用途，供参考、比较。

表2.7　三种基本放大电路的主要性能及用途

参数 \ 组态	共发射极放大电路		共集电极放大电路	共基极放大电路
	自给偏置式电路	分压偏置式电路		
电路图				

组态 参数	共发射极放大电路		共集电极放大电路	共基极放大电路
	自给偏置式电路	分压偏置式电路		
电压增益(A_u)	$A_u = -\dfrac{h_{FE}R'_L}{r_{be}}$ ($R'_L = R_c /\!/ R_L$)	$A_u = -\dfrac{h_{FE}R'_L}{r_{be}}$ ($R'_L = R_c /\!/ R_L$)	$A_u = \dfrac{(1+h_{FE})R'_L}{r_{be}+(1+h_{FE})R'_L}$ ($R'_L = R_e /\!/ R_L$)	$A_u = \dfrac{h_{FE}R'_L}{r_{be}}$ ($R'_L = R_c /\!/ R_L$)
u_o 与 u_i 的相位关系	反相	反相	同相	同相
最大电流增益 A_i	$A_i = h_{FE}$，高	$A_i = h_{FE}$，高	$A_i = h_{FE}$，高	$A_i \approx 1$，低
输入电阻 R_i	$R_i = R_b /\!/ r_{be}$，中等	$R_i = R_{b1} /\!/ R_{b2} /\!/ r_{be}$，中等	$R_i = R'_b /\!/ [r_{be}+(1+h_{FE})R'_L]$，高 $R'_b = R_{b1} /\!/ R_{b2}$，$R'_L = R_e /\!/ R_L$	$R_i = R_e /\!/ \dfrac{r_{be}}{1+h_{FE}}$，低
输出电阻 R_o	$R_o = R_c$，高	$R_o = R_c$，高	$R_o = \dfrac{r_{be}+R'_s}{1+h_{FE}} /\!/ R_e$，低（$R'_s = R_s /\!/ R_{b1} /\!/ R_{b2}$）	$R_o = R_c$，高
用途	多级放大电路的中间级	多级放大电路的中间级	输入级、中间级、输出级	高频放大或宽频带电路及恒流源电路

同步自测练习题

一、填空题

1. 半导体三极管也称_____三极管，按其管芯结构分为_____和_____；它们均有_____区、_____区、_____区，在三个区的两两交界处形成两个_____结，靠近发射区的称为_____结，靠近集电区的称为_____结。在三极管的电路图形符号中，带箭头的电极是_____，箭头指外的是_____型，箭头指内的是_____型。箭头的指向实际上是_____的方向。

2. 三极管的最基本功能是_____，但实现这一功能，其发射结必须加_____，集电结必须加_____。对于 NPN 型和 PNP 型两种极性不同的三极管，外加电压的极性_____。

3. 三极管放大电路设置偏置的理由是_____，只有当发射结的正向电压 U_{BE} 大于死区电压后，才产生基极电流 I_B。硅三极管死区电压约_____，锗管的死区电压约_____。当三极管导通、正常工作时，硅管的 U_{BE} 为_____，锗管的 U_{BE} 为_____。

4. 三极管的输出特性常用 $I_C = f(U_{CE}) \mid_{I_B=常数}$ 表示。该函数式用文字可描述为：对于 I_B 的_____，都有一条_____，所以_____。各条曲线的形状基本相似，可分为_____、_____和_____三个区域。它们分别与三极管的_____、_____和_____相对应。

5. 为了保证放大器正常放大交流信号，必须合理设置_____。若静态工作点选得_____，会导致放大管进入_____，引起_____；若静态工作点选得_____，会导致放大管进入_____，引起_____。

6. 在实际放大电路中既有_____，又有_____，它们是叠加在一起的。为便于分析，于是人为地分为静态分析和动态分析。静态是指放大电路_____工作状态。静态分析是要确定放大电路的_____。静态值皆是_____，故可用放大电路的_____来确定。画直流通路时，电路中的电容器可视作_____。放大器的直流分析主要是讨论如何计算和设置三极管放大电路的_____。

7. 放大电路的动态，是指三极管电路加入_____时的工作状态。动态分析是在_____确定后分析电压（或电流）_____的传输情况，并计算_____、_____、_____等。动态分析常用的方法是_____，是在放大电路的_____和晶体管的_____的基础上得出的。

8. 多级放大器通常是由_____、_____、_____组成的，级间常见的耦合方式有_____、_____、_____和_____等；n 级放大电路总放大倍数为_____，多级放大器的输入电阻是_____，输出电阻等于_____。

二、问答题

1. 从图 2.8 可见，三极管输出特性曲线分为放大、饱和、截止三个区域，它们分别与三极管的放大状态、饱和状态、截止状态相对应。请扼要说明三极管处于放大状态、饱和状态和截止状态的条件及各自特点。

2. 从三极管输出特性曲线看，三极管工作在饱和区比工作在放大区的电流 I_C 大得多，这能否说明在饱和区工作时的放大能力更强？请说明理由。

3. 三极管放大电路中，若静态工作点设置得偏高或偏低，对信号的输出波形有无影响？试画图说明。

4. 在放大电路中，何谓静态？为什么要进行静态分析？静态工作点有什么作用？

5. 三极管放大电路中的静态工作点不稳定，对信号的放大有没有影响？

6. 影响静态工作点稳定性的因素主要有哪些？哪种因素影响最大？

7. 为确保三极管放大电路的性能，如何提升静态工作点的稳定性？

8. 分析并扼要说明图 2.30 分压偏置式共发射极放大电路稳定工作点的措施及稳定调节过程。

三、电路应用及计算题

1. 图 2.40（a）是固定偏置式共发射极放大电路，请画出其直流通路，并且估算法和图解法求该电路的静工作点。已知三极管的 $\beta = 37.5$，其输出特性曲线如图 2.40（b）所示。

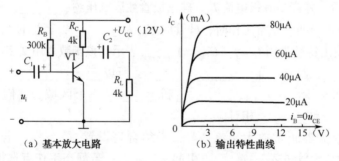

（a）基本放大电路　　　　（b）输出特性曲线

图 2.40　固定偏置式共发射极放大电路和输出特性曲线

2. 在图 2.40 放大电路中，若电源电压 $U_{CC} = 9V$，三极管的 $\beta = 50$，要求 $U_{CE} = 5V$，$I_C = 2mA$，试求 R_C 和 R_B 的阻值。

3. 图 2.41 是分压偏置式共发射极放大电路，已知三极管的 $\beta = 40$，其他元件如图 2.41

所示。请：（1）画出其直流通路；（2）用估算法求电路的静态工作点 Q。

4. 对于图 2.41 电路，若换用同一型号的三极管，但 $\beta = 80$ 时，对分压偏置式放大电路的 Q 点有没有影响？

5. 在对图 2.41 分压偏置式共发射极放大电路选择了合适的静态工作点基础上，试画出该电路的交流通路和微变等效电路，并计算电路的动态参数：A_u、R_i 和 R_o。

6. 图 2.42 是两级阻容耦合放大器电路，已知 VT_1 的 $\beta_1 = 80$，VT_2 的 $\beta_2 = 100$，$r_{be1} = r_{be2} = 2k\Omega$，$C_1 \sim C_3$ 和 C_E 的电容均为 $10\mu F$，各电阻器的阻值如图上的标示。请画出图 2.42 的微变等效电路，求 A_u、R_i 和 R_o。

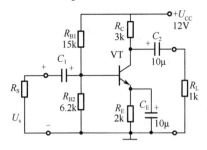

图 2.41 分压偏置式共发射极放大电路

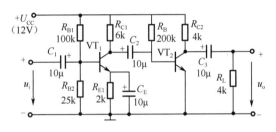

图 2.42 两级阻容耦合放大器电路

自测练习题参考答案

一、填空题

1. 晶体 NPN 型 PNP 型 发射 基 集电 PN 发射 集电 发射极 NPN PNP 电流

2. 电流放大 正向偏置电压 反向偏置电压 也应不同

3. 三极管输入特性存在死区 0.5V 0.2V 0.6～0.7V 0.2～0.3V

4. 每一个确定值 输出特性曲线 输出特性是一簇曲线 截止区 放大区 饱和区 截止状态 放大状态 饱和状态

5. 静态工作点 偏低 截止区 截止失真 偏高 饱和区 饱和失真

6. 直流分量 交流分量 不加输入信号时的 静态值 I_C、U_{CE}、I_B 及 U_{BE} 直流 直流通路 开路 静态工作点

7. 输入信号 静态值 交流分量 电压放大倍数 A_u 输入电阻 R_i 输出电阻 R_o 微变等效电路 交流通路 微变等效电路

8. 输入级 中间级 输出级 阻容耦合 直接耦合 变压器耦合 光电耦合 $A_u = A_{u1} A_{u2} A_{u3} \cdots A_{un}$ 第 1 级的输入电阻，即 $R_i = R_{i1}$ 末级（第 n 级）的输出电阻，即 $R_o = R_{on}$

二、问答题

1. 答 三极管输出特性曲线的放大、饱和、截止三个区与三极管的三种工作状态——放大状态、饱和状态、截止状态相对应。

（1）放大区 三极管处于放大工作状态的条件是：发射结正向偏置，集电结反向偏置。这个区的特点是：当 I_B 为一定值时，I_C 受 I_B 控制，具有电流放大作用，即 $I_C = \beta I_B$。I_C 随 I_B

的增大（或减小）而增大（或减小）。

（2）截止区　发射结和集电结均处于反向偏置，三极管处于截止状态，这就是导致三极管截止的前提条件。截止区的特点是：基极电流 $I_B \leq 0$，集电极与发射极之间仅存在很小的穿透电流 I_{CEO}，硅管的 I_{CEO} 只有几微安，管压降 $U_{CE} \approx U_{CC}$，无放大作用。三极管相当于开关断开状态。

（3）饱和区　三极管处于饱和状态的条件：发射结和集电结均处于正向偏置，是 I_C 随 U_{CE} 增大而增大的区域。饱和区的特点是：三极管处于饱和状态，管子的饱和压降 $U_{CE} \leq 1V$，输出电流 I_C 不随 I_B 变化，即 I_C 不受 I_B 控制，失去了电流放大作用。此时的三极管相当于开关的闭合状态。

2. 答 从图 2.8 所示的三极管输出特性曲线族看，在放大区，各条输出特性曲线较平坦，当 I_B 为一定值时，I_C 基本上不随 U_{CE} 变化，I_C 受 I_B 控制，$I_C = \beta I_B$；而在饱和区，I_B 对 I_C 没有控制作用，即 I_B 对 I_C 没有影响，当然更谈不上其电流放大作用了。究其原因，是发射结和集电结所加的电压均处于正向偏置。在集电结正向偏置时，集电结内电场变得较弱，收集从基区扩散到集电区的载流子能力大大减弱，使得在 I_B 继续加大时，I_C 便不能按 $I_C = \beta I_B$ 的关系增大，而当 I_B 大于某一临界位时，I_C 便不再增大，这时三极管便失去电流放大的功效了。

3. 答 三极管放大电路中设置的静态工作点偏高或偏低，都会使输出信号波形失真，严重时会"削"去一部分波形。

（1）若静态工作点位置偏高，如图 2.43 中的 Q_1 所示，尽管输入信号为完整的正弦波，但在其输出特性曲线上，正弦信号 i_B 的部分幅值进入饱和区，i_C 的正半周和集电极输出的 U_{CE} 的负半周被"削"去一部分，这就是工作点偏高导致的饱和失真。

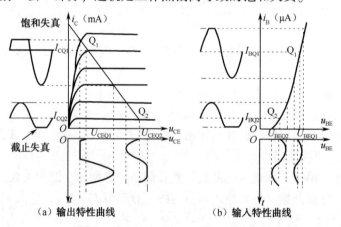

图 2.43　工作点选择不当引起的失真

（2）若静态工作点位置过低，如图 2.43 中的 Q_2 所示，则由于输入正弦信号的负半周有一部分进入截止区，使 i_C 的负半周、U_{CE} 的正半周相应的部分也被"削"去，这是工作点过低产生的截止失真。

4. 答 静态是指放大电路不加输入信号（即 $u_i = 0$）时的工作状态。此时，电路只有直流电源作用，故也称直流工作状态。

分析静态就是确定放大电路的静态工作点 Q，即确定输入信号 u_i 为零时的三极管在 Q 点的基极电流 I_B、集电极电流 I_C 和集﹣射极电压 U_{CE} 的数值。由 I_B、I_C、U_{CE}、U_{BE} 参数在三极管输入、输出特性曲线上所确定的点，称为静态工作点 Q。静态分析就是要找出一个合适的静态工作点 Q，以确定它是否满足放大的要求。

在放大电路中设置静态工作点的目的，一方面是为了使三极管工作在特性曲线的直线部分；另一方面在输入一定幅值的交流信号 u_i 时，能使三极管的各极电流和电压都以静态工作点 Q 为中心在线性范围内摆动，确保放大后信号波形不失真。

上述表明，在放大电路中设置合适的静态工作点是十分必要的。

5. 答 在三极管放大电路中，若静态工作点 Q 设置得比较合适，但由于种种原因导致工作点 Q 不稳定，会给放大电路的工作带来不利影响。

（1）若电路设置的工作点游离至特性曲线的非线性区，则输入信号在非线性段经三极管放大电路放大后，其输出波形会产生非线性失真。

（2）若工作点游离至特性曲线饱和区拐点处附近，则由于输入信号的摆动范围有一部分进入饱和区，输出信号的正半周会被"削"去顶部一部分，产生饱和失真。

（3）若工作点游离至靠近截止区处，则输出电流 i_C 的负半周、U_{CE} 的正半周波形的一部分被"削"去，产生截止失真。

（4）静态工作点不稳定，除引起上述的波形失真外，还会引起三极管电路的电压放大倍数的变化，造成动态性能的不稳定。

6. 答 静态工作点的稳定是保证放大电路正常工作的重要条件。影响工作点稳定性的因素很多，如温度的变化、电源电压的波动、电路元器件的老化，更换三极管带来的电参数的变化等，这些都可能导致放大电路静态工作点的变化。在这些因素中，又以温度变化的影响最大。

对于单电源固定偏置式共发射极放大电路，其基极偏压是由接在 U_{CC} 和基极的偏置电阻 R_B 提供的，当温度变化时，会影响到 U_{BE}、I_{CEO} 和 β 随之变化，即

$$T\text{变化}\begin{cases}U_{BE}\\I_{CEO}\\\beta\end{cases}\text{变化}\longrightarrow I_C\text{变化}\longrightarrow\text{工作点 Q 移动}$$

如图 2.44（a）温度对 U_{BE} 的影响：$T\uparrow\rightarrow U_{BE}\downarrow\rightarrow I_B\uparrow\rightarrow I_C\uparrow$。温度对 β 和 I_{CEO} 的影响：$T\uparrow\rightarrow\beta$、$I_{CEO}\uparrow\rightarrow I_C\uparrow$。

从三极管输出特性曲线族图 2.44（b）也可看出，当温度度上升时，会使 Q 点沿负载线上移，导致三极管进入饱和区，轻者导致输出信号失真，重者会使输出波形"削"去顶部，更有甚者，会因过热烧坏三极管。反之，若温度下降，则将导致工作点 Q 点下移，轻者会导致输出信号波形失真，重者因进入截止区将信号底部"削"掉。

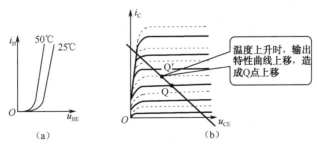

图 2.44　温度对 U_{BE} 和 Q 点的影响

有关温度对三极管参数和特性曲线的具体影响，请读者参看 2.1.4 节正文后的"应用知识"栏目的内容。

7. 答 通过第 6 题的讨论，已知道环境温度的变化、供电源电压的波动及电子元器件的老化等，是影响静态工作点的主要因素。对此，宜采用如下措施。

（1）针对温度对三极管参数和特性曲线的影响，采用温度稳定性高的三极管。例如，采用对温度不大敏感的硅管代替对温度敏感的锗管；或者采用单极型的场效应管，这种管子工作时只有一种载流子——多数载流子（电子或空穴）参与运动，而且是电压控制器件，温度稳定性好。场效应管可具有零温度系数点。

（2）前面对静态工作点稳定性的分析，是以图 2.15 共发射极基本放大电路——由电源 U_{CC} 和基极偏置电阻 R_B 提供基极电流 I_{BQ} 的固定偏置式放大电路进行的。这样的固定偏置式电路，当温度 T 升高时，温度 $T\uparrow \to U_{BE}\downarrow \to I_B\uparrow \to I_C\uparrow$，同时温度对 β 及 I_{CEO} 的影响有 $T\uparrow \to \beta\uparrow$、$I_{CEO}\uparrow \to I_C\uparrow$，致使工作点 Q 沿负载线上移；反之当温度 T 下降时，导致 Q 点下移。工作点 Q 的不稳定是固定偏置式放大电路本身的致命弱点。

为减小工作点的漂移，采用图 2.45 所示的分压偏置式共发射极电路，由 R_{B1} 和 R_{B2} 为基极上、下偏置电阻代替单个偏置电阻 R_B，通过两电阻的分压，固定住三极管的基极电位 U_B。同时选择合适的发射极电阻 R_E，可以兼顾到静态工作点 Q 位置和稳定性。用旁路电容 C_E 减小和消除其对放大倍数的不利影响。

（3）在设计分压式共发射极放大电路时，在确保 $I_2 \gg I_B$ 和 $U_B \gg U_{BE}$ 两个条件的情况下，则三极管的基极电位 U_B 就可以认为不受三极管参数和温度变化的影响，其静态工作点就仅由 R_{B1} 和 R_{B2} 分压偏置式电路所决定。

8. 答 分压偏置式共发射极放大电路的稳定工作点措施和稳定调节过程如下。

（1）稳定静态工作点措施。

① 基极采用分压偏置电阻 R_{B1}、R_{B2}，R_{B1}、R_{B2} 的分压为三极管提供一个大小合适的基极电压 U_B 和电流 I_B。

$$U_B = \frac{R_{B2}}{R_{B1}+R_{B2}}U_{CC}$$

由于 R_{B1}、R_{B2} 的分压使基极电压 U_B 固定，故 U_B 不随温度变动，使静态工作点保持稳定。

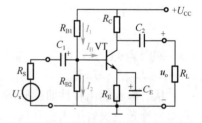

图 2.45　分压偏置式共发射极放大电路

② 选择 R_{B1}、R_{B2} 偏置电阻的阻值适当，发射极电阻 R_E 阻值较低（一般为 $1k\Omega \sim 3k\Omega$），可确保 $U_B \gg U_{BE}$ 和 $I_2 \gg I_B$。当这两个条件得到满足时，U_B 和 I_B 便不受温度变化和电源电压波动等的影响。

③ 利用发射极电阻 R_E 的反馈，再引回到输入回路去控制 U_{BE}，可实现 I_C 基本保持不变，即

$$I_C \approx I_E = \frac{U_B - U_{BE}}{R_E} \approx \frac{U_B}{R_E}$$

（2）稳定工作点的自动调节过程。

$$T(℃)\uparrow \longrightarrow I_C\uparrow \longrightarrow I_E\uparrow \longrightarrow U_E\uparrow \longrightarrow U_{BE}\downarrow \longrightarrow I_B\downarrow$$

$$I_C\downarrow$$

上述过程说明：一方面，因 T 上升引起 I_C 增大；另一方面，利用电阻 R_E 的反馈作用阻止了 I_C 的变化，I_C 保持恒定。可见，只要选取的 R_E 值适当，分压偏置式放大电路就能达到自动调节并稳定工作点的目的。

三、电路应用及计算题

1. 【解题提示】　画图 2.40（a）的直流通路时，令 $u_i = 0$，将耦合电容 C_1、C_2 视为开路，只有直流电源起作用。

解　（1）画直流通路如图 2.46（a）所示。已知 $R_B = 300\text{k}\Omega$，$R_C = 4\text{k}\Omega$，三极管 $\beta = 37.5$，$U_{CC} = 12\text{V}$。

（2）用估算法求图 2.46（a）电路的静态工作点 Q 的 I_B、I_C 和 U_{CE} 值。

基极电流　$I_B = \dfrac{U_{CC} - U_{BE}}{R_B} \approx \dfrac{U_{CC}}{R_B} = \dfrac{12\text{V}}{300\text{k}\Omega} = 0.04\text{mA} = 40\mu\text{A}$

集电极电流　$I_C = \beta I_B = 37.5 \times 0.04 = 1.5$（mA）

集-射极电压　$U_{CE} = U_{CC} - I_C R_C = 12 - 1.5 \times 4 = 6$（V）

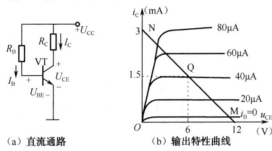

（a）直流通路　　　（b）输出特性曲线

图 2.46　图 2.40 直流通路及静态工作点图解分析

（3）用图解法求静态工作点。

① 作直流负载线。由 $u_{CE} = U_{CC} - i_C R_C$，令 $i_C = 0$，则 $u_{CE} = U_{CC} = 12\text{V}$，在横轴上得 M 点（12，0）；令 $u_{CE} = 0$，在纵轴上得点 N（0，3），连接 M、N 点，即直流负载线。

② 求静态工作点。负载线 MN 与 $i_B = I_B = 40\mu\text{A}$ 的那条输出特性曲线相交点，即为静态工作点 Q。

③ 查静态工作点 Q 的数据：$I_B = 40\mu\text{A}$，$I_C = 1.5\text{mA}$，$U_{CE} = 6\text{V}$。

由上面的估算法和图解法表明，两种算法的结果一致。

2. 解　已知 $U_{CC} = 9\text{V}$，$U_{CE} = 5\text{V}$，$I_C = 2\text{mA}$，$\beta = 50$，由共射极放大电路的直流负载线方程式（2.16），经变换，得

集电极负载电阻　$R_C = \dfrac{U_{CC} - U_{CE}}{I_C} = \dfrac{9 - 5}{2 \times 10^{-3}} = 2$（k$\Omega$）

基极偏置电阻　$R_B = \dfrac{U_{CC} - U_{BE}}{I_B} = \dfrac{U_{CC} - 0.6}{I_C/\beta} = \dfrac{9 - 0.6}{2 \times 10^{-3}/50} \approx 210$（k$\Omega$）

3. 【解题提示】　直流通路，即放大电路的直流成分通过的路径。画直流通路时，将电容 C_1、C_2 视为开路，其他不变。

解　画直流通路并求静态工作点。

（1）画图 2.41 电路的直流通路如图 2.47 所示。

（2）根据直流通路，就可对电路进行直流分析。下面用估算法来确定图2.41的静态工作点 Q，具体步骤如下。

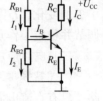

图2.47　分压偏置式直流通路

①由式（2.27），求 U_B。

$$U_B = \frac{R_{B2}}{R_{B1} + R_{B2}} U_{CC} = \frac{6.2}{15 + 6.2} \times 12 = 3.5 \text{ （V）}$$

②由式（2.28），用估算法确定静态工作点 Q。

$$I_C \approx I_E = \frac{U_B - U_{BE}}{R_E} = \frac{3.5 - 0.7}{2 \times 10^3} = 1.4 \times 10^{-3} \text{ （A）} = 1.4\text{mA}$$

$$I_B = \frac{I_C}{\beta} = \frac{1.4}{40} = 0.035 \text{ （mA）} = 35\mu A$$

$$U_{CE} \approx U_{CC} - I_C (R_C + R_E) = 12 - 1.4 \times (3 + 2) = 5 \text{ （V）}$$

4.【解】在图2.41放大电路中的三极管 VT，当 β 由原40换为80时，对其电路参数估算如下。

由于图2.41中的各元件值除三极管的 β 由原来的40换成80外，其他元件的阻值均保持不变，故决定了静态工作点的下列参数：

$$U_B = 3.5\text{V} \qquad I_C = 1.4\text{mA} \qquad U_{CE} = 5\text{V} \text{ 仍保持不变}$$

但 $I_B = I_C/\beta = \frac{1.4}{80} = 0.0175 \text{ （mA）} = 17.5\mu A$。

以上估算表明，当 β 发生变化时，电路的 U_B、U_E、I_C 和 U_{CE} 基本不变，只是由于 β 的增大（一倍），致使 I_B 减小至 17.5μA，但其工作点仍位于放大区的线性段内。由于采用 R_{B1}、R_{B2} 偏置电阻对电源分压，固定了基极直流电压 U_B，加之 R_{B1}、R_{B2} 的电阻值取值合理，可确保分压电阻 R_{B1} 中的电流 $I_1 \gg I_B$，加上发射极电阻 R_E 的反馈作用，使集电极 I_C 的变化很小，其 Q 点基本保持不变，放大电路工作稳定。

5.【解题提示】　在对电路选择了适合的静态工作点后，若分析或计算放大电路中的交流信号和动态参数，应先画出该电路的交流通路和微变等效电路。

有关交流通路和微变等效电路的作用和做法，请读者参阅本书 2.2.3 节和 2.2.7 节的相关内容。

【解】（1）交流通路是放大电路的交流信号流通的路径，其画法是：对所使用的内阻很小的直流电压源可视为短路，对容量较大的电容器也视为短路（$X_C = \frac{1}{\omega C} \to 0$）。据此，可画出图2.41的交流通路如图2.48（a）所示。

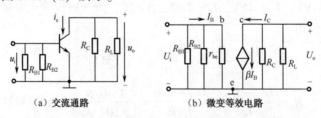

（a）交流通路　　　　　　　（b）微变等效电路

图2.48　图2.41放大电路的交流通路和微变等效电路

（2）放大电路的微变等效电路，是用三极管的微变等效电路替代交流通路中的三极管，便可得到如图2.48（b）所示的微变等效电路。

（3）利用微变等效电路来分析，计算图2.41放大电路的 R_i、R_o 和 A_u。

① 估算三极管的交流输入电阻,由式(2.22)得

$$r_{be} = 300 \ (\Omega) \ + \ (1 + \beta) \frac{26 \ (mV)}{I_E \ (mA)} = 300 + \ (1 + 40) \ \times \frac{26}{1.4} = 1229 \ (\Omega)$$

② 电路的等效负载电阻:

$$R'_L = R_C /\!/ R_L = \frac{3000 \times 1000}{3000 + 1000} = 750 \ (\Omega)$$

③ 电路的放大倍数:

$$A_u = -\beta \frac{R'_L}{r_{be}} = -40 \times \frac{750}{1229} = -24.4$$

④ 电路输入电阻:

$$r_i = r_{be} /\!/ R_{B1} /\!/ R_{B2} = 1229 /\!/ 15000 /\!/ 6200 \approx 960 \ (\Omega)$$

⑤ 电路输出电阻:

$$R_o = R_C = 3000\Omega$$

6.【解题提示】 通常,求两级(或多级)阻容耦合放大电路的电压放大倍数 A_u,要画出其微变等效电路。画图时请注意如下两点。

(1)两级放大电路均为共射极接法,两极放大电路的输入电阻 R_i 即是第 1 级电路的输入电阻 R_{i1},两级放大电路的输出电阻即为末级(第 2 级)的输出电阻 $R_o = R_{o2} = R_{C2}$。

(2)第 2 级放大电路的输入电压 u_{i2} 应是第 1 级电路的输出电压 u_{o1},即 $u_{i2} = u_{o1}$。

解 (1)放大电路的微变等效电路,是用三极管的微变等效电路替代交流通路中的三极管而形成的,图 2.42 所示的两级阻容耦合放大电路的微变等效电路如图 2.49 所示。

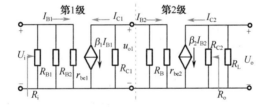

图 2.49 图 2.42 两级放大电路的微变等效电路

(2)先计算第 2 级的放大倍数 A_{u2} 和输入电阻 R_{i2}。

$$A_{u2} = -\beta_2 \ (R_{C2} /\!/ R_L) \ /r_{be2} = -100 \times \frac{(4 /\!/ 4)}{2} = -100$$

$$R_{i2} = R_B /\!/ r_{be2} = \frac{200 \times 2}{200 + 2} = 1.98 \ (k\Omega) \ \approx 2k\Omega$$

(3)计算第 1 级电压放大倍数 A_{u1}。

$$A_{u1} = -\frac{\beta_1 \ (R_{C1} /\!/ R_{i2})}{r_{be1}} = -80 \times \frac{6 /\!/ 2}{2} = -80 \times \frac{1.5}{2} = -60$$

(4)两级电路总放大倍数 A_u:

$$A_u = A_{u1} A_{u2} = \ (-100) \ \times \ (-60) \ = 6000$$

(5)输入电阻 R_i:

$$R_i = R_{i1} = R_{B1} /\!/ R_{B2} /\!/ r_{be1} = 100 /\!/ 25 /\!/ 2 = 1.8 \ (k\Omega)$$

(6)输出电阻 $\quad R_o = R_{o2} = R_{C2} = 4k\Omega$

第 3 章

功率放大器

本章知识结构

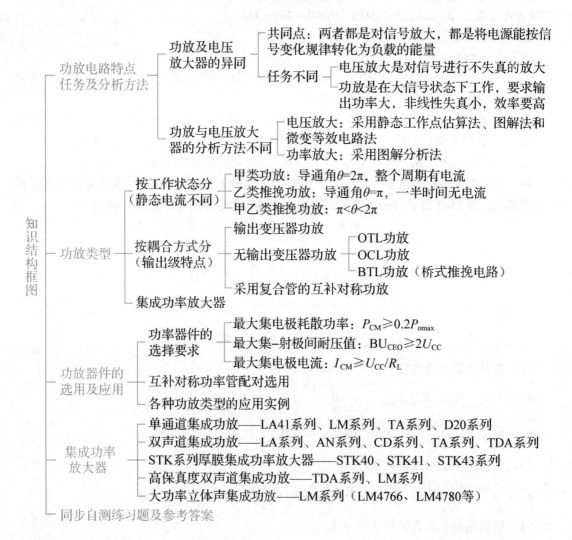

功放电路特点任务及分析方法
- 功放及电压放大器的异同
  - 共同点：两者都是对信号放大，都是将电源能按信号变化规律转化为负载的能量
  - 任务不同
    - 电压放大是对信号进行不失真的放大
    - 功放是在大信号状态下工作，要求输出功率大，非线性失真小，效率要高
- 功放与电压放大器的分析方法不同
  - 电压放大：采用静态工作点估算法、图解法和微变等效电路法
  - 功率放大：采用图解分析法

功放类型
- 按工作状态分（静态电流不同）
  - 甲类功放：导通角$\theta=2\pi$，整个周期有电流
  - 乙类推挽功放：导通角$\theta=\pi$，一半时间无电流
  - 甲乙类推挽功放：$\pi<\theta<2\pi$
- 按耦合方式分（输出级特点）
  - 输出变压器功放
  - 无输出变压器功放
    - OTL功放
    - OCL功放
    - BTL功放（桥式推挽电路）
  - 采用复合管的互补对称功放
- 集成功率放大器

功放器件的选用及应用
- 功率器件的选择要求
  - 最大集电极耗散功率：$P_{CM}\geqslant0.2P_{omax}$
  - 最大集-射极间耐压值：$BU_{CEO}\geqslant2U_{CC}$
  - 最大集电极电流：$I_{CM}\geqslant U_{CC}/R_{L}$
- 互补对称功率管配对选用
- 各种功放类型的应用实例

集成功率放大器
- 单通道集成功放——LA41系列、LM系列、TA系列、D20系列
- 双声道集成功放——LA系列、AN系列、CD系列、TA系列、TDA系列
- STK系列厚膜集成功率放大器——STK40、STK41、STK43系列
- 高保真度双声道集成功放——TDA系列、LM系列
- 大功率立体声集成功放——LM系列（LM4766、LM4780等）

知识结构框图

同步自测练习题及参考答案

3.1 功率放大电路的特点与分类

功率放大属于大信号放大，目的是向负载提供足够大的功率。功率放大器可按不同方式分类。按照静态工作点 Q 的设置不同，可分为甲类、乙类、甲乙类和丙类功率放大器。

◀要点

功率放大器（Power Amplifier）简称功放，属于大信号放大，其输出是向负载提供足够大的功率。

3.1.1 对功率放大电路的要求

1. 能够输出驱动负载的额定功率

为了获得驱动负载所要求的功率，不仅要求功率放大器能输出足够大的信号电压，还要求能输出大的信号电流，这就可能使放大器末级的工作处于接近极限（参数）的状态，以保证它们的乘积 UI，即输出功率满足要求。

功率足够大

2. 非线性失真应在容许范围之内

为使功放输出足够大的功率，放大电路的三极管往往工作在接近极限的大信号状态下，有可能超出三极管特性曲线的线性范围，产生非线性失真。加之变压器及负载等非线性元件的影响，非线性失真不容忽略。在设计电路和调试电路时，应将非线性失真限制在给定的范围之内。

限定非线性失真

3. 效率问题

功率放大器输出的功率是由直流电源供给的能量转换来的。所谓效率就是在负载上得到的有用信号功率 P_o 与电源提供的直流功率 P_{DC} 之比，即

$$\eta = P_o / P_{DC} \tag{3.1}$$

η 应尽可能高

由于电源功率除转换成输出的有用功率 P_o 外，还会耗散在三极管器件及其他元件上，即存在耗散功率 P_c，所以 $P_{DC} = P_o + P_c$，故

$$P_o = P_c \eta / (1 - \eta) \tag{3.2}$$

4. 功放管的散热与保护问题

由于功放管工作在大信号状态下，且输出功率大，因而功放管必须有良好的散热措施，否则会导致结温过高而烧坏。通常，功放管都加装散热片或散热通风装置，同时应考虑采用过流、过压、短路等防护措施，以防功放管损坏。

功放管保护

3.1.2 功率放大电路的分类

（1）按工作点不同，可分为甲类功放、甲乙类功放、乙类功放等。

按不同方式分类

（2）按放大信号的频率，可分为低频功放和高频功放。前者主要用于音频（几十赫兹至几十千赫兹）信号放大，后者用于射频（几百千赫兹至上百兆赫兹）信号放大。

（3）按功放与负载之间的耦合方式，可分为变压器耦合功放、阻容耦合功放（一般为无输出变压器的 OTL 功放）、直接耦合功放（OCL 功放）等。

3.1.3 功率放大器的工作点及其工作状态

1. 甲类工作状态

信号保真度好，功耗大，效率低

甲类工作状态是指静态工作点设置在功放器件特性曲线放大区的中区、负载线中点的状态。这时，输入信号在整个周期内（导通角 $\theta = 360°$）都有电流流过该器件。它的工作状态如图 3.1（a）所示。由图可见，在没有输入信号的情况下，也有静态电流 I_{CQ} 流过，因此静态功耗大，效率低。在理想情况下，甲类放大电路的效率也只有 50% 左右。

注意 **Q** 点的位置

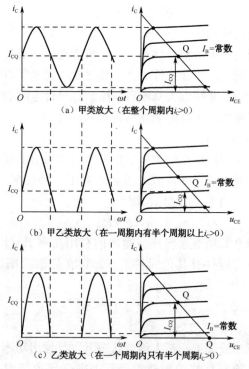

（a）甲类放大（在整个周期内 $i_C > 0$）

（b）甲乙类放大（在一周期内有半个周期以上 $i_C > 0$）

（c）乙类放大（在一个周期内只有半个周期 $i_C > 0$）

图 3.1 静态工作点 Q 对放大电路工作状态的影响

2. 甲乙类工作状态

功耗低，效率高

从上面的甲类工作状态可知，静态电流是造成功耗大的主要因素。如果将静态工作点 Q 下移，如图 3.1（b）所示，将其设置在 I_B 较小的输出特性曲线上，则在输入信号等于零时，电源输出的功率消耗很小，信号增大时供给的功率随之加大，这样就可减小静态功耗，从而提高了效率。

3. 乙类工作状态

将静态工作点 Q 设置在截止区，即 $I_B = 0$，此时功放管的导通角 $\theta = 180°$。无信号时，静态功耗为零；有输入信号时，则只在输入信号的半个周期内功放管导通，即只有半个周期的波形输出，信号严重失真，如图 3.1（c）所示。若在电路设计上采用两个互补类型的功放管，使它们交替导通，在负载上可输出一个完整的全波信号。这种电路称为乙类推挽功率放大电路。

适合推挽放大

3.2 单管甲类功率放大器

甲类功放电路的静态工作点 Q 取在交流负载线中点，功放管在输入信号的整个周期内都有电流输出，信号的正、负半周都处于线性放大状态。但甲类功放有如下缺点：静态电流大，管子功率损耗大，效率低。

◀ 要点

在前面介绍的单级放大电路中，输入信号在整个周期内都有电流流过三极管，这种方式通常称为甲类工作状态或称甲类放大。

图 3.2（a）所示的是常用的单管甲类功率放大电路。该电路与小信号变压器耦合放大电路相类似。图中 T_1 是输入变压器，T_2 是输出变压器，R_{b1}、R_{b2} 和 R_e 组成分压式电流负反馈偏置电路，用于建立并稳定三极管 VT 的静态工作点。C_1 是旁路电容，C_e 是发射极交流通路电容。

单管甲类功放电路分析

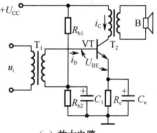

（a）放大电路

在功率放大器中，为了使负载获得尽可能大的输出功率。要求负载与功率管的阻抗匹配，通常采用输出变压器作为两者之间的耦合元件。此外，输出变压器还起隔离作用。

1. 静态工作点的选择

为使功放管可靠地工作，并获得尽可能大的输出功率，合理地选择静态工作点是很重要的。

图 3.2（b）给出了功放管的输出特性曲线，其中 P_{CM} 是集电结的最大允许功耗。为了确保功放管的安全，它的最高反向工作电压应低于管子的 BU_{CEO} 值，供电电压应选择 $U_{CC} \leq BU_{CEO}/2$；为了不失真地放大，其集电极电流 $i_C < I_{CM}$，使功放管在它的工作区内工作，如图 3.2（b）所示。

在功放管和供电电压 U_{CC} 选定后，就可在输出特性曲线上画出直流负载线。三极管 VT 的直流负载线是输出变压器 T_2 的直流电阻 R_T 和发射极电阻 R_e 之和。由于 R_T 一般很小，

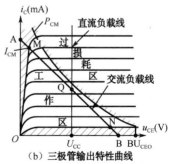

（b）三极管输出特性曲线

图 3.2 单管甲类功率放大电路

而 R_e 的取值只有几欧到十几欧，所以直流负载电阻 $R_= = R_T + R_e$，可略去不计，于是

$$U_{CQ} \approx U_{CC} \qquad (3.3)$$

因此，功放管的直流负载线是一条通过 U_{CC} 并与纵轴平行的直线，如图 3.2（b）所示。

静态工作点 Q 的选取

静态工作点 Q 可在直流负载线上选取。为获得尽可能大的输出功率，Q 点可选得高一些，最高可选在直流负载线与功耗曲线 P_{CM} 的相交处。通常，工作电流 I_C 可按下式选择。

$$I_C = \frac{0.8 P_{CM}}{U_{CC}} \qquad (3.4)$$

2. 交流负载线及交流输出电流、电压的估算

交流负载线

在有信号输入时，功放管的基极上就有交变的基极电流产生，并引起集电极电流 i_C 和电压 u_C 的变化，如图 3.3 所示。实际上，在有信号输入时，工作点是沿交流负载线上下滑动的。交流负载线是一条通过静态工作点 Q、斜率为 $-1/R'_L$ 的直线 AB。R'_L 是从输出变压器 T_2 初级向右看的等效交流负载电阻，即功放管集电极的等效交流负载电阻，如图 3.4 所示。

图解法形象直观

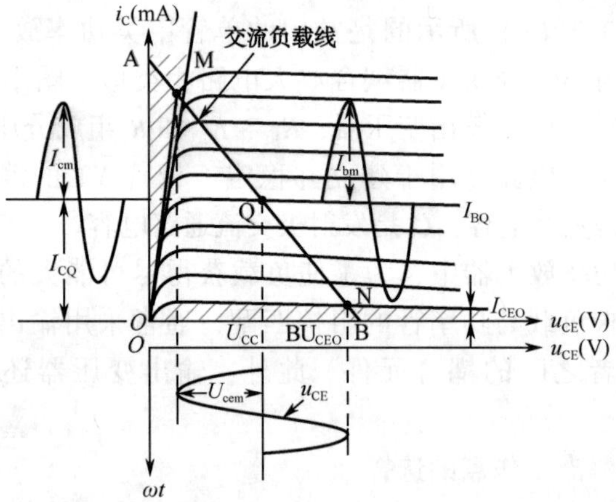

图 3.3　有输入信号时的输出电压和电流

$$k = \frac{N_1}{N_2}$$

阻抗变换

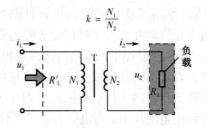

图 3.4　输出变压器的阻抗变换

在理想情况下，（变压器的效率 $\eta_T = 1$），变压器初级的等效负载电阻 R'_L 为

$$R'_L = k^2 R_L = \left(\frac{N_1}{N_2}\right)^2 R_L \qquad (3.5)$$

求等效负载 R'_L

对于非理想变压器（一般 $\eta_T = 70\% \sim 80\%$），则等效电阻

$$R'_L = k^2 R_L / \eta_T \qquad (3.6)$$

根据求出的 R'_L，过 Q 点，作斜率为 $-1/R'_L$ 的直线 AB，则这条直线就是交流负载线。然后画出 i_C、u_{CE} 随 i_B 变化的波形，如图 3.3 所示。

交流负载线作法

由图 3.3 可见，输出变压器 T_2 的初级可获得的最大峰值电压 U_{cem} 可达到电源电压，即

$$U_{cem} \approx U_{CC} \qquad (3.7)$$

通过 T_2 初级的最大峰值电流 I_{cm} 为

$$I_{cm} = \frac{U_{CC}}{R'_L} = I_{CQ} \qquad (3.8)$$

在 U_{cem}、I_{cm} 工作状态下，放大器的不失真输出功率最大。

3. 输出功率和效率

为使甲类放大器进行不失真的放大，将静态工作点 Q 选在交流负载线上 MN 线段的中央，且输入信号为正弦波时，使 i_C、u_{CE} 的变化范围不超过 M、N 两点，则输出变压器初级的交流电流和电压也应该为正弦波信号。放大器的最大峰值电压 $U_{cem} = U_{CC}$，峰值电流 $I_{cm} = I_{CQ}$。

Q 点置于 MN 线中点

由于正弦交流信号的有效值与峰值之间存在关系：

$$U_{ce} = \frac{U_{cem}}{\sqrt{2}}, \quad I_c = \frac{I_{cm}}{\sqrt{2}} \qquad (3.9)$$

推导相关公式

放大器输出的最大功率为

$$P_o = U_{ce} I_c = \frac{U_{cem}}{\sqrt{2}} \times \frac{I_{cm}}{\sqrt{2}} = \frac{U_{CC}}{\sqrt{2}} \times \frac{I_{CQ}}{\sqrt{2}} = \frac{1}{2} U_{CC} I_{CQ} \quad (3.10)$$

直流电源供给放大器的直流电功率为

$$P_{DC} = U_{CC} I_c = U_{CC} I_{CQ} \qquad (3.11)$$

则单管甲类功率放大器的最高效率为

甲类功放效率 $\eta \leqslant 50\%$

$$\eta = \frac{P_o}{P_{DC}} = \frac{\frac{1}{2} U_{CC} I_{CQ}}{U_{CC} I_{CQ}} = 50\% \qquad (3.12)$$

考虑到变压器损耗等因素，甲类单管功率放大器的实际效率为 $30\% \sim 40\%$。

4. 选择功放管的条件

由于甲类功放的集电极电压最大值 $U_{cm} = 2U_{CC}$，选择管子时，要求 $U_{(BR)CEO} > 2U_{CC}$。

$$P_{CM} \geq (3 \sim 4)P_o \qquad (3.13)$$

甲类功放优缺点

综上所述，单管甲类功放具有电路结构简单、元器件较少、装调简单、维护方便等优点，但这种功放效率低。单管甲类功放常用作小功率放大器或用来作为推挽功放的激励级。

5. 甲类单管功放的计算

应用举例

■**例 3.1** 在图 3.5 所示的甲类功放电路中，$U_{CC} = 9V$，输出变压器本身效率 $\eta_T = 80\%$，其变比 $N_1 : N_2 = 9$，负载电阻 $R_L = 4\Omega$。求功放最大输出功率 P_o、电源利用效率 η 和最大集电极电流 I_{cm}。

解题提示

本例题中的输出变压器 T_2 为非理想变压器，其效率 $\eta_T = 80\%$，解题时宜先算出 T_2 初级侧的等效电阻 $R'_L = k^2 R_L / \eta_T$，然后计算 I_{cm}、P_o 和功放的效率 η。

解 VT 的集电极负载电阻为

$$R'_L = k^2 R_L / \eta_T = \left(\frac{N_1}{N_2}\right)^2 \times 4 / 0.8 = \frac{9^2 \times 4}{0.8} = 405 \ (\Omega)$$

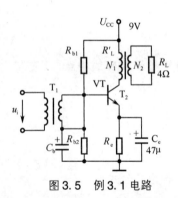

图 3.5 例 3.1 电路

集电极电流为

$$I_{cm} = \frac{U_{CC}}{R'_L} = \frac{9}{405} = 22.2 \times 10^{-3} \ (A)$$

功放的最大输出功率为

$$P_o = \frac{1}{2} U_{CC} I_{cm} = \frac{1}{2} \times 9 \times 22.2 \times 10^{-3} = 99.9 \times 10^{-3} \ (W)$$

本功放的效率为 $\eta = 50\% \times 80\% = 40\%$。

3.3　变压器耦合乙类推挽功率放大器

要点▶

推挽功放是利用两只特性相同（或相近）的三极管使其工作在乙类放大状态，两管交替导通，各工作半个周期，用变压器耦合的乙类推挽功放电路，使效率大为提高，理想情况下的效率可高达 78%。

推挽

推挽功率放大电路就是在克服单管甲类功率放大器缺点的基础上发展起来的一种功放电路。推挽电路需要用两只特性相同（或相近）的三极管。两管一"推"一"挽"，互相补偿，使效率得以提高，理想情况下其效率可达78%。

3.3.1　推挽功率放大电路的组成及工作原理

图3.6是变压器耦合乙类推挽功率放大器的电路原理图。它由两只特性相同或相近的半导体三极管 VT_1、VT_2 及输入、输出变压器等组成。输入变压器 T_1 的次级有中心抽头，在 T_1 的初级有正弦信号 u_i 输入时，T_1 将使 VT_1 和 VT_2 的基极得到一个增值大小相等、相位相反的信号电压 u_{i1} 和 u_{i2}。T_2 为输出变压器，其初级也具有中心抽头，与直流供电电源 U_{CC} 的负极相连，为 VT_1、VT_2 提供集电极和发射极之间的工作电压。VT_1、VT_2 两管的输出电压通过 T_2 耦合至同一个负载电阻（图中为扬声器B）。由于变压器 T_2 有阻抗变换作用，可实现功率放大电路与负载的阻抗匹配，使功率放大电路工作在最佳工作状态。

乙类推挽功放原理说明

在 T_1 的初级有正弦信号 u_i 加进时，VT_1、VT_2 两管的基极就会由 T_1 的次级得到一个幅值大小相等、相位相反的电压 u_{i1} 和 u_{i2}。在输入信号的正半周期，VT_1（PNP型）截止，而 VT_2（PNP型）则处于导通状态，如图3.6中的 u_{i1}、i_{C1} 和 u_{i2}、i_{C2} 的波形所示。VT_1、VT_2 轮流导通，各工作半个周期。因输出变压器 T_2 存在中心抽头，故两管交替出现的电流 i_{C2}、i_{C1} 轮流在 T_2 的下半部和上半部线圈中通过，在 T_2 的次级有感生电动势产生，在负载电阻（扬声器B）中便有完整的正弦信号输出。

VT_1、VT_2 轮流导通

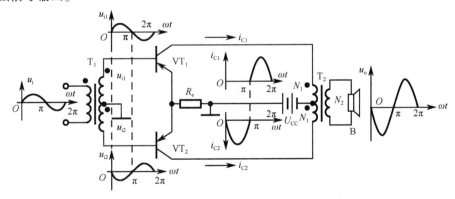

图3.6　变压器耦合乙类推挽功率放大器的电路原理图

3.3.2　乙类推挽放大器的图解分析

采用图解法对其工作进行分析，形象直观。图3.7是乙类推挽放大器两管轮流工作的图解示意图。

图解法形象直观

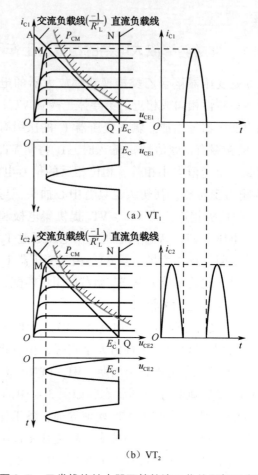

两管轮流工作各半个周期

图3.7　乙类推挽放大器两管轮流工作的图解示意图

乙类 Q 点选择

乙类放大器的静态工作点 Q 选得很低，几乎贴近横轴。交流负载线 AQ 和 BQ 分别是通过静态工作点 Q、斜率为 $-\dfrac{1}{R'_L}$ 的线段。

将图3.6 和图3.7 结合起来对 VT_1、VT_2 的工作情况进行分析。图3.6 中的 VT_1、VT_2 在一个周期内轮流导通半个周期，即每个管子在半个周期内工作，在另外半个周期内处于截止状态，一个"推"一个"挽"。VT_2 在输入信号的正半周导通，而 VT_1 则在负半周导通，轮流工作。

VT_2 特性曲线旋转 180° 使 Q 点重合

为了使图解形象直观、便于观察，将图3.7（b）中的输出特性曲线旋转 180°，然后移至图3.7（a）的下面，使二者的横轴重合，并使 Q 点互相重合，于是就得到图3.8 所示的组合输出特性曲线。图3.8 的 AB 线就是通过 Q 点的合成的交流负载线。

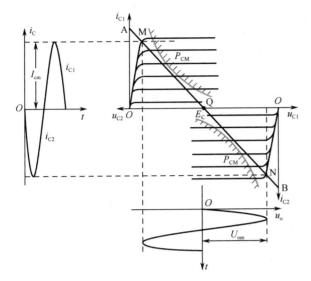

组合输出特性曲线

图 3.8 推挽功率放大器的组合输出特性曲线

3.3.3 乙类推挽功放电路计算

1. 等效电阻 R'_L 及功放最大输出电压

对于图 3.6 所示的变压器耦合乙类推挽功率放大器，当某一功放管导通时，它所带负载应是折算到变压器 T_2 初级绕组的等效电阻值 R'_L，由式（3.5），得

相关计算公式推导

$$R'_L = (N_1/N_2)^2 R_L = k^2 R_L \qquad (3.14)$$

因此，变压器耦合推挽功率放大器的最大输出电压为

$$U_{om} = I_{cm} R'_L \qquad (3.15)$$

由图 3.8 所示的推挽功率放大器的工作特性分析可知，功放管的最大输出电压为

$$U_{om} = U_{CC} - U_{CES} \qquad (3.16)$$

式中，U_{CES} 为功放管的饱和压降，其值很小，一般可忽略，故

$$U_{om} = I_{cm} R'_L = U_{CC} - U_{CES} \approx U_{CC} \qquad (3.17)$$

2. 理想输出功率 P_o

两个功放管在一个周期内轮流工作，功放管输出功率同式（3.10），即

$$P_o = U_o I_o = \frac{U_{om}}{\sqrt{2}} \times \frac{I_{cm}}{\sqrt{2}} = \frac{U_{om}^2}{2 \times R'_L} \approx \frac{U_{CC}^2}{2R'_L} \qquad (3.18)$$

3. 电源提供的直流功率 P_{DC}

在一个信号周期中，VT_1、VT_2 各导通半个周期（180°），由于两管电路和参数对称，即功耗 $P_1 = P_2$，故

$$P_{DC} = 2P_1 = 2 \times \frac{1}{2\pi} \int_0^\pi U_{CC} I_{cm} \sin\omega t \, d\omega t = \frac{2}{\pi} U_{CC} I_{cm}$$

$$= \frac{2U_{\mathrm{CC}}U_{\mathrm{om}}}{\pi R'_{\mathrm{L}}}$$

由于最大输出电压 $U_{\mathrm{om}} = U_{\mathrm{CC}} - U_{\mathrm{CES}} \approx U_{\mathrm{CC}}$，故有

$$P_{\mathrm{DC}} \approx \frac{2}{\pi} \times \frac{U_{\mathrm{CC}}^2}{R'_{\mathrm{L}}} \qquad (3.19)$$

4. 电源理想效率 η

理想效率 $\eta \approx 78\%$

$$\eta = \frac{P_{\mathrm{o}}}{P_{\mathrm{DC}}} = \frac{U_{\mathrm{CC}}^2/2R'_{\mathrm{L}}}{\frac{2}{\pi} \times \frac{U_{\mathrm{CC}}^2}{R'_{\mathrm{L}}}} = \frac{\pi}{4} \approx 78\% \qquad (3.20)$$

实际效率约 60%

实际上，变压器并非理想地传送能量，会有损耗，变压器的效率 $\eta_{\mathrm{T}} \geqslant 80\%$。因此，实际效率在 60% 左右。

5. 功放管的管耗

$$P_{\mathrm{T}} = \frac{1}{2}(P_{\mathrm{DC}} - P_{\mathrm{o}}) \qquad (3.21)$$

6. 选择功放管的条件

通常，功放管集电极的最大损耗值为

$$\left. \begin{array}{l} P_{\mathrm{CM}} \geqslant 0.2P_{\mathrm{o}} \\ \mathrm{BU}_{\mathrm{CEO}} > 2.2U_{\mathrm{CC}} \end{array} \right\} \qquad (3.22)$$

7. 变压器耦合乙类推挽功放计算举例

应用举例

■**例 3.2** 电路如图 3.6 所示。已知供电电源电压 U_{CC} = 15V，负载电阻 $R_{\mathrm{L}} = 8\Omega$，变压器的输出功率 $P_{\mathrm{L}} = 12\mathrm{W}$，变压器效率 $\eta_{\mathrm{T}} = 0.8$。请计算该推挽功率放大电路的参数，并选择合适的功放管。

相关参数计算

解 （1）计算推挽功放管（两个管子）的输出功率：

$P_{\mathrm{o}} = P_{\mathrm{L}}/\eta_{\mathrm{T}} = 12/0.8 = 15$ （W）

（2）计算功放管集电极电流的最大值 I_{cm}：在不忽略功放管饱和压降 U_{CEO} 及共发射极电阻 R_{e} 的压降 U_{Em} 的情况下，计算 I_{cm} 时，根据经验，取 $U_{\mathrm{CES}} \approx 0.8\mathrm{V}$，$U_{\mathrm{Em}} \approx 0.5\mathrm{V}$，则推挽功率放大电路的最大输出电压为

$U_{\mathrm{om}} = U_{\mathrm{CC}} - U_{\mathrm{CES}} - U_{\mathrm{Em}} = 15 - 0.8 - 0.5 = 13.7$ （V）

$I_{\mathrm{cm}} = 2P_{\mathrm{o}}/U_{\mathrm{om}} = 2 \times 15/13.7 \approx 2.2$ （A）

推挽管选用

（3）选择推挽功放管。对于推挽功放管的选用，一般应满足以下条件。

① 功放三极管的允许管耗 P_{CM}。由式（3.22）求功放管的最大管耗，即

$P_{\mathrm{CM}} \geqslant 0.2P_{\mathrm{o}} = 0.2 \times 15 = 3.0$ （W）

② 功放管的 $\mathrm{BU}_{\mathrm{CEO}}$、$\mathrm{BU}_{\mathrm{CBO}}$ 值。功放管工作时，其集电极 – 发射应极能承受的最高反向电压为 $2U_{\mathrm{CC}}$，即

$\mathrm{BU}_{\mathrm{CEO}} > 2U_{\mathrm{CC}} = 2 \times 15 = 30$ （V）

功放管的集电极－基极反向击穿电压 BU_{CBO} 应大于输入信号的最大值 U_{im}，而 U_{im} 一般不大于 U_{CC}，故

$$BU_{CBO} \geqslant U_{CC} = 15V$$

③ 功放管集电极最大允许电流 I_{CM}。在选用功放管时，应考虑功放管过热导致损坏的问题，这就要求功放管工作时的集电极最大允许电流 I_{CM} 应小于管子的极限电流值，即

$$I_{CM} \leqslant I_{cm} = 2.2A$$

根据以上功放管的选用原则，查有关手册，选择 PNP 型 3AD 系列（锗）低频大功率三极管 3AD6C。3AD6C 的主要特性参数（太原半导体厂产品）如下：$P_{CM} = 10W$，$I_{CM} = 2A$，$BU_{CEO} = 30V$，$BU_{CBO} = 20V$，$I_{CBO} \leqslant 0.3mA$，$I_{CEO} \leqslant 2.5mA$，$h_{FE} > 60$。

3.3.4 变压器耦合乙类功放——手提式 3W 喊话筒电路

图 3.9 是手提式 3W 喊话筒电路，图中的功放电路就是上面提到的变压器耦合音频放大电路。 经典实用电路

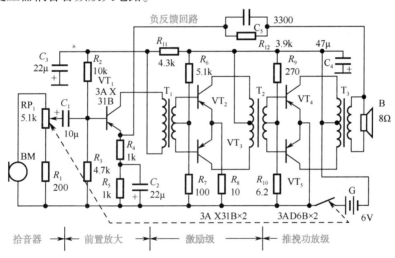

图 3.9 手提式 3W 喊话筒电路

整个电路包括拾音话筒、三级音频放大电路和扬声器等。由于功率放大级的增益较低，故在激励级前面增加了一级阻容耦合放大器。BM 采用驻极体传声器，它将人发出的声音信号转换成音频电信号。该音频信号经音量控制器 RP_1、C_1 加至 VT_1 的基极。由于 C_1 的隔直流作用，加至 VT_1 的信号只有交流信号。VT_1 和 $R_2 \sim R_5$、C_2 组成前置放大级，其中 R_4 起串联电流负反馈的作用，可提高放大器的输入电阻，降低本级失真，并可改善放大器的频率特性。R_4 还和 电路分析

B→VT₁ 负反馈改善音质

R_{12}、C_5 组成串联电压负反馈网络，将输出信号取一部分馈送给 VT_1 的发射极。这个从扬声器和三极放大电路来的大环负反馈，对降低整机的失真度、改善音质有明显的作用。在 R_{12} 上并联 C_5 的目的是加强高频信号的负反馈，以降低噪声，改善音质。

经前置级放大了的信号，经变压器 T_1 耦合，经推挽激励电路继续对音频信号放大，为功放级提供足够的驱动功率，使扬声器的输出功率可达 3W。

应用知识

🔖 *乙类推挽功放的交越失真及克服办法*

死区电压交越失真

在乙类推挽功放中，在 VT_1、VT_2 两管交换工作（交替导通）期间，当输入信号 u_i 的幅值低于三极管导通所要求的门限电压（亦称死区电压）时，VT_1、VT_2 将均处于截止状态，无输出信号，这种因交替工作衔接不好产生的信号失真，称为交越失真（Cross-Over Distortion），如图 3.10 所示。

克服交越失真的方法是给 VT_1、VT_2 提供适当的正向直流偏压，即建立一个不大的静态偏压。三极管在加偏压后，

甲乙类放大

既不是乙类放大，也不是甲类放大。在输入信号 u_i 很小时，也能进行线性放大，使合成的输入特性曲线近似为直线，从而克服了交越失真。将这种加一定偏压的放大器称为甲乙类（Class AB）推挽放大器。如图 3.11 所示。图中的 R_1、R_2 分压器为 VT_1、VT_2 提供约 0.17V 的正向偏置电压。

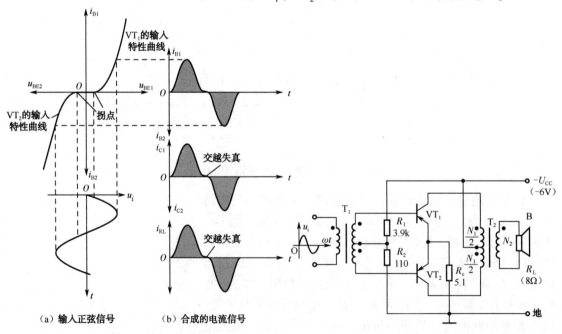

（a）输入正弦信号　　（b）合成的电流信号

图 3.10　乙类推挽功率放大器的交越失真　　　　图 3.11　甲乙类推挽放大器电路

3.4 无输出变压器功率放大器（OTL 电路及 OCL 电路）

►要点

无输出变压器功放（称为 OTL 电路）是在克服变压器功放的缺点基础上发展起来的。OTL 电路按电源供给的不同，分为单电源互补对称功放电路和双电源互补对称功放电路。后者在静态时，互补对管的发射极是零电位，连接负载时可省去耦合电容，故也称 OCL 电路。

无输出变压器的推挽功率放大器也称为 OTL（Output Transformerless）电路。

OTL 电路的两种类型

OTL 电路大致可分为两类：一类是无输出变压器，但有输入变压器的单端推挽电路；另一类是既无输出变压器也无输入变压器的互补对称电路。这两类 OTL 电路的不同之处是：前者用了输入变压器，输送给 VT$_1$、VT$_2$ 两管的信号幅度相等而相位相反，两只管为同类型管（两只均为 PNP 型或 NPN 型），如图 3.12（a）所示；后者无输入变压器，VT$_1$、VT$_2$ 两管用同相信号激励，两管中的一个为 PNP 型，另一个为 NPN 型，即为互补型管，如图 3.12（b）所示。

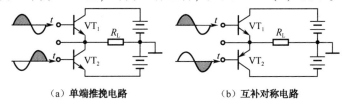

（a）单端推挽电路　　　　（b）互补对称电路

图 3.12　常见的两种 OTL 电路

3.4.1 单端推挽 OTL 电路

单端推挽原理分析

图 3.13 所示的是典型的无输出变压器的单端推挽电路。在无输出变压器的情况下，功放管 VT$_1$、VT$_2$ 的集电极电路对供电电源 U_{CC} 来说是串联的。输入信号 u_i 经输入变压器（有两个输出绕组）的次级绕组分别加至 VT$_1$、VT$_2$ 的基极。由于 2、3、6 端为同名端，故以相位相差 180° 的两组大小相等的反相信号加到 VT$_1$、VT$_2$ 的基极。两信号经 VT$_1$、VT$_2$ 分别放大后，经耦合电容器 C 输出。R_L 是两管推挽输出的公共负载，在 R_L 上得到两管电流的合成波形，如图 3.13（b）所示。该负载电阻 R_L 只有一端经 C 与双管推挽电路相连，因而称为单端推挽 OTL 电路。

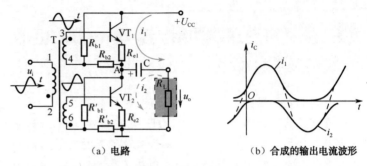

（a）电路　　　　　　　　（b）合成的输出电流波形

图 3.13　单端推挽 OTL 电路及输出电流波形

两管推挽说明

在图 3.13 所示电路中，VT_1、VT_2 两管的参数相同（或相近），$R_{b1} = R'_{b1}$，$R_{b2} = R'_{b2}$，$R_{e1} = R_{e2}$，因而两管的静止工作状态相同。所以在静态时，A 点的电位 $U_A = U_{CC}/2$。由于 VT_1、VT_2 两管对 $+U_{CC}/2$ 电压来说是串联的，因而两管发射极的直流电位不等，相差 $U_{CC}/2$，故两管的基极直流电位也相差 $U_{CC}/2$。

输出波形合成

由图 3.13（b）可见，VT_1、VT_2 两管的集电极电流 i_1 和 i_2 的流通时间略大于半个周期（即导通角 $\theta > 180°$）。由于 i_1、i_2 以相反方向流经负载电阻 R_L，故在 R_L 上合成完整的电流 i_L，合成段如图 3.13（b）中虚线所示。因此，单端推挽电路不使用输出变压器也能合成失真较小的完整的输出波形。

单端 OTL 优点

综上所述，单端推挽 OTL 电路在省去输出变压器后，推挽电路比较简单，效率较高，失真较小，成本、体积和重量都有所下降，但仍需要使用有三个绕组的输入变压器。

3.4.2　单电源互补对称功率放大器

单电源互补对称功率放大器是一种无输入变压器、无输出变压器的功率放大电路，常简称为互补式 OTL 电路。

1. 单电源互补对称功放的结构及其工作原理

图 3.14 是单电源互补对称功率放大器的工作原理图。

互补式 OTL 电路结构

VT_1、VT_2 是两只导电类型不同的三极管，一只为 NPN 型，另一只为 PNP 型，两管的特性参数相同（或相近）。加上同相的输入信号 u_i，使 VT_1 和 VT_2 交替导电，进行推挽工作。在静止状态下，$u_i = 0$，$U_B = U_{CC}/2$，VT_1、VT_2 两管均截止，无静态功耗，两管的发射极对地电压为 $U_{CC}/2$。

动态分析

在有信号 u_i 输入（以 $U_{CC}/2$ 为轴线上下变化）时，在正半周（$0 \sim \pi$），$u_i > U_{CC}/2$，VT_1 导通，VT_2 截止。VT_1 以射极输出器形式在负载 R_L 上形成正半周交变信号电压，如图 3.14 所示。在负半周（$\pi \sim 2\pi$），VT_1 截止，VT_2 导通。这时 VT_2 以射极输出器形式在负载 R_L 上形成负半周交变信号电压。可见，互补对称 OTL 电路是由互补的 VT_1、VT_2 射极输出器组成的电路，并通过负载 R_L 的合成电流 i_L 形成合成信号电压。

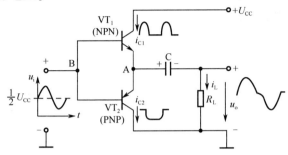

图 3.14　单电源互补对称功率放大器的工作原理图

2. 单电源互补对称功放的输出幅度和输出功率

由图 3.14 可见，在输入端加基极偏压（$U_B = +U_{CC}/2$）的情况下，A 点的静态直流电位为 $U_{CC}/2$。因而功放管的最大输出电压为 相关计算公式

$$U_{om} = U_{CC}/2 - U_{CES} \qquad (3.23)$$

式中，U_{CES} 为功放管的饱和压降，一般功放管的 U_{CES} 值为 $0.7 \sim 1.0V$。若忽略 U_{CES}（一般 $U_{CES} \ll U_{CC}$），则

$$U_{om} \approx U_{CC}/2 \qquad (3.24)$$

功放管的最大输出电流为

$$I_{om} = U_{om}/R_L = U_{CC}/(2R_L) \qquad (3.25)$$

单电源互补对称功率放大器的最大输出功率为

$$P_{om} = U_m I_m = \frac{U_{om}}{\sqrt{2}} \cdot \frac{I_{om}}{\sqrt{2}} = \frac{1}{2} U_{om} I_{om} = \frac{U_{CC}^2}{8R_L} \qquad (3.26)$$

为了确保 VT_1、VT_2 两管的输出幅度和波形对称，应保持电容器 C 在 VT_2 导通期间的电压基本恒定。这就要求 C 的电容量足够大，即满足 提醒注意

$$C \geqslant \frac{(5 \sim 10)}{2\pi f_L R_L} \qquad (3.27)$$

C 的容量

式中，f_L 为输入信号下限频率（Hz）；R_L 的单位为 Ω；C 的单位为 F。

3.4.3　复合互补对称推挽 OTL 电路

上面介绍的互补对称式 OTL 电路，要求特性参数相同的 PNP 型和 NPN 型的三极管配对，而选用特性相同的不同型号的对管并非易事。采用复合管则较容易选配。

1. 复合管的组成及组合特性

所谓复合管，是指由同类型或不同导电类型的三极管组 复合管组合成，可等效为高电流放大倍数的一个新管。常用的复合管的组合如图 3.15 所示。

复合管等效

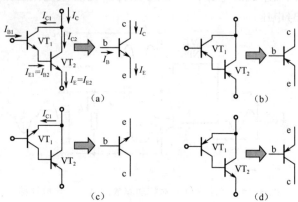

（a）　　　　　　　　　　　　　（b）

（c）　　　　　　　　　　　　　（d）

图 3.15　常用复合管及其等效三极管

复合管等效参数

1）复合管的等效电流放大系数 h_{FE}

由图 3.15（a）不难看出，其电流放大系数

$$h_{FE} = \frac{I_C}{I_B} = \frac{I_{C1} + I_{C2}}{I_{B1}} = h_{FE1} + h_{FE2}\frac{I_{E1}}{I_{B1}}$$

$$= h_{FE1} + h_{FE2}（1 + h_{FE1}）\approx h_{FE1}h_{FE2} \qquad (3.28)$$

2）复合管的等效输入电阻

$$R_i \approx r_{be1} + r_{be2}h_{FE} \qquad (3.29)$$

式中，r_{be1}、r_{be2} 是接成共发射极电路时的 VT_1 和 VT_2 的输入电阻，$r_{be} = 300（\Omega）+（1 + h_{FE}）\dfrac{26（mV）}{I_E（mA）}$。

3）复合管的等效型号

复合管管型判断诀窍

复合管的管型与第一个管子的型号相同，如图 3.15 所示。

2. 采用复合管的互补对称推挽 OTL 电路

电路如图 3.16 所示。VT_1、VT_3 可等效为一只 NPN 型复合管；VT_2、VT_4 两个不同类型管可等效为一只 PNP 型复合管。使输出级相当于 NPN 型和 PNP 型推挽输出，这不仅提高了电流放大倍数，也使电路的输入电阻大大提高。

复合管互补对称推挽

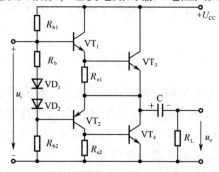

图 3.16　采用复合管的互补对称推挽 OTL 电路

3.4.4 双电源互补对称 OCL 功率放大电路

OCL（Output Capacitorless）电路就是没有输出电容器的电路。在 OTL 电路中，必须选用大容量的电解电容器，这必将影响功放电路的频率特性，而且也不便于对 OTL 电路进行集成。

OCL 电路（无输出电路）

1. 双电源互补对称 OCL 功放电路的结构及工作原理

图 3.17（a）为互补对称 OCL 电路，其负载 R_L 直接与放大器的输出端相接，由于去掉了输出耦合电容器，放大电路要采用双电源供电，且 $|U_{CC}| = |-U_{EE}|$。在上、下电路对称情况下，电路的输入点 A 和输出点 O 的电位均应为 0V。因此，在静态下负载 R_L 上应无电流流动，输出 $u_o = 0$。

电路说明

当输入端有正弦信号输入时，若 $u_i > 0$，则在正半周（$0 \sim \pi$），VT_1 导通，VT_2 截止；在负半周（$\pi \sim 2\pi$），VT_2 导通，VT_1 截止。因此，电路的工作原理与前面介绍的互补对称 OTL 功放电路的工作原理一样，VT_1 和 VT_2 轮流导通、截止，两管均处于乙类工作状态。两管的电流在负载 R_L 上合成一个完整的信号波形，但存在交越失真现象。

动态分析

图 3.17（b）为准互补推挽 OCL 功放电路。VT_1 和 VT_2 组成的复合管等效为 NPN 型三极管，而 VT_3、VT_4 组成的复合管则等效为 PNP 型三极管，因此两等效管互补对称。但输出管 VT_2 和 VT_4 却是同导电类型的 NPN 型大功率管，同型管便于其特性配对（要求特性参数相同或相近）。因两只输出大功率管为同类型，而上、下的复合管又互补推挽，故该电路称为准互补推挽 OCL 功放电路，它的工作原理与图 3.17（a）相同，这里不再赘述。

准互补推挽

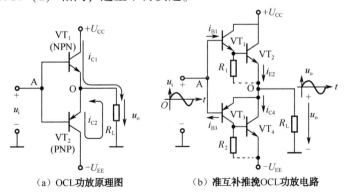

互补对称 OCL

（a）OCL 功放原理图　　（b）准互补推挽 OCL 功放电路

图 3.17　双电源互补对称 OCL 功放电路

2. 双电源互补对称 OCL 功放电路的输出幅度和输出功率

对于图 3.17 所示的双电源互补对称 OCL 功放电路，由

于采用了双电源，且 $U_{CC} = |-U_{EE}|$，A、O 两点的电位为 0V，上、下电路对称，因此，负载 R_L 上的输出波形也上下对称，所以，功放管的最大输出电压为

相关计算公式

$$U_{om} = U_{CC} - U_{CES} \qquad (3.30)$$

若不考虑饱和压降 U_{CES}（$\ll U_{CC}$），则有

$$U_{om} \approx U_{CC} \qquad (3.31)$$

则流过功放管的电流最大值为

$$I_{om} = U_{om}/R_L \approx U_{CC}/R_L \qquad (3.32)$$

OCL 功放电路输出功率的最大值为

$$P_{om} = \frac{U_{om}}{\sqrt{2}} \cdot \frac{I_{om}}{\sqrt{2}} = \frac{1}{2}U_{om}I_{om} = \frac{U_{CC}^2}{2R_L} \qquad (3.33)$$

3.4.5　OTL 型和 OCL 型功放应用电路

1. 2W 单端推挽式 OTL 伴音功率放大电路

甲乙类单端推挽 OTL 功放电路

电路如图 3.18 所示，它由前置放大级、变压器耦合激励级和甲乙类单端推挽功放电路组成。

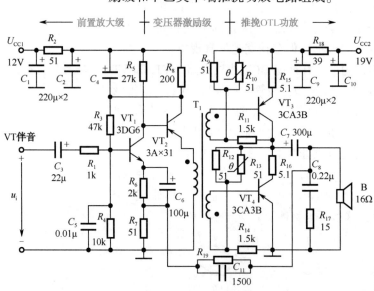

图 3.18　2W 单端推挽式 OTL 伴音功放电路

推挽原理分析

VT$_1$ 和 $R_1 \sim R_7$、$C_3 \sim C_6$ 等组成前置放大级，对输入的电视伴音信号进行放大。VT$_1$ 和 VT$_2$ 等组成直接耦合式放大器，对伴音信号进一步放大，以驱动 OTL 功放电路。经 VT$_2$ 放大后的信号经输入变压器 T$_1$ 的两个次级绕组，以幅值相等相位相差 180° 的两组信号分别加至 VT$_3$、VT$_4$ 的基极，使 VT$_3$、VT$_4$ 轮流工作，一"推"一"挽"，并在其公共负载 B 上获得完整的信号波形，使扬声器发声。

合理偏置与甲乙类状态

由 $R_9 \sim R_{11}$ 和 $R_{12} \sim R_{14}$ 分别组成 VT$_3$ 和 VT$_4$ 的偏置电

路，使推挽电路工作在甲乙类状态，可防止交越失真的发生。负温度系数（NTC）的 R_{10}、R_{13} 用于温度补偿。由 R_{19}、C_{11} 组成的电压串联负反馈网络，用来减小失真、改善音质。

推挽管的选用

VT$_3$、VT$_4$ 采用特性参数相同的 PNP 型硅高频大功率三极管 3CA3B，其 $P_{CM} = 5W$，$I_{CM} = 500mA$，$BU_{CEO} \geq 30V$，$f_T \geq 30MHz$，选用 h_{FE}（β）相同（或相近）、$h_{FE} \geq 30$ 的管子配对，确保不失真地推挽放大。

2. 5W 单电源互补对称 OTL 音频功放电路

图 3.19（a）、（b）是功放的组成框图和电路原理图。

电路组成

它由音量控制输入电路、前置放大级、激励级、互补功放和电源电路等组成。从插口 X$_1$ 可输入半导体收音机或录音装置的音频信号，插口 X$_2$ 用于外接音箱或电动扬声器。

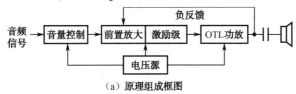

（a）原理组成框图

5W 功放电路

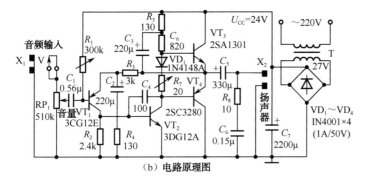

（b）电路原理图

图 3.19　5W 互补对称 OTL 音频功率放大器

电路分析

VT$_1$ 和 $R_1 \sim R_3$ 等组成自动偏置式前置放大器，放大后的电压信号直接加至 VT$_2$ 的基极，经两管级联放大后去激励 OTL 互补功放电路。

VT$_3$、VT$_4$ 是一对互补型功率管，两管有一个共同的负载（扬声器或音箱），并通过耦合电容器 C_5 接至 VT$_3$、VT$_4$ 的公共发射极。VT$_3$、VT$_4$ 皆工作在射极跟随状态，具有输出电阻低、带负载能力强的特点。互补功放电路的 A 点的电位设置在 $U_A = \frac{1}{2}U_{CC}$，该静态工作点由 $R_5 \sim R_7$、VD$_1$ 和 VT$_1$、VT$_2$ 直接耦合两级放大器共同保证：在静态，即输入信号 $u_i = 0$ 时，使 $U_A = U_{CC}/2$，VT$_3$、VT$_4$ 均截止，即无静态功耗。由 A 点通过 R_3、VT$_1$ 和 R_2 引入较强的直流电压负反馈，该负反馈环路使互补管的中点的电压 U_A 始终保持在 $U_{CC}/2$，不因温度变化或电源电压变化而改变。VT_3、VT_4 的基极偏置电压由二极管 VD_1 和 R_7（可调）决定，调节 R_7 使输出级处于接近乙类的甲乙类工作状态。VD_1 具有温度补偿的作用。

在有信号输入时的正半周（$0 \sim \pi$），VT_3 导通，VT_4 截止；在信号的负半周（$\pi \sim 2\pi$），VT_3 截止，VT_4 导通。VT_1、VT_2 交替导电，并在负载 R_L 上合成完整的信号波形，驱动扬声器发声。

R_8、C_6 串联网络用来校正扬声器的阻抗特性，使之呈纯阻性，从而提高扬声器发音的保真度。

3. 20W 双电源准互补推挽 OCL 功率放大器

图 3.20（a）是其组成框图，图 3.20（b）是它的电路原理图，它包括恒流源差分放大器、恒流源激励级和准互补 OCL 功放等电路。双电源准互补推挽 OCL 电路，可保证输出端 A 点的直流电位为 0V，输出的电流波形对称，保真度好，频率响应范围宽，性能稳定。

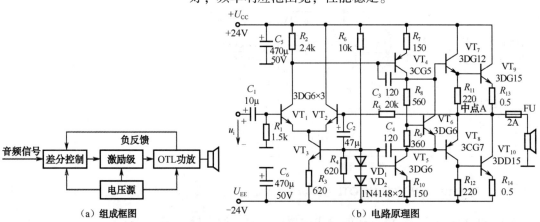

图 3.20　20W 双电源准互补推挽 OCL 功率放大器

$VT_1 \sim VT_3$ 和 $R_1 \sim R_4$、R_6、VD_1、VD_2 构成恒流源差分放大器。VT_3、R_3、R_4、VD_1、VD_2、R_6 等构成的恒流源，使 VT_3 的基极电位固定在 1.4V，使 VT_3 工作在线性放大区内。温度补偿二极管 VD_1、VD_2 的接入，可保证温度变化时流过 VT_3 的 I_{C3} 保持在恒定值，其稳流过程如下：

因此，恒流源电路对差分放大器的零点漂移具有强烈的抑制功能，使共模抑制比 $K_{CMRR} \geqslant 80dB$。

输入的音频信号经差分放大器放大后，由 VT_1 输出加至 VT_4 的基极。$VT_4 \sim VT_6$ 和 $R_7 \sim R_{10}$ 等组成的激励级，对音频信号进一步放大，其中的 VT_5 和 R_4、R_6、R_{10}、VD_1、VD_2 也构成一个恒流源，为 VT_4、VT_6 放大电路提供稳定的直流电流。音频信号经 VT_4 放大和 VT_6 再次倒相放大后，为 VT_7 和 VT_8 提供幅值相等、相位相反的激励电压信号。图中的 C_3、C_4 分别为 VT_4、VT_5 管的消振电容，防止出现高频自激。

电路分析

$VT_7 \sim VT_{10}$ 和 $R_{11} \sim R_{14}$ 等构成一个双电源互补对称 OCL 功放电路。VT_7、VT_9 组成的复合管等效为 NPN 型管，而 VT_8、VT_9 组成的复合管则等效为 PNP 型管，因此两等效管互补对称。但由于输出管 VT_9、VT_{10} 均为 NPN 型管，故由 $VT_7 \sim VT_{10}$ 组成的电路为准互补推挽 OCL 功放电路。带恒流源的差分放大电路和激励放大器的平衡的直流偏置及对称的正、负电源供电，可确保输出端中点 A 的静态电压 U_A 保持为 0V。末级的大功率管 VT_9、VT_{10} 均处于乙类放大状态，一"推"一"挽"，轮流工作。

准互补对称 OCL 如何实现乙类推挽

本功放电路设计了直流和交流信号负反馈电路。直流负反馈从中点 A 经 R_5 直接加至差分放大管 VT_2 的基极，确保放大器工作稳定；交流负反馈经 R_5、C_2（对交流信号视为短路）加至 VT_3 的基极，反馈信号由 R_4、R_5 进行分压。闭环反馈不仅使放大电路的增益稳定，还改善了音频信号的音质。

3.5　互补对称功放电路中的功率管配对和选用

在变压耦合推挽功放和无变压器的 OTL、OCL 互补对称功放电路中，要求推挽管和互补管的性能参数应尽量相同或一致，以确保放大后的输出信号失真小。本节对互补对管的选择和配对原则提出建议，并列出了常用互补对管的配对型号和主要技术参数。

◀要点

无输出变压器的互补对称放大电路与前面介绍的变压器耦合推挽功放电路一样，要求推挽或互补电路左右（或上下）结构对称，两只功放管的性能参数应尽量一致，以确保放大后的信号波形失真小。

对乙类互补对称功放（OCL）的功放管的选择原则如下。

选管和配对原则

（1）互补对管一般应采用不同导电类型的对管，即一只用 NPN 型管，另一只用 PNP 型管。

（2）两管的额定性能参数，包括额定功率 P_o、额定工作电压 U_C、额定工作电流 I_C、特征频率 f_T、电流放大系数

h_{FE}（或 β）应尽量一致。

功放管的极限参数

（3）功放管的极限参数 P_{CM}、I_{CM}、BU_{CEO}（或 $U_{(BR)CEO}$）应满足以下条件。

① 功放管集电极的最大允许功耗 P_{CM} 应满足式（3.22）的要求，即 $P_{CM} \geqslant 0.2P_{om}$，其中 P_{om} 是单管最大输出功率，

$$P_{om} = \frac{U_{CC}^2}{2R_L}。$$

② 功放管的集电极－发射极间反向击穿电压 BU_{CEO} 要求：

$$BU_{CEO} \geqslant 2U_{CC} \tag{3.34}$$

③ 功放管最大集电极电流 I_{CM} 应满足：

$$I_{CM} \geqslant U_{CC}/R_L \tag{3.35}$$

（4）互补对管在使用前应仔细挑选、配对，有条件的话，应进行测试。

表 3.1 列出了部分常用中、小功率互补对管的型号及主要性能参数，表 3.2 列出了部分常用大功率互补对管的型号及主要性能参数，供读者参考。

表 3.1　部分常用中、小功率互补对管的型号及主要性能参数

NPN 管型号	PNP 管型号	最大耗散功率 P_{CM}（W）	最大集电极电流 I_{CM}（A）	最高反向电压 BU_{CEO}（V）	特征频率 f_T（MHz）	国产器件代换型号
S8050	S8550	1	1.5	25	190（200）	3DG8050/3CG8050
2SC372	2SA495	0.20	0.1	30	200	3DG120A/3CG121B
2SC945	2SA733	0.25	0.1	60	250	3DG121D/3CG120C
2SC1162	2SA715	10	1.5	35	160	FA433/CD77-2A
ZSC2073	2SA940	1.5	1.5	150	4	DSl5/CS15
2SC2235	2SA965	0.9	0.8	120	120	3DG182H/3CG180F
2SC2238	2SA968	25	1.5	160	100	3DK205F/3CA10F
2SC2240	2SA970	0.3	0.1	120	50	3DG170H/3CG170C
2SC1815	2SA1015	0.4	0.15	60	80	3DG1815/3CG1015
2SC1775A	2SA872A	0.3	0.05	50	200	3DG110C/3CG170G
2SC2412	2SA1037	0.2	0.5	50	140	3DK4B/3CK9D
2SC390	2SA1039	0.15	0.02	20	500	3DG112A/3CG112A
2SC2875	2SA1175	0.3	0.1	60	80	3DG170A/3CG170A
2SC2705	2SA1145	0.8	0.05	150	200	3DG1821/3CG180
ZSC2856	2SA1191	0.4	0.1	120	310	3DG180J/3CG180F
2SD669A	2SB649A	1	1.5	180	140	3DK164/CA73-2G
2SD756	2SB716	0.75	0.05	120	150	3DG84D/3CG170F
BD230	BD231	10	1.5	100	>50	3DA87B/3CA5D
BD139-10	BD140-10	8	1.0	100	50	3DK104D/3CA4D
2N3019	2N4033	0.8	1.0	80	150	2G072C/3CA4C
2N5401	2N5551	0.31	0.6	160	100	3DG84G/3CA3F

表 3.2　部分常用大功率管互补对管的型号及主要性能参数

NPN 管型号	PNP 管型号	最大耗散功率 P_{CM}（W）	最大集电极电流 I_{CM}（A）	最高反向电压 BU_{CEO}（V）	特征频率 f_T（MHz）	国产器件代换型号
2N3055	MJ2955	115	15	100	>0.8	3DD69D/3CD8D
2SD387A	2SB539A	100	10	130	17	3DK109F/3CD10E
2SD665	2SB645	150	15	200	12	3DK109F/3CD11E
2SD551	2SB681	100	12	150	13	3DK108F/3CD9E
2SD1238	2SB922	80	12	120	20	3DK108E/3CD9D
2SC1585	2SA908	200	15	150	10	3DK209D/3CD11E
2SC2337	ZSA1007	100	10	150	70	3DK108E/3CD8F
2SC2431	2SA1041	100	15	120	60	3DK109B/3CD11D
2SC2461	2SA1051	150	15	150	60	3DK109D/3CD11E
2SC2522	2SA1072	120	10	120	80	3DK209C/3CD10D
2SC2526	2SA1076	120	12	160	80	3DK209C/3CD11D
2SC2527	2SA1077	60	10	120	80	3DK208C/3CD8E
2SC2564	2SA1094	120	12	140	90	3DK109E/3CD11E
2SC2825	2SA1102	70	6	60	35	3DK108E/3CD8F
2SC2565	2SA1095	150	15	160	80	3DK109E/3CD11E
2SC2851	2SA1106	140	10	100	30	3DK108E/3CD8F
2SC2608	2SA1117	200	17	200	20	3DK109F/3CD10E
2SC2681	2SA1141	100	10	115	80	3DK108E/3CD8E
2SC2707	2SA1147	180	15	150	40	3DK209C/3CD11D
2SC2837	2SA1186	150	10	100	60	3DK108E/3CD8F
2SC2922	2SA1216	200	17	180	50	3DK109F/3CD10E
2SC2987A	2SA1227A	120	12	160	50	3DK108G/3CD9F
2SC3182	2SA1265	140	10	100	30	3DK108E/3CD8F
2SC3264	2SA1295	200	17	230	35	3DK109H/3CD10G
2SC3280	2SA1301	120	12	160	30	3DK109F/3CD8E
2SC3281	2SA1302	150	15	200	30	3DK109F/3CD11E
2SC3854	2SA1490	260	8	80	20	3DK109I/3CD10F
2SC3855	2SA1491	200	10	100	20	3DK109I/3CD10F
2SC3857	2SA1493	150	15	200	20	3DK109F/3CD11F
2SC3858	2SA1494	200	17	200	20	3DK109G/3CD11F
2SC3907	2SA1556	130	12	180	30	3DK180E/3CD9F
2SC4278	2SA1633	140	10	100	20	3DK109F/3CD10E
2SC4467	2SA1694	120	8	80	20	3DD69D/3CD8D

3.6 常用单通道集成功率放大器

要点 ▷

集成电路功放通常是在一块硅片上将晶体管和电阻元件或单元集成在一起，集成度高，性能完善，电路稳定性好，装配与调试远比分立元件功放方便，且价格低，已商品化。单通道功放是指输入、输出只有一个通道，其种类、型号繁杂，本节将介绍几种优质和典型的单通道功放及其应用。

3.6.1 集成功率放大器概述

集成功放优点

集成功率放大器采用了集成工艺将电路的元器件及其连线集成在一块单晶芯片上，外部元件和连线少，具有体积小、频响宽、输出功率大的优点，使用方便，其可靠性、灵活性及性能指标比同类型的分立元件功放电路要优越。

集成功率放大器的种类多，通常可分为通用型和专用型两大类，其输出功率从几百毫瓦到上百瓦不等，使用者可根据使用场合和用途选用。

本章将分类介绍单通道集成功放、双声道集成功放和大功率功放，并推荐几种功耗低、失真度小、效率高及有特色的集成功率放大器。

3.6.2 单通道集成功率放大器的型号和参数

单通道功放

顾名思义，单通道功放是指输入、输出只有一个放大通道。它通常包含差分输入级、前置放大器、偏置电压电路、激励级和功率输出级。单通道功放种类很多，表3.3列出了一些常用单通道集成功放的型号及主要参数。

表3.3 常用单通道集成功率放大器的型号及主要参数

参数 型号	输出功率 P_o（W）	工作电压 U_{CC}（V）	最高电压 U_{CCmax}（V）	最大失真度 THD_{max}（%）	功率频响 BW（kHz）	输入阻抗 R_i（kΩ）	输出阻抗 R_L（Ω）	引脚数
LA4100	1	6	9	0.5	—	20	4（8）	14
LA4101	1.5	7.5	11					
LA4102	2.1	9	13					
LA4110	1	6	11	1.5			4	
LA4112	2.7	9		2.0			3.2～8	
LA4140	0.5	6	14	0.3		15	8	9
LA4420	5.5	13.2	18			20	4	10

参数 / 型号	输出功率 P_o (W)	工作电压 U_{CC} (V)	最高电压 U_{CCmax} (V)	最大失真度 THD_{max} (%)	功率频响 BW (kHz)	输入阻抗 R_i (kΩ)	输出阻抗 R_L (Ω)	引脚数
LA4030P	1	11	16	0.5	0.04~20	8	8	8
LA4031P	2	13.2	18	0.5	0.04~20	8	4	8
LA4132P	3	18	25	0.5	0.04~20	8	8	8
SL34	0.3	12	7.5	—	17	≥6	8	8
SL404A	3	30 (max)	15	2	20	50	4	14
SL404B	6	30 (max)	30	1.5	20	50	8	14
SL404C	12	30 (max)	30	1.5	20	50	4	14
LM386	1	5~18	22	0.2	0.02~100		8	8
LM2895	4	3~15	18	0.15	0.02~20	150	4	14
μPC575C2	2	13.2	17	0.5	—		8	8
μPC1241H	12	8~18	25	1.0	0.02~20	—	2/4	8
AN5260	6.5	24	26.4	0.6	0.02~20	—	—	11
AN7110	1.2	9	18	0.5	—	25	8	9
AN7114	1	9	11	0.5	—	20	8	14
AN7115	2.1	9	13	0.5	—	20	8	14
AN7130	4.2	13.2	18	0.4	—	25	4	9
AN7131	5	13.2	20	0.3	—	25	4	9
AN7140	5	13.2	20	0.15	—	30	4	9
TA7204P	3.8	12.5	18	1.5	—	70	4	10
TA7205AP	5	12.5	18	0.25	—	40	4	10
TA7207P	0.95	6	10	1.0	—	30	4	10
TA7208P	2	9	14	0.35	—	30	4	10
TA7212P	3.8	9	14	0.5	—	14	8	14
TA7213P	0.5	6	14	0.3	—	15	8	9
TA7231P	0.2	3	6	1.0	—	—	4	9
TBA800	5	24	30	0.5	0.2~20	5	16	12
TBA810 SH/AS	6	14.4	20	0.3	0.05~10	5	4	12
TDA2008	12	10~28	28	0.15	0.04~15	150	3.2~8	5
TDA2020	25	±22	±22	0.3, 0.5	0.01~160	500	4~8	15
TDA2030(A)	20	±14	±18, ±22	0.5	0.01~140	500	4~8	5
TDA2040/A	25	±20	±20	0.08	0.04~15	500	4~8	5
TDA7240	20	6~18	28	1.0	0.022~22	—	4~8	7

3.6.3　LA4100 系列集成音频功率放大器

1. LA4100 系列的型号及主要参数

LA4100 系列集成功放原系日本 SANYO（三洋）公司产品，国内同类器件有 CD4100、DG4100、TB4100、FG4100、SL4100 和 SF4100 等型号，其外形和参数类同，可相互代换。LA4100 系列器件在录放、收音、对讲等中小功率音响设备中应用广泛。

表 3.4 列出了 LA4100 系列的主要参数。

表 3.4　LA4100 系列的主要参数

参数名称	符号	测试条件		最小值	典型值	最大值	单位
电源电压	U_{CC}	$T_a = 25℃$	LA4100	—	6	9	V
			LA4101	—	7.5	11	
			LA4102	—	9	13	
输出功率	P_o	$f = 1kHz$ $THD = 10\%$ $R_L = 4Ω$	LA4100	0.65	1	—	W
			LA4101	0.95	1.5	—	
			LA4102	1.3	2.1	—	
静态电流	I_S	$u_i = 0$		—	15	25	mA
电压增益	A_{uo} A_{uf}	开环状态 闭环状态		--	70 45	48	dB
输入电阻	R_i			12	20		kΩ
谐波失真	THD	$P_o = 250mW$		—	0.5%	1.5%	%
输出噪声	U_{NO}	$R_L = 10kΩ$				3	mV

2. LA4100 系列芯片的电路组成及工作原理

芯片电路扼要介绍

LA4100（CD4100）系列芯片内部的电路原理图如图 3.21 所示。它包括长尾式差分放大电路输入级、激励级、偏置电路和输出级等。VT_1、VT_2 和 R_2 等组成长尾式差分放大电路，并作为集成电路的输入级；VD_1、R_4、R_6、VD_2 组成电压偏置电路（其中 VD_1、VD_2 由半导体三极管作为二极管使用），为各级电路提供稳定的偏置电压；VT_3、VT_4 和 R_5 等组成带恒流源的第二级音频放大电路（VT_4 作为恒流源），VT_4 与 VT_5 共同作为 VT_3 的发射极输出负载；VT_5 和 R_8、R_9 组成第三级音频放大电路，即激励级；VT_6、VT_7 和 VT_8、VT_{11} 组成互补对称功率放大输出级，其中 VT_6、VT_7 组成复合式 NPN 型输出管，VT_8、VT_{11} 复合成 PNP 型输出管。VT_9、VT_{10} 和 VD_3、R_{11} 是为克服交越失真而设置的偏置电压电路，VD_3 由三极管接成二极管使用，起温度补偿和偏置电压作用。

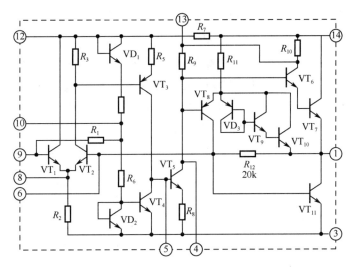

图 3.21 LA4100（CD4100）系列芯片内部的电路原理图

3. LA4100（CD4100）系列芯片的外形和外引脚排列

LA4100（CD4100）系列芯片的外形和外引脚排列如图 3.22 所示。由图可见，它采用 14 引脚双列直插式封闭结构，自带散热片。图 3.22（a）为外引脚排列图，图 3.22（b）为实物器件的俯视图和侧视图。集成电路的引脚序号是从凹口处按逆时针顺序依次排列的，各引脚的功能见图 3.22（a）中文字标示。

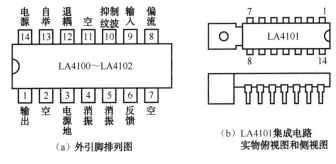

（a）外引脚排列图

（b）LA4101集成电路
实物俯视图和侧视图

图 3.22 LA4100（CD4100）系列芯片的外形和外引脚排列

4. LA4100 系列的性能特点

表 3.4 列出了 LA4100/4101/4102/4112 各器件的主要参数。对电子爱好者和器件使用者来说，最关心的是它们的工作电压 U_{CC}、额定输出功率 P_o 及配接的负载阻抗。LA4100 系列器件具有供电电压低、对供电电压跌落的适应性强、噪声小、保真度（THD）高等特点，在使用电池供电时，其工作电压降低后仍能正常工作很长时间，故很适合在录放机、对讲机、随身携带的音响和视听装置中使用。

LA4100 系列器件的另一特点是，其散热片可直接焊在

LA4100 系列优点

散热片装接方便

印制电路板上，装接十分方便，散热好。

5. 用 LA4100 构成 OTL 功率放大器

电路如图 3.23 所示。音频信号 u_i 经耦合电容 C_1 加至 LA4100 的同相输入端。C_2、R_F 相串联与集成块内的 R_{12}（12kΩ）（见图 3.22）组成交流电压负反馈支路，电路的闭环电压增益 A_{uf} 为

闭环增益

$$A_{uf} = 20 \lg\left(\frac{R_{12} + R_F}{R_F}\right) = 20 \lg\left(1 + \frac{R_{12}}{R_F}\right)$$

$$= 20 \lg\left(1 + \frac{20 \times 10^3}{100}\right)$$

$$= 46 \text{（dB）（201 倍）}$$

OTL 功放

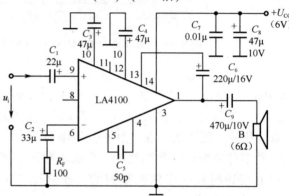

图 3.23　用 LA4100（DF4100）构成的 OTL 功放电路

扼要说明

接在 4、5 脚之间的 C_5 起相位补偿作用，用以消除高频寄生振荡。C_5 的容量减小时，功放电路的频带增加，防自激振荡明显。C_5 的容量一般取几十至几百皮法（pF）。C_9 为 OTL 电路的输出电容，两端的充电电压为 $U_{CC}/2$。因负载（扬声器）的阻抗较小，C_9 的容量不宜取得太小，一般应取几百微法（μF），本电路取 $C_9 = 470μF$。C_6 为自举电容器，可使 LA4100 内部的复合管输出级的导通电流不随输出电压的升高而减小，以提高最大不失真输出功率。C_3、C_4 电容器用于消除纹波，其容量一般取几十至几百微法（μF）。

图 3.23 电路在 $U_{CC} = 6V$、$R_L = 4Ω$ 条件下，LA4100 的输出功率 $P_o = 1W$。

6. 用两只 LA4100 构成 3W BTL 功率放大器

BTL 桥式推挽扼要说明

电路如图 3.24 所示。音频信号 u_i 经 C_{11} 加至 IC$_1$ 的同相输入端 9 脚，经 IC$_1$ 放大后，在输出端 1 脚获得放大后的同相信号。IC$_1$ 的闭环电压增益为

$$A_{u1} \approx 20 \lg\frac{R_{12}}{R_{F1}} = 20 \lg\frac{20 \times 10^3}{220} = 39.2 \text{（dB）}$$

式中，R_{12} 为 LA4100 内部的反馈电阻，$R_{12} = 20 \text{k}\Omega$。

IC$_1$ 的输出信号 u_{o1} 分两路，一路信号加至扬声器 B 的上端，另一路信号经外部电阻 R_1、R_{F2} 组成的衰减网络加到 IC$_2$ 的反相输出端 6 脚，衰减量为

$$D_{u2} \approx 20 \lg \frac{R_{F2}}{R_1 + R_{F2}} = 20 \lg \frac{11}{1011} \approx -39.3 \ (\text{dB})$$

这样，就可使加到 IC$_1$ 的同相输入端（9 脚）的输入信号和加到 IC$_2$ 的反相输入端（6 脚）的输入信号几乎大小相等、相位相同。

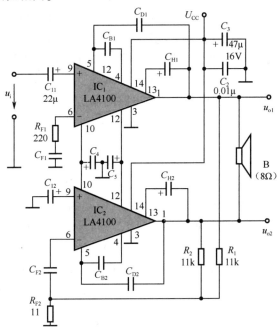

桥式推挽功放电路

图 3.24　采用 LA4100 的 BTL 功放电路

如果使 IC$_2$ 的电压增益为 $20 \lg \dfrac{R_2 /\!/ R_{12}}{R_{12}} \approx -39.5\text{dB} \approx A_{u1}$，则两个功放的最大输出电压 U_{o2} 和 U_{o1} 大小相等、方向相反，所以扬声器两端的电压 $U_L = 2U_{o1}$。BTL 功放的最大输出功率为

$$P_L = (2U_{o1})^2 / R_L = 4U_{o1}^2 / R_L$$

由上式可见，BTL 功放电路的输出功率是 OTL 功放电路的输出功率的 4 倍。实际上，由于两功放的结构及电压增益不完全相同，BTL 功放电路的实际输出功率为 OTL 功放电路的 3 倍左右。

BTL 与 OTL 比较

 BTL 电路的由来及实用 BTL 功率放大电路

应用知识

BTL 是 Balanced Transformerless 的缩写，中文译为双端

无变压器的推挽电路，也称桥式推挽电路或 BTL 电路。

1）BTL 电路的由来和输出功率

BTL 的由来

由前面讨论的 OCL 电路和 OTL 电路可知，在使用单电源（U_{CC}）情况下，OTL 电路的最大输出功率为 $P_{om} = U_{CC}^2/(8R_L)$［见式（3.26）］；而在使用双电源（$U_{CC} = |-U_{EE}|$）的互补对称 OCL 电路中，它的最大输出功率为 $P_{om} = U_{CC}^2/(2R_L)$［见式（3.33）］。可见，在负载电阻 R_L 一定后，欲提高输出功率 P_{om}，出路在于提高供电电压 U_{CC}。然而 U_{CC} 电压过高，除对电源的性能提高有要求（如耐压、体积、重量等）外，对 OTL 或 OCL 电路中功放管的耐压要求也会相应提高，而性能优良的高电压大功率管不易得到，且价格不菲。为此，有人提出了用桥式推挽（BTL）电路来解决用较低电压（U_{CC}）得到大的功率这一难题，即在不增大电源电压 U_{CC} 的前提下达到提高功放电路的输出功率 P_o 的目的。

BTL 电路优点

实验证明，在功放接成 BTL 电路形式后，其输出功率是 OTL 功放电路的 4 倍（U_{CC} 保持不变）。

2）BTL 电路的组成和工作原理

BTL 电路原理分析

BTL 电路的原理图如图 3.25 所示。由图可见，4 个功放管 $VT_1 \sim VT_4$ 连接成电桥形式，左端的 VT_1、VT_2（共基极）输入 u_{i1} 信号，而右端的 VT_3、VT_4（共基极）输入 u_{i1} 的反相信号 u_{i2}（其幅值大小相等）。VT_1、VT_3 为 NPN 型管，VT_2、VT_4 为 PNP 型管，其集电极分别接 $+U_{CC}$ 和 $-U_{EE}$（$|U_{CC}| = |-U_{EE}|$）。负载电阻 R_L 接在电桥的对角线（AB）上。

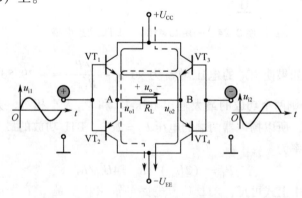

图 3.25　BTL 电路的原理图

在输入信号处于正半周时，VT_1、VT_4 导通，而 VT_2、VT_3 则截止，负载电阻 R_L 上有由 A 向 B 的电流 i_L 流过，输出电压为

$$U_{om} = U_{om1} - U_{om2} = U_{CC} - (-U_{EE}) = 2U_{CC}$$

在输入信号的负半周，VT_2、VT_3 导通，而 VT_1、VT_4 截止，负载 R_L 上有由 B 向 A 的电流 $-i_L$ 流过，输出电压 $U_{om} = -2U_{CC}$。

可见，在同样的电源电压 U_{CC} 下，输出电压是 OTL 功放电路的 2 倍，即 $2U_{CC}$，则最大输出功率增大到 4 倍 $[P_o = (2U_{CC})^2/R_L]$。

7. 用 LA4112 构成 4.6W BTL 功率放大器

电路如图 3.26 所示，它是以两只 LA4112 为核心组成的 BTL 功放电路。

LA4112 的电气参数列于表 3.3 中，在电源电压 $U_{CC} = 9V$、负载 $R_L = 8\Omega$ 情况下，其输出功率 $P_o = 2.7W$，其 THD $\leqslant 0.5\%$。如图 3.26 所示的 BTL 电路，其输出功率可高达 4.6W。

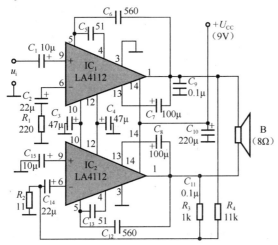

4.6W BTL 功放电路

图 3.26　两只 LA4112 构成 4.6W BTL 功放电路

音频信号 u_i 加至 IC_1 的同相输入端，经放大后，其闭环增益为

$$A_{uf} \approx 20 \lg \frac{R_{12}}{R_1} = 20 \lg \frac{20 \times 10^3}{220} = 39.2 \text{ （dB）}$$

式中，R_{12} 为 LA4112 内的反馈电阻，其值为 20kΩ。

从 IC_1 的 1 脚输出的信号经 R_4、R_2 分压，其衰减量为

$$D_{u2} \approx 20 \lg \frac{R_2}{R_4 + R_2} = 20 \lg \frac{11}{1011} = -39.27 \text{ （dB）}$$

这样的分压系数与 IC_1 的电压增益 A_{uf} 相吻合，使 IC_2 的输入信号与 IC_1 的输入就成为一对幅值相等、相位相反的"一对"信号，从而实现 BTL 放大。

$D_{u2} = A_{uf}$ 实现 BTL 放大

3.6.4 单通道 1～5W 优质音响集成功率放大器

下面介绍几种功耗低、失真度小、效率较高、音色好、装调方便的 1～5W 集成功放电路。

1. 1W/2W 优质音响集成功率放大器 AN7114/7115

电路如图 3.27 所示，它是以集成功放 AN7114（或AN7115）为核心组成的，结构简单。

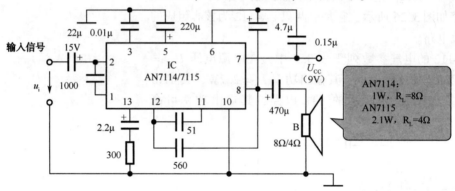

图 3.27 采用 AN7114/7115 集成功放的 OTL 功放电路

注意：

IC 型号不同，要求其负载阻抗不同

AN7114 的额定输出功率 $P_o = 1W$（$U_{CC} = 9V$），最大失真度 THD $\leqslant 0.5\%$，输入阻抗 $R_i = 20k\Omega$，输出阻抗 $R_L = 8\Omega$；AN7115 的额定输出功率 $P_o = 2.1W$，最高工作电压 $U_{CCmax} \leqslant 13V$，THD $\leqslant 0.5\%$，$R_L = 4\Omega$。这两个集成功率放大器的外电路相同，但 AN7114 的负载（扬声器）阻抗为 8Ω，而 AN7115 的负载宜选择阻抗为 4Ω 的扬声器，使阻抗相配。

因 AN7114/7115 的输出阻抗低，其输出端（8 脚）的耦合电容的容量宜选得大些（$470\mu F$），以便使低频信号的传输不受影响 $[X_C = 1/(2\pi f_L C)$，优质音频信号的低频 $f_L = 10 \sim 30Hz]$。

2. 2.7W 单声道集成功率放大器 LA4112

LA4112 为日本 SANYO（三洋）公司研制的产品，是带有散热片的 14 脚双列直插塑封集成功放，其设置有静噪电路和纹波滤波器，工作电压 $U_{CC} = 9V$，输出功率 $P_o = 2.7W$（$R_L = 4\Omega$）。图 3.28 是以 LA4112 为核心组成的 OTL 功放电路。

输入的音频信号 u_i 经 C_1 加至 LA4112 的同相输入端 9 脚，经放大后由 1 脚输出。与此同时，经 LA4112 内部的反馈电阻（$R_{12} = 20k\Omega$）与 6 脚的反馈元件 C_2、R_{NF} 串接，形成电压串联负反馈，其闭环放大增益为

$$A_{uf} \approx 20 \lg \frac{R_{12}}{R_{NF}} = 20 \lg \frac{20 \times 10^3}{200} = 40 \quad (dB)$$

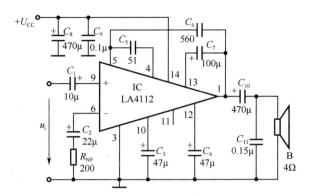

图 3.28　LA4112 构成 2.7W OTL 功放电路

C_3、C_4 为纹波滤波电容，C_5、C_6 用于消除寄生振荡，C_7 是自举电容，C_{11} 用以改善音质并消除自激现象。

3. 1～3W 单声道集成功率放大器 LA4030P/4031P/4032P

LA4030P/4031P/4032P 为单声道优质音频集成功率放大器，它们的最大谐波失真度 THD≤0.5%，功率频率响应 BW 为 20Hz～100kHz，频率响应范围宽，其输出功率 P_o 分别为 1W、2W 和 3W，为 8 引脚封装，内部功能齐全，外部所需元件少。图 3.29 给出了它们的应用电路。可根据实际电路需要，选用 LA4030P（1W）、LA4031P（2W）或 LA4032P（3W），其外围电路相同，但负载（扬声器）的阻抗不同。LA4031P 的阻抗 R_L 为 4Ω，LA4030P、LA4032P 的 R_L 皆为 8Ω。使用时，应选用与之匹配的扬声器。此外，不同型号的器件的工作电压有所不同。

优点是谐波失真度低、音域宽、音响好

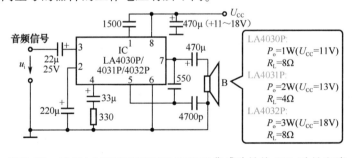

图 3.29　采用 LA4030P/4031P/4032P 集成功放的 OTL 功放电路

IC 型号不同其负载 R_L 不同，注意阻抗匹配

4. 5W 高保真度集成功率放大器 TA7205AP

该电路如图 3.30 所示。它采用高保真度（最大谐波失真度 THD≤0.25%）的 TA7205AP，其工作电压 $U_{CC}=$ 12.5V，额定输出功率 $P_o=5W$，输入阻抗 $R_i=40k\Omega$，输出阻抗 $R_L=4\Omega$。负载 B 应采用阻抗 R_L 为 4Ω 的 5W 扬声器。

THD≤0.25%，$P_o=5W$（$R_L=4\Omega$）

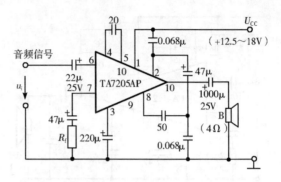

图 3.30 采用 TA7205AP 的 5W OTL 功放电路

3.7 双声道集成音频功率放大器

双声道集成音频功放可提供两路不失真的放大，由于制作工艺相同，两路的电压增益 A_u、谐波谐振（THD）、静态功耗等相同，制作出的双声道功放具有失真小、效率高、体积小、外围元件少等优点。

双声道集成功放优点

在音响录放、影视等设备中，大都有左、右两路声音信号，在立体声音响设备中尤其需要双声道信号。双声道集成音频功率放大器能提供两路不失真的音频功率。双声道集成音频功率放大器的应用电路具有失真度小、效率高、体积小、重量轻、外围元件少（或没有）、功能齐全等特点，且具有保护功能，安装方便。

3.7.1 常用双声道集成功率放大器的型号和参数

表 3.5 列出了部分常用双声道集成音频功率放大器的型号和主要参数，供电子爱好者参考。

表 3.5 部分常用双声道集成音频功率放大器的型号和主要参数

参数\型号	输出功率 P_o（W）	工作电压 U_{CC}（V）	最高电压 U_{CCmax}（V）	最大失真度 THD_{max}（%）	功率频响 BW（kHz）	输入阻抗 R_i（kΩ）	输出阻抗 R_L（Ω）	引脚数
LA4120	1	6	11	0.3	—	30	4	20
LA4125/4126	2.4	9	13					
LA4180/4190	1	6	9	0.5	—	—	2～8	12
LA4182/4192	2.3	9	11				4～8	
LA4265	3.5	9～24	25	0.1	0.02～20	20	8	10
LA4505	8.5	6～24	24	1.5		30	3	20
AN7145L/M/H	1/2.4/4	6/9/15	20	0.6/0.3/0.2	—	—		18
AN7146M/H	2/4	9/16		0.3/0.15				

续表

参数＼型号	输出功率 P_o（W）	工作电压 U_{CC}（V）	最高电压 U_{CCmax}（V）	最大失真度 THD_{max}（%）	功率频响 BW（kHz）	输入阻抗 R_i（kΩ）	输出阻抗 R_L（Ω）	引脚数
AN7160/7161	18/23	5～16/6～26	24/26	0.2/0.15	0.015～30	—	4	12
AN7188NK	22	12	12	0.1	—	30	2/4	14
CD2009	20	8～28	28	0.1	0.02～20	200	2～4	15
CD2822	1.4	1.8～15	15	0.2	0.02～22	100	8	8
CD7232	12.5	3.5～12	16	1.0	0.05～20	20	4	12
CD7240	25	9～18	45	0.25	0.02～20	33	4/8	
CD7767	0.75	0.9～3	3	4.5		50	32	16
TDA2009	10	8～28	28	0.1	0.022～22	200	4/8	11
TDA2822	1.4	3～15	15	1.0		100		16
TEA2024	3.5/10	6～18	20	1.5	0.015～40	—	4	10
TEA2025	2.5/5	3～12	15		0.02～20	30		16
TA7214P	4.8	13.2	18	0.2	—	40		20
TA7215P	2.2	9	15	0.4		15		20
TA7263P	17	9～18	25	0.3	0.02～20	33		12
TA7264P	5.8							
HA1392	4.3	12	18	0.25	—	30		12
TA7229P	5			0.4		40		20
TA7232P	2.2	9	16	0.2		20	4	12
TA7236BP	4.4	12	12	0.4		—		20
TA7237AP	17	8～18	18	1.5	0.02～20	35		
TA7240P	5.8	13.2	25	0.7	—	33		12
TA7269P	4.5	6～15	20	0.8		30	5	
TA7283P	4.6		16	1.0	0.02～20		4	

3.7.2 几款优质双声道功率放大器应用电路

1. 采用 LM377/378 的双声道功放电路

LM377/378 原为美国国家半导体公司开发生产。LM378 为 LM377 的改进型，两者可直接互换，采用 14 脚双列直插式塑封结构，为双声道音频集成功率放大器，可组成双声道功放，也可组成推挽 BTL 功放电路，常用于立体声唱机、收录机或立体声音响系统。

双声道立体声

1）LM377/378 的主要参数

LM377/378 的主要参数如表 3.6 所示。

表 3.6 LM377/378 的主要参数（$T_a = 25℃$）

参数名称	符号	测试条件		最小值	典型值	最大值	单位
电源电压	U_{CC}	LM377		10	20	26	V
		LM378		14	28	35	
静态电流	I_S	负载 R_L 断开 $P_o = 0$		—	15	50	mA
输入电阻	R_i	—		3	3		MΩ
电压增益	A_{uo}	开环（R_F 不接）		66	90		dB
	A_{uf}	闭环（接 R_F）			34		
谐波失真	THD	$f = 1000\text{Hz}$ $P_o = 2\text{W}$	LM377 LM378	—	0.12% 0.1%		%
输出功率	P_o	THD $< 5\%$ $R_L = 8Ω$	LM377 LM378	2 4	2.5 5		W
声道分离度	S_{CD}	$R_S = 0$		—	70		dB

2）采用 LM377 的双声道 OTL 功放电路

电路如图 3.31 所示，它是以 LM377 为核心组成的双声道 OTL 功率放大电路。输入信号 u_{i1}、u_{i2} 分别经 C_2 和 C_4 加至功放 I、II 的同相输入端 6 和 9 脚，R_2 和 R_3 两个 100kΩ 电阻为其同相端提供偏置电压，均在 $U_{CC}/2$ 处。

R_F、R_1、C_1 和 R_F、R_4、C_5 分别构成功放 I 和功放 II 的电压串联负反馈电路，由于参数对称，可确保功放电路的闭环增益相同，其电压增益均为

$$A_{uf} \approx 20\lg \frac{R_F}{R_1} = 20\lg \frac{100}{2} = 34 \text{（dB）（100 倍）}$$

由于上（左）声道、下（右）声道完全对称，闭环增益相同，两声道平衡性好，音质纯真，不失真功率可达 2 × 2.5W（$U_{CC} = 20V$，$R_L = 8Ω$）。

双声道 OTL

$U_{CC} = 20V$

$P_0 = 2 \times 2.5W$

$(R_L = 8Ω)$

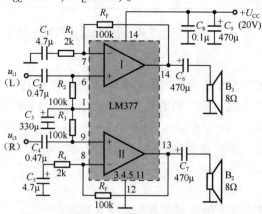

图 3.31 LM377 构成 2.5W 双声道 OTL 功放电路

2. 采用 HA1377 的双声道 5.8W OTL 功放电路

该电路如图 3.32 所示。HA1377 为双声道集成音频功率放大器，失真度小，其最大谐波失真度仅为 0.15%，在电源电压 $U_{CC} = 13.2V$ 时，其输出功率 $P_o = 5.8W$，其输入电阻 $R_i = 15k\Omega$，输出电阻 $R_L = 4\Omega$。左、右两路结构对称，所需外围元件少，音质优美。输出负载采用电阻为 4Ω、额定功率为 6W 的优质扬声器。

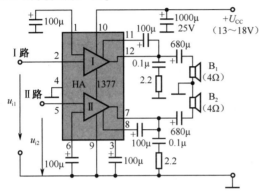

双声道

$THD_{max} \leqslant 0.15\%$

$P_o \geqslant 5.8W$

$(R_L = 4\Omega)$

图 3.32　采用 HA1377 的双声道 5.8W OTL 功放电路

3. 采用 TA7232P 的高保真度双声道 2.2W 功率放大电路

该电路如图 3.33 所示。TA7232P 的最大谐波失真度 $THD_{max} \leqslant 0.2\%$，在电源电压 $U_{CC} = 9V$ 时，其输出功率 $P_o = 2.2W$，可用于家庭影院或立体声音响设备的功放系统。

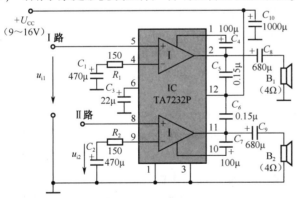

双声道

$U_{CC} = 9V$

$P_o = 2 \times 2.2W$

$(R_L = 4\Omega)$

.33　采用 TA7232P 的高保真度双声道 2.2W 音频功率放大电路

接在功放 I 的反相端（4 脚）的 R_1、C_1 和功放 II 反相端（9 脚）的 R_2、C_2 为各自的反馈阻容元件，它们与其内部的反馈电阻 R_F 构成反馈网络，使功放 I、II 构成闭环放大器，其闭环增益 $A_{uf} \approx 20 \lg \dfrac{R_F}{150}$，当 $R_F = 150k\Omega$ 时，$A_{uf} = 40dB$（100 倍）。图 3.33 中的 C_4、C_6 为功放 I 和功放 II 的

自举电容，它们有助于提高声音信号的动态范围，减少放大失真。

3.8 STK系列厚膜音频功率放大器

要点➤

STK系列厚膜集成功放系日本SANYO公司产品，其制作工艺简单、外围元件少、成本低、稳定性好。单声道输出功率从几瓦到150W，双声道从2×4.8W到2×100W。在音响装置、高保真度立体声音响系统中有广泛应用。

厚膜器件特点

厚膜集成器件具有制作工艺简单、外围元件少、成本低、工作稳定等特点。在20世纪80年代中期，大量日本收音机、录放机、音响系统和家电产品拥入中国市场，所用的厚膜器件、集成器件等也随之上市，至今仍被广泛采用。

3.8.1 高保真度双声道厚膜集成功率放大器STK4141

1. 双声道厚膜集成功放STK4141简介

双声道集成功放

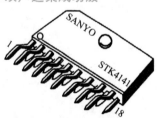

图3.34 STK4141的外形和引脚

STK41系列产品系日本SANYO公司研发、生产的厚膜集成器件，主要用于音响双声道或高保真度音响系统的主功率放大器。STK4141为单列直插18脚塑封结构，如图3.34所示。图3.35是其内部电路原理图。由图3.35可见，它内含两个声道的电路；左边的VT_1～VT_9等构成左声道电路，右边电路与左边的呈对称安排，为右声道电路。左侧的VT_1、VT_2和VT_3构成带恒流源的差分放大电路；VT_4为驱动级；VT_6～VT_9构成复合互补型功放输出级，VT_5为VT_6～VT_9提供合适的偏置电压，使VT_6、VT_7和VT_8、VT_9复合推挽功放工作在接近乙类的甲乙类放大状态。

扼要说明（配合图3.35）

图3.35左侧下部的VT_{10}、VT_{11}构成开关机冲击声（即“噗”声）的消除控制电路，6脚是控制端。其作用原理在稍后的应用电路中介绍。

为便于使用和接线，表3.7列出了STK4141各引脚的功能。

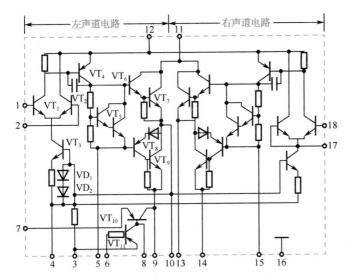

图 3.35 双声道集成功放 STK4141 内部电路原理图

芯片电路图

表 3.7 STK4141 各引脚的功能

引脚	功能	引脚	功能
1	L（左）声道输入端	10	L（左）声道输出端
2	L（左）声道负反馈输入端	11	正电源（$+U_{CC}$）
3	接地端	12	滤波（正电源）
4	偏置输入端（$-U_{EE}$）	13	R（右）声道输出端
5	L（左）声道自举输入端	14	负电源（右声道）
6	电子滤波器控制端	15	R（右）声道自举输入端
7	电子滤波器输出端	16	接地端
8	电子滤波基极偏置	17	R（右）声道负反馈输入端
9	负电源（左声道）	18	R（右）声道输入端

STK4141 是 STK41 系列中的一个厚膜集成功放。在本系列中，按其功率大小和谐波失真（THD）的大小可细分为 Ⅱ～Ⅺ 级，其输出功率从 5W 到 100W，THD 从 1.0% 到 0.02% 不等。表3.8 列出了部分 STK41 系列双声道厚膜集成功放的型号和主要参数。

主要参数

表 3.8 部分 STK41 系列双声道厚膜集成功放的型号和主要参数

型号 \ 参数	U_{CC}（V）	R_L（Ω）	静态电流 I_S（mA）	最小 P_o/THD（W/%）	最大 THD/P_o（%/W）	频响（3dB）（Hz）
STK4101Ⅱ	±13.2	8	100	6×2/0.4	0.3/1.0	20～20k
STK4131Ⅱ	±23	8	100	20×2/0.4	0.3/1.0	20～20k

参数 / 型号	U_{CC}（V）	R_L（Ω）	静态电流 I_S（mA）	最小 P_o/THD（W/%）	最大 THD/P_o（%/W）	频响（3dB）（Hz）
STK4141Ⅱ	±26	8	100	25×2/0.4	0.3/1.0	20～20k
STK4171Ⅱ	±32	8	100	40×2/0.4	0.3/1.0	20～20k
STK4191Ⅱ	±35	8	100	50×2/0.4	0.3/1.0	20～20k
STK4131V	±24.5	8	100	20×2/0.08	0.08/1.0	20～20k
STK4141V	±27	8	100	25×2/0.08	0.08/1.0	20～20k
STK4191V	±35.5	8	100	50×2/0.08	0.08/1.0	20～20k

普通型：THD≤0.4%

高保真度型：THD≤0.08%

表中的第3行和第7行同为STK4141，其输出功率同为 $25×2W$，但其 THD 相差甚远，STK4141Ⅱ 型的 THD = 0.4%，而 STK4141V 型的 THD = 0.08%。前者多用于一般音响系统，后者则用于高保真度立体声音响系统或环绕声系统。

2. 用 STK4141V 制作的高保真度立体声 OCL 主功率放大器

电路如图3.36所示。图中 IC_1 选用优质厚膜集成功率放大器 STK4141V，其输入灵敏度 $u_{imin} = 0.8V$，输出功率 $P_o = 2×25W$（$R_L = 8Ω$，±25V），频响范围为 20～2500Hz，THD≤0.08%。

双声道

$P_o ≥ 2×20W$（±24V，8Ω）

两个声道是以 IC_{1-1}（1/2STK4141V）和 IC_{1-2} 为核心组成的上、下电路对称的 OCL 功放电路。下面以左（L）声道为例，说明其工作原理。u_i（L）经阻容元件 R_1、C_2 加至 IC_{1-1} 的同相输入端（1 脚），经 IC_{1-1} 内部放大由 10 脚输出，送至左声道音箱。左声道功放电路中的 R_7、C_5 和 R_5 组成电压串联负反馈电路，使 IC_{1-1} 构成一个闭环放大电路，其闭环电压增益为

OCL 功放闭环增益 A_{uf}

$$A_{uf1} ≈ 20 \lg \frac{R_7}{R_5} = 20 \lg \frac{56×10^3}{680} = 38.3（dB）（82.4 倍）$$

右声道功放电路是以 IC_{1-2}（1/2STK4141V）为核心组成的。由于与左声道电路对称，其工作过程类同，闭环电压增益为

$$A_{uf2} ≈ 20 \lg \frac{R_{15}}{R_6} = 20 \lg \frac{56×10^3}{680} = 38.3（dB）$$

电路扼要说明

图中的 C_8、R_{10} 和 C_{10}、R_{13} 分别组成左声道和右声道的自举电容电路，以提高声道的声音电信号的动态范围。C_{11}、R_{17} 和 C_{12}、R_{18} 分别为左声道和右声道输出的高频补偿电路，用于改善音质，并具有防自激的作用。

开、关机控制电路

STK4141V 具有消除开机、关机发出的"噗"声。在

图 3. 35所示 STK4141V 内部电路原理图中的 VT_{10}、VT_{11} 组成开、关机控制电路，由 6 脚的控制端电压实施控制。

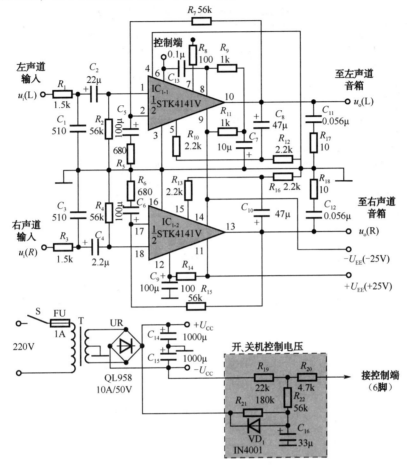

图 3.36　高保真度立体声 OCL 主功率放大器

开机时，来自 $-U_{CC}$ 端的电压经 R_{19}、R_{20} 先加至 6 脚，使 VT_{11} 的基极因负电压而截止，即断开功放电路的前置级，输出无信号。而来自 $+U_{CC}$ 的电压在经过 R_{21}、C_{16} 延时（$\tau = R_2 C_{16}$）后，才经 R_{20} 加至 6 脚，使 6 脚电位变正，功放的前置级才开始工作，从而避免了开机时发出的"噗"声。

开机时"噗"声控制

关机时，利用 VD_1 使 $+U_{CC}$ 迅速放电，使 6 脚呈负电位，这样就可确保关机时功放的前置级先切断，避免了关机时发出的"噗"声。

关机时"噗"声控制

3.8.2　单电源供电双声道厚膜集成功率放大器 STK4392

1. 双声道厚膜集成功率放大器 STK4392 简介

STK4392 是一块单列直插式塑封结构的双声道厚膜功

放，是 STK43 系列双声道功放中的一种。表 3.9 列出了部分产品的型号和主要参数。

表 3.9 STK43 系列的型号和主要参数（$T_a = 25℃$）

参数 型号	U_{CC}（V）	R_L（Ω）	静态电流 I_S（mA）	最小 P_o/THD （W/%）	最大 THD/P_o （%/W）	3dB 频响 （Hz）
STK4301	13.2	4	150	4.8×2/10.0	1.0/1.0	20～20k
STK4331	13.2	4	175	4.8×2/10.0	1.0/1.0	20～20k
STK4332	23.0	8	120	5×2/1.0	0.5/0.1	20～20k
STK4352	27.0	8	120	7×2/1.0	0.5/0.1	20～20k
STK4362	33.0	8	120	10×2/1.0	0.3/0.1	20～20k
STK4372	35.0	8	120	12×2/1.0	0.3/0.1	20～20k
STK4392	39.0	8	120	15×2/1.0	0.3/0.1	20～20k

注：I_S 为静态电流（mA）。

单电源功放

STK4392 为单电源供电，典型工作电压 $U_{CC} = 39V$，极限值为 56V，静态电流的典型值 $I_S = 60mA$，最大值为 120mA，输出功率为 $2 \times 15W$（$R_L = 8Ω$，$U_{CC} = 39V$），谐波失真在 $P_o = 15W$ 时，THD ≤ 1.0%，在 $P_o = 0.1W$ 时，THD ≤ 0.3%。

STK4392 为单列直插式 15 脚器件，各引脚的功能如表 3.10 所示。

表 3.10 STK4392 各引脚的功能

引脚	功能	引脚	功能
1	L（左）正相输入端	9	前脚电源
2	L（左）反相输入端	10	R（右）自举端
3	接地端	11	R（右）输出端
4	接地端	12	接地端
5	L（左）输出端	13	接地端
6	L（左）自举端	14	R（右）反相输入端
7	$+U_{CC}$	15	R（右）正相输入端
8	接地端		

2. 用 STK4392 制作的单电源立体声 OTL 主功率放大器

电路扼要说明

电路如图 3.37 所示。图 3.37 的上部是以 IC_{1-1}（1/2STK4392）为核心组成的左（L）声道功率放大电路，图的下部是以 IC_{1-2}（1/2STK4392）为核心组成的右（R）声道功放电路。由于为单电源供电，其 $+U_{CC}$ 加在 IC_{1-1} 的 7 脚，除此，上（左）、下（右）声道电路和元件参数完全对称。下面以左声道电路进行说明。R_4、C_2 和 R_1 组成电压串联负

反馈电路，反馈电压加至 IC_{1-1} 的反相输入端 2 脚，使之成为闭环功放电路，其闭环电压增益为

$$A_{uf} \approx 20 \lg \frac{R_4}{R_1} = 20 \lg \frac{12 \times 10^3}{120} = 40 \ (dB) \ (100 \ 倍)$$

闭环增益

右声道的闭环电压增益也为 40dB。

左、右声道的输出信号分别经 C_6、C_{10} 加至左、右声道音箱。图中的 C_7、C_9 为自举电容，用于提高声音电信号的动态范围。C_7、R_6 和 R_7、C_8 分别接在左、右声道的输出端，用于进行高频补偿，改善音质，并具有防自激的作用。

双声道
$THD \leqslant 0.1\%$
$P_o = 2 \times 15W$
$(U_{CC} = 39V, \ 8\Omega)$

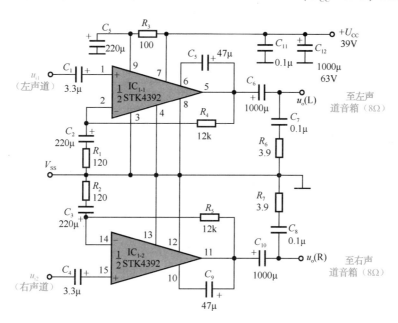

图 3.37　用 STK4392 制作的单电源立体声 OTL 主功率放大器

3.8.3　高保真度厚膜集成功率放大器 STK4036V

1. STK4024V ～ STK4048V 系列厚膜功放简介

STK4036V 是 STK4024V ～ STK4048V 厚膜集成功放系列中的一种。该系列的谐波失真（THD）均在 0.08%（P_o =1W 下测定）以下，从 STK4024V 到 STK4048V 的 14 个品种的差异主要在于供电电压源（±24.5 ～ ±60.0V）不同，与之相应的输出功率（20 ～ 150W）不同，其他指标（如静态电流 I_S = 120mA，最大 THD/P_o = 0.08/1W，3dB 频响 20Hz ～ 20kHz 及负载阻抗 R_L = 8Ω）均相同。用户可根据所需的功率来选用品种（或型号），请参见表 3.11。

扼要介绍

表 3.11　STK4024V～STK4048V 系列的主要参数（$T_a = 25℃$）

参数 型号	U_{CC}（V）	R_L（Ω）	静态电流 I_S（mA）	最小 P_o/THD （W/%）	最大 THD/P_o （%/W）	3dB 频响 （Hz）
STK4024V	±24.5	8	120	20/0.08	0.08/1.0	20～20k
STK4026V	±26.0	8	120	25/0.08	0.08/1.0	20～20k
STK4028V	±27.5	8	120	30/0.08	0.08/1.0	20～20k
STK4030V	±30.0	8	120	35/0.08	0.08/1.0	20～20k
STK4032V	±32.0	8	120	40/0.08	0.08/1.0	20～20k
STK4034V	±33.5	8	120	45/0.08	0.08/1.0	20～20k
STK4036V	±35.0	8	120	50/0.08	0.08/1.0	20～20k
STK4038V	±38.0	8	120	60/0.08	0.08/1.0	20～20k
STK4040V	±42.0	8	120	70/0.08	0.08/1.0	20～20k
STK4042V	±45.0	8	120	80/0.08	0.08/1.0	20～20k
STK4044V	±51.0	8	120	100/0.08	0.08/1.0	20～20k
STK4046V	±55.0	8	120	120/0.08	0.08/1.0	20～20k
STK4048V	±60.0	8	120	150/0.08	0.08/1.0	20～20k

2. 用 STK4036V 制作的高保真度 50W 功率放大器

电路如图 3.38 所示。$+U_{CC}$（35V）和 $-U_{EE}$（−35V）电源电压为 STK4036V 供电，并分别通过 R_8、C_{11} 和 R_6、C_4 对集成块内的前置放大级供电。音频信号 u_i 经 R_1、C_1 高频滤波后，再经 C_2 加至 IC_1 的同相输入端，经放大后由 13 脚输出。R_7、C_{11} 用以限制差分输入级的信号带宽，C_7、C_8 和 C_{12}、C_{13} 用来限制激励级和功放输出级的带宽和增益，使整个功放的带宽控制在 20Hz～20kHz。

R_3、C_3 和 R_4 组成电压串联负反馈电路，使功放成为闭环放大器，其闭环电压增益为

$$A_{uf} \approx 20\ \lg \frac{R_3}{R_4} = 20\ \lg \frac{13 \times 10^3}{620} = 26.4\ （dB）（21 倍）$$

R_9 和 L、R_{10} 用以限制输出电流并提升频率高端的阻抗，改善频响特性。C_{16} 和 R_{11} 组成高频补偿网络，并有抑制自激振荡的作用。

IC_2 为 JFET 输入型双运放，利用其中的一个运放和 R_{12}～R_{14}、VD_1、VD_2 等组成直流伺服电路，它对功放形成的闭合环路，可有效地抑制集成功放易发生的静态直流失调电压的漂移。VD_1、VD_2 用来进行双向限幅作用，起保护 TL082 的作用。

电路扼要说明

闭环增益

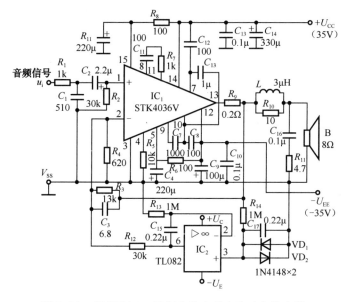

THD ≤ 0.08%

$P_o = 50W$

(±39V, 8Ω)

Δf: 20Hz ~ 20kHz

图 3.38 用 STK4036V 制作的高保真度功率放大器

本功放电路在输入信号 u_i ≥ 0.8V 时，就能正常发声，满足表 3.11 所示各项指标。在电源供电 ±35V 情况下，其输出功率 P_o = 50W（R_L = 8Ω），其 THD ≤ 0.08%，3dB 带宽为 20Hz ~ 20kHz。

3.9 高保真度高性价比的双通道集成功率放大器 TDA1521

TDA1521 是荷兰飞利浦公司研发的一种高保真度（Hi-Fi）双声道集成音频功率放大器。

◀要点

3.9.1 TDA1521 的特点

TDA1521 是一种单列直插式 9 脚的功放器件，其外形和引脚排列如图 3.39 所示，具有体积小、重量轻、所需外围元件少等特点。双声道间的增益平衡好，典型值不大于 0.2dB，而声道间的隔离度高，典型值高达 70dB。它的内部设有过热保护和负载保护等电路，使用安全可靠，其内部还设置有静噪电路，当电源电压过低（≤ ±4V）时，会自动切断信号输入端，抑制干扰。该器件没有一般功放在开、关机时常有的 "咔嚓" 声。另外 TDA1521 具有输出直流偏移电压小、热阻低等优点。TDA1521 是一种性价比高的 Hi-Fi 双声道集成功放。

双声道平衡度（≤0.2dB）

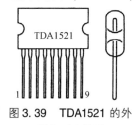

图 3.39 TDA1521 的外形和引脚排列

3.9.2 TDA1521 的主要参数

TDA1521 的主要参数如表 3.12 所示。

表 3.12　TDA1521/1521A 的主要参数

参数名称	符号	测试条件	最小值	典型值	最大值	单位
电源电压	$+U_{CC}$ $-U_{EE}$	$T_a = 25℃$	± 7.5	± 16	± 20	V
总静态电流	I_S	不接 R_L	18	40	70	mA
电压增益	A_u	$U_{CC} = U_{EE} = 16V$, $R_L = 8\Omega$ $f = 1000Hz$	29	30	31	dB
增益平衡	ΔA_u	同上	—	0.2	1.0	dB
通道分离度	S	$R_S = 0\Omega$	46	70		dB
谐波失真	THD	TDA1521, $P_o = 6W$ TDA1521A, $P_o = 4W$	—	0.15% 0.15%		%
输出功率	P_o	TDA1521, THD = 0.5% TDA1521A, THD = 0.5%	10 5	12 6	—	W

3.9.3 TDA1521 双电源双声道 OCL 功放电路

双电源双声道 OCL 功放

电路如图 3.40 所示。图 3.40（a）虚线框内是 TDA1521 的内部组成框图，框外才是外加的阻容元件。除去电源滤波电容器和扬声器 B_1、B_2 外，外加元件仅有 6 个，这在集成功率放大器中，可谓外加元件最少！两个声道的内部元件与外加元件上、下声道对称，信号 u_{i1} 加在右（R）声道，u_{i2} 加在左（L）声道，左、右声道的闭环增益为

左、右声道的闭环增益

$$A_{uf} = 20 \lg \left(\frac{20 + 0.68}{0.68} \right) = 29.7 \text{（dB）（30.4 倍）}$$

每个声道有 30.4 倍的放大量，足以在输入低电平信号时也可驱动扬声器发声。表 3.12 显示两通道的增益平衡度 $\Delta A_{uf} \leq 0.2$dB，通道间的增益平衡性优良。

双声道 2 × 10W OCL 功放电路

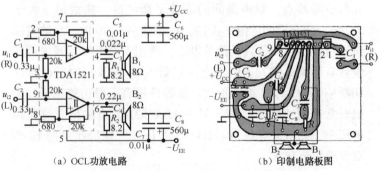

（a）OCL功放电路　　　　（b）印制电路板图

图 3.40　TDA1521 双电源双声道 OCL 功放电路

图 3.40（a）中的 C_3、R_1 和 C_4、R_2 分别构成上、下声道的高频校正网络，主要用于高频补偿，改善输出负载特性，还可防止因增益高而可能发生的自激。C_5、C_6 和 C_7、C_8 为 $+U_{CC}$、$-U_{EE}$ 电源的滤波电容，防止自激的发生。

3.9.4 TDA1521 单电源双声道 OTL 功放电路

电路如图 3.41 所示。在单电源供电情况下，为取得较大的输出功率，选用 $+U_{CC} = 24V$。为使 TDA1521 内的功放 Ⅰ、功放 Ⅱ 对称，平衡地进行双声道放大，必须对功放 Ⅰ、Ⅱ 合理地配置偏压。TDA1521 在设计之初已在其 3 脚内部配置了平衡电阻（两个 20kΩ 电阻），将该脚外接 100μF 电容器接地，便可确保两个声道在电单源供电情况下正常工作。左、右声道的闭环放大增益为

单电源双声道 OTL 功放

$$A_{uf} = 20 \lg\left(\frac{20 \times 10^3 + 680}{680}\right) = 29.7 \ （dB）$$

左、右声道的闭环增益

图 3.41（a）的元件配置和元件参数与双电源供电的图 3.41（a）类同。由于是单电源供电，功放 Ⅰ、功放 Ⅱ 的输出端 4、6 脚电压不为零，而在 $U_{CC}/2$ 处。为此，其输出必须分别接隔直流的电容器 C_4、C_7，即功放电路工作在 OTL 状态。为减小 C_4、C_7 对低频信号的容抗，其容量宜选大（470～1000μF，25V）。

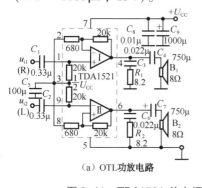

（a）OTL功放电路

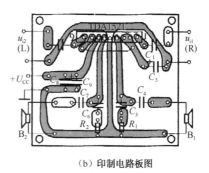

（b）印制电路板图

单电源双声道 OTL 功放电路

图 3.41 TDA1521 单电源双声道 OTL 功放电路

3.10 性能优异的大功率集成功率放大器 LM1875

LM1875 是美国国家半导体公司推出的大功率集成功率放大器，它的谐波失真很低（THD≤0.015%），音色诱人，有多种保护功能，工作稳定可靠，输出功率大（$P_o = 25W$），外围元件少，使用方便，无须调节，具有较高的性价比。

◀要点

3.10.1 LM1875 的外形和主要参数

LM1875 的主要参数如表 3.13 所示。LM1875 采用 TO-220 封装结构,只有 5 个外引脚,它的外形和引脚排列如图 3.42 所示。

表 3.13 LM1875 的主要参数

参数名称	参数值	参数名称	参数值
电压电源范围	$20 \sim 60\text{V}$($\pm 10 \sim \pm 30$)V	总谐波失真	0.015%(20W,1kHz)
静态电流	70mA	失调电压	$\pm 1\text{mV}$
直流输出电平	0V	输入偏流	$\pm 0.2\mu\text{A}$
输出功率	25W(THD=1%)	输入失调电流	$\pm 0.5\mu\text{A}$(max)
增益带宽积	5.5MHz(f_0=20kHz)	转换速率	$9\text{V}/\mu\text{s}$
功率带宽	70kHz	等效输入噪声电压	$3\mu\text{V}_{\text{rms}}$($R_S$=6Ω,CCIR)
开环电压增益	90dB	输出电流	3A
电源纹波抑制比	95dB(U_{CC},1kHz,1V)	工作温度范围	$0 \sim 70°\text{C}$
	83dB(U_{EE},1kHz,1V)		

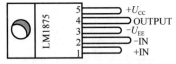

图 3.42 LM1875 的外形和引脚排列

LM1875 的 5 个引脚功能如下:1 脚为同相输入端(+IN),2 脚为反相输入端(−IN),3 脚为负电源端(−U_{EE}),4 脚为输出端(OUTPUT),5 脚为正电源端(+U_{CC})。

3.10.2 LM1875 双电源 OCL 功放电路

电路如图 3.43 所示。这里的双电源是指正、负对称的电压,如 ±10V 或 ±30V。在 ±30V 供电情况下,其输出功率 P_o=25W(R_L=4Ω),其谐波失真 THD≤1%。

高保真度 25W OCL 功放电路

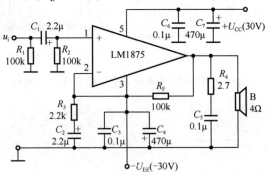

图 3.43 LM1875 双电源 OCL 功放电路

R_F 和 R_3、C_2 构成电压串联负反馈电路,使 LM1875 处于闭环放大状态。电压增益为

OCL 功放闭环增益

$$A_{uf} \approx 20 \lg \frac{R_F}{R_3} = 20 \lg \frac{100 \times 10^3}{2.2 \times 10^3} = 33.2 \text{(dB)} \text{(45.5 倍)}$$

R_4、C_5 组成高频补偿网络，改善音质。

LM1875 内设有过热保护电路，当环境温度高至 170℃（器件结温为 $T_a = 150℃$）时，过热保护电路便自动启动，将 LM1875 关断，只有当结温下降至约 145℃时，LM1875 才恢复工作。

必须指出的是，使用 LM1875 应加装与之配套的散热器。在双电源工作时，散热器应与 LM1875 的 3 脚（$-U_{EE}$端）相连，而不可与"地"（机壳）相连。　　**使用注意**

3.10.3　LM1875 单电源 OTL 功放电路

电路如图 3.44 所示。在单电源供电情况下，必须为　　**单电源 U_{CC}**
LM1875 内部的差分放大器和 OTL 功放级配置合适的偏置电　　$\dfrac{1}{2}U_{CC}$ **偏压**
压。由 $R_1 \sim R_3$ 组成的分压器可为 LM1875 的同相输入端提
供 $U_{CC}/2$ 的偏压，这样就可使输出电压以 $U_{CC}/2$ 为基础随信
号的变化上下浮动，使信号的动态范围最大。

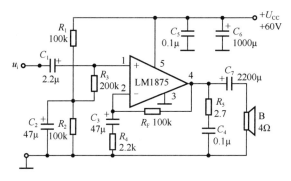

单电源 25W OTL 功放电路

图 3.44　LM1875 单电源 OTL 功放电路

由 R_F、C_3、C_4 组成的电压串联负反馈支路，使 LM1875
变为闭环功放电路，其闭环增益为

$$A_{uf} \approx 20\ \lg \frac{R_F}{R_4} = 20\ \lg \frac{100 \times 10^3}{2.2 \times 10^3} = 33 \ (\text{dB})$$　　**OTL 功放闭环增益**

在单电源工作时，LM1875 的 3 脚（$-U_{EE}$端）为入地　　**使用注意**
端，应与散热器相连。

3.10.4　由两只 LM1875 构成的桥式推挽 BTL
　　　　　 功放电路

电路如图 3.45 所示，它是由两只 LM1875 构成的 BTL
功放电路。

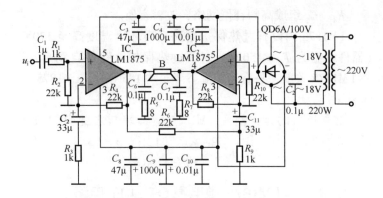

图 3.45 由两只 LM1875 构成的 BTL 功放电路

桥式推挽 36W（±20V）功放电路

扼要说明

输入信号 u_i 经 C_1、R_1 加至 IC_1 的同相输入端 1 脚，经 LM1875 放大后，获得 $A_{u1} \approx 20 \lg (R_4/R_3) = 27dB$ 的电压增益，在输出端获得同相电压信号并加至负载 B 的一端。同时，输出信号经 R_6、R_9 反馈网络衰减后加至 IC_2 的反相输入端（2 脚），其衰减量 $A_{u2} = 20 \lg (R_9/R_6) \approx 27dB$。因此，加在 IC_1 的同相输入端的信号和加在 IC_2 的反相输入端的信号大小相等、相位相同。由于 IC_2 与 IC_1 的电路结构和所用元件完全相同，因而左、右功放电路的电压增益 $A_{u2} = A_{u1}$。这就使左、右功放输出电压的瞬时幅值 U_{o1} 和 U_{o2} 大小相等，但相位相反（相差 180℃），因而加在负载 B 两端的电压信号正好一个"推"一个"拉"，以幅值为 $2U_{o1}$ 的电压信号驱动扬声器发声，其功率 $P_o = (2U_{o1})^2/R_L = 4U_{o1}^2/R_L$。这是 LM1875 接成 OTL 功放电路的输出形式的 4 倍，使输出功率得到很大提高。

左右功放管如何实现推挽

BTL 功率是 OTL 功率的 4 倍，即 $P_{OBTL} \approx 4P_{OTL}$

若元器件质量得到保证（正品件），本电路只要安装无误，一般来说一装即成。本 BTL 功放电路失真低，音色优美，在供电电压为 ±20V 时，其输出功率在 36W 左右。

3.11 12W 优质集成功率放大器 D2006

要点 ▶

D2006 的供电电压范围宽（±6～±15V），既可双电源工作，也可使用单电源。它的输入阻抗高（6MΩ），开环电压增益高达 75dB，在 $R_L = 4\Omega$ 时，其输出功率高达 12W。由两只 D2006 组成的 BTL 功放，其输出功率可达 20W。

3.11.1 集成功放 D2006 简介

D2006 的内部电路原理图与将在 3.12 节介绍的 TDA2030 的内部组成类同，是由差分输入级、中间放大级、功率输出级和恒流源偏置电路四个部分组成。电源电压为 $\pm 6 \sim \pm 15V$，可以双电源供电，也可以单电源工作。外接负载 R_L（扬声器）为 $4 \sim 8\Omega$，当负载 $R_L = 4\Omega$ 时，其输出功率达 12W；当 $R_L = 8\Omega$ 时，输出功率为 8W。D2006 的输入电阻高达 $6M\Omega$，开环电压增益可达 75dB。图 3.46 是 D2006 的外形和引脚排列。

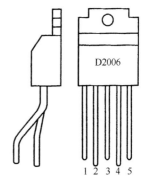

图 3.46　D2006 外形和引脚排列

3.11.2　D2006 双电源 OCL 互补对称功放电路

接成 OCL 互补对称功放电路，必须采用双电源供电方式，电路如图 3.47 所示。输入信号 u_i 接至同相端 1 脚。R_3、R_2 和 C_2 构成交流电压串联负反馈，其闭环电压放大倍数为

$$A_{uf} \approx \frac{R_2 + R_3}{R_2} = 1 - \frac{R_3}{R_2} = 1 + \frac{680}{22} = 32 \quad (30.1\text{dB})$$

VD_1、VD_2 组成过压保护电路，用以泄放扬声器 B（电感性负载）上产生的自感电动势，保护 D2006。R_4、C_5 组成高频校正网络，用以进行高频补偿并抑制自激的发生。

双电源功放

开环 $A_{uo} = 75\text{dB}$

闭环 $A_{uf} = 30\text{dB}$

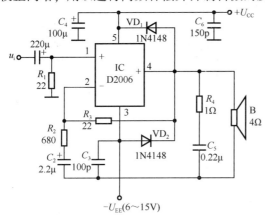

OCL 互补功放

$P_o = 12\text{W} \quad (R_L = 4\Omega)$

图 3.47　D2006 双电源 OCL 互补对称功放电路

3.11.3　D2006 单电源 OTL 功放电路

电路如图 3.48 所示，它适用于只有一组电源的场合，如中、小型收、录的音响设备。

在单电源供电情况下，由 $R_1 \sim R_3$ 组成的分压电路，给 D2006 内的差分放大器设置合理的偏置电压，使同相端（1 脚）的静态电位值为 $U_{CC}/2$。VD_1、VD_2 为保护二极管。由于负载（扬声器）的阻抗低，其电容 C_7（起隔离、信号传输作用）的容量宜选大些。该电路的闭环电压放大倍数为

单电源 OTL

偏置电压 $\dfrac{U_{CC}}{2}$

$$A_{uf} \approx \frac{R_4 + R_5}{R_4} = 1 + \frac{R_5}{R_4} = 1 + \frac{150 \times 10^3}{4.7 \times 10^3} = 34 \ (30\text{dB})$$

单电源供电 OTL 功放电路

$P_o = 8\text{W} \ (R_L = 8\Omega)$

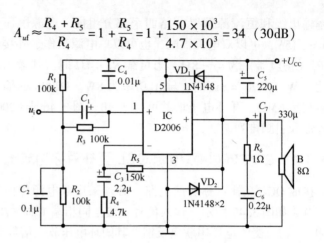

图 3.48　D2006 单电源 OTL 功放电路

3.11.4　D2006 桥式推挽 BTL 功放电路

电路如图 3.49 所示，它由两只 D2006 构成。

双电源 BTL 功放电路
输出 P_o 达 30W
$(R_L = 8\Omega)$

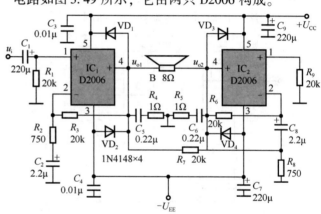

图 3.49　由两只 D2006 构成的 BTL 功放电路

推挽电压为 $2u_{o1}$（或 $2u_{o2}$）

　　两只 D2006 和相应的器件组成两个左右对称的功放电路，并与负载 B（扬声器）平衡对接。因此，加在 IC_1 的同相输入端的信号和加在 IC_2 的反相输入端的信号大小相等，但相位相反（称为差模信号），即 $u_{i1} = u_{i2}$ 时，在负载 R_L 上可获得二倍于一个功放输出的功率。这就是 BTL（平衡式无输出变压器功放）电路的特点。

　　IC_1 输出的电压为

$$u_{o1} = \left(1 + \frac{R_3}{R_2}\right) u_{i1} \approx \frac{R_3}{R_2} u_{i1} \qquad (3.36)$$

　　由于 IC_1 和 IC_2 左右电路对称，利用"虚短"和"虚地"的概念，不难推出 IC_2 的输出电压为

$$u_{o2} \approx -\frac{R_6}{R_8} u_{i2} \qquad (3.37)$$

由于 $u_{i2} = u_{i1}$，$R_6 = R_3$，$R_8 = R_2$，则比较式（3.36）和式（3.37）两式，故有

$$u_{o1} = -u_{o2} \qquad (3.38)$$

可见，在负载 B 的两端可获得瞬时幅值 U_{o1} 和 U_{o2} 大小相等、相位相反的输出信号，一个"推"一个"拉"，以幅值 $2U_{o1}$ 的电压信号驱动扬声器发声，其推挽功率为

$$P_B = \frac{(2U_{o1})^2}{R_L} = \frac{4U_{o1}^2}{R_L} \qquad (3.39)$$

BTL 功放

$P_{BTL} \approx 4P_{OCL}$

3.12 优质单片式 14W 集成音频功率放大器 TDA2030

TDA2030 是意大利 SGS 公司生产的单片式集成功率放大器（国产型号为 8FG2030），它能提供高保真度的音频功率信号，很适合在双声道收录机和高保真立体声音响设备中作为音频功率放大器用，在供电源 ±14V 下，输出 $P_o = 14W$（$R_L = 4\Omega$），THD = 0.2%。

要点

3.12.1 TDA2030 的性能特点

TDA2030（8FG2030）与其他性能类似的集成功率放大器相比，它的外引脚少（只有 5 个脚），外围元件少，电气性能稳定、可靠，可长时间地连续工作，具有过载保护的热切断保护电路，在发生过载或短路时能很好地进行保护，不会损坏器件。该器件的另一突出优点是：在单电源电压下使用时，集成块的散热片可直接固定在金属板上与地线（金属机箱）相连，无须绝缘、安装、使用十分方便。TDA2030（8FG2030）的主要参数如表 3.14 所示。

TDA2030 简介

表 3.14 TDA2030 (8FG2030) 的主要参数 ($T_a = 25℃$)

参数名称	符号	单位	参数值			测试条件
			最小	典型	最大	
电压电源	U_{CC}	V	±6	—	±18	
静态电流	I_S	mA	—	40	60	$U_{CC} = \pm18V$，$R_L = 4\Omega$
输出功率	P_o	W	12	14		$R_L = 4\Omega$，THD = 0.5%
			8	9		$R_L = 8\Omega$，THD = 0.5%
输入阻抗	R	MΩ	0.5	5		开环，$f = 1kHz$
谐波失真	THD	%	—	0.2	0.5	$P_o = 0.1 \sim 12W$，$R_L = 4\Omega$
频响	BW	Hz	10		16k	$P_o = 12W$，$R_L = 4\Omega$
电压增益	G_u	dB	29.5	30	30.5	$f = 1kHz$，闭环

3.12.2 TDA2030（8FG2030）的内部组成及引脚功能

1. 内部组成

TDA2030 内含恒流源偏置电路、中间放大级（有源负载）、差分输入级、短路和过热保护电路、准互补输出级等，如图 3.50 所示。

1）差分输入级

电路扼要说明

由 $VT_1 \sim VT_4$ 构成复合管型差分放大电路，VT_6 为其恒流源偏置电路；VD_2 和 VT_8 构成有源负载。由于 VT_6 的基极和集电极分别接受差放管 VT_2、VT_4 集电极输出的相位相反的信号，使电路的电压放大倍数提高了一倍。

2）中间放大级

VT_7 管及其周边元器件构成共发射极放大电路，VT_8 和 VD_2 作为有源负载，使该级具有较高的电压放大倍数。VT_7 的集电极上串接了 $VD_3 \sim VD_5$ 二极管为功率输出级设置了合适的偏压，用以消除交越失真。

器件芯片原理图

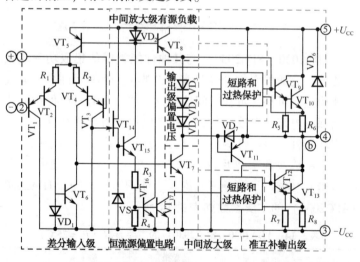

图 3.50 TDA2030 的内部原理图

3）功率输出级

准互补 OCL 功放

$VT_9 \sim VT_{13}$ 组成准互补 OCL 功放电路，其中 VT_9、VT_{10} 复合成 NPN 型管，VT_{11}、VT_{12}、VT_{13} 复合成 PNP 型管。VD_6 用于功放管的降压保护。

4）恒流源偏置电路

恒流源

N 沟道结型场效应管 VT_{14} 与稳压二极管 VS 组成恒定电流源，并为 VT_{15} 提供稳定的基极电位，使 VT_{16}、VT_{17} 输出恒定电流，为短路和过热、过载电路提供保护。

2. 引脚功能

图 3.51 是 TDA2030 的外形和引脚排列。它只有 5 个外引脚，其中 3 脚（$-U_{EE}$端）与顶端的散热片相连。在单电源应用时，3 脚接地，即散热片接"地"（金属机箱或壳体）；若为双电源（$+U_{CC}$、$-U_{EE}$）应用，勿将散热片与"地"连接，以免将$-U_{EE}$短路到地。

3.12.3 由 TDA2030 构成的 OCL 功放电路（双电源应用）

在 TDA2030 的双电源应用时，由于正、负电源电压 $U_{CC}=|-U_{EE}|$，使图 3.52 所示的双电源互补对称功放电路中 B 点的直流电位为零，即 $U_B=0$。这样，在 TDA2030 的输出端与负载（扬声器）B 之间就不需要像 OTL 功放电路那样接耦合电容 C 了，因此就构成了 OCL 功放电路。

使用注意事项

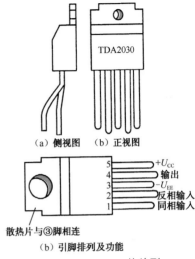

（a）侧视图　（b）正视图

散热片与③脚相连

（b）引脚排列及功能

图 3.51　TDA2030 的外形和引脚排列

双电源准互补双放电路

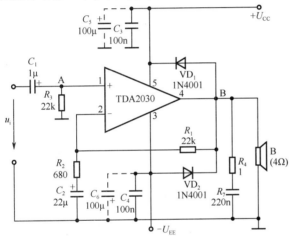

图 3.52　由 TDA2030 构成的 OCL 功放电路（双电源应用）

输入信号加至同相端 1 脚。R_1、R_2 和 C_2 构成交流电压串联负反馈，其闭环电压放大倍数为

$$A_{uf} \approx \frac{R_1+R_2}{R_2} = 1+\frac{R_1}{R_2} = 1+\frac{22\times10^3}{680} = 33.4 \quad (30.4\text{dB})$$

即该功放电路有 30.4dB 的电压增益。

闭环增益

VD_1、VD_2 组成过压保护电路，R_4、C_7 相串接构成高频校正网络，用以进行高频补偿并消除自激振荡。

本 OCL 功放电路在电源电压 $U_{CC}=15\text{V}$、$-U_{EE}=-15\text{V}$ 和负载电阻 $R_L=4\Omega$ 的条件下，其输出功率可达 14W，可用于高档大功率放音设备或高保真立体声扩音装置的音频功率放大电路。

双电源 $\pm15\text{V}$

$P_o=14\text{W}$（4Ω）

3.12.4 由 TDA2030 构成的 OTL 功放电路（单电源应用）

在 TDA2030 采用单电源供电时，可构成 OTL 功放电路，如图 3.53 所示。

单电源准互补 OTL 功放电路

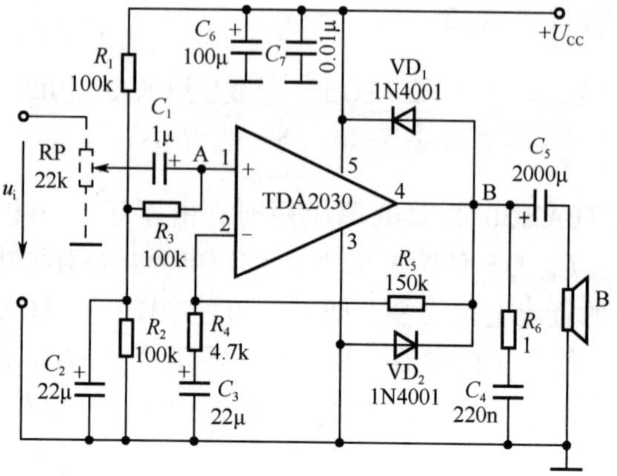

图 3.53 由 TDA2030 构成的 OTL 功放电路 （单电源应用）

在单电源供电情况下，为了给功放电路内的差分放大器设置合理的偏置电流，图 3.53 所示电路中用 R_1、R_2 组成分压网络 （$R_1 = R_2 = 100\text{k}\Omega$），并经 R_3 加至同相输入端，使 A 点的直流电位 $U_A = U_{CC}/2$，通过 R_3 向差分输入级提供直流偏置电压。利用差分对放大器"虚短"和"虚断"的概念，在静态下 TDA2030 的正、反相输入端和输出端的电位皆为 $U_{CC}/2$。电路中的 VD_1、VD_2 与图 3.52 中的一样起保护作用；R_6、C_4 为高频校正网络，主要用于高频补偿，改善输出负载特性。本 OTL 功放电路的电压增益为

OTL 功放 $A_{uf} \approx 30\text{dB}$

$$A_{uf} = 20\ \lg\left(\frac{R_4 + R_5}{R_4}\right) = 20\ \lg\left(1 + \frac{R_5}{R_4}\right) \approx 30.4 \ (\text{dB})$$

TDA2030 单电源功放电路（即 OTL 功放电路） 常用于中、小型收音机和录音机等音响设备中。

3.12.5 由两只 TDA2030 构成的桥式推挽 BTL 功放电路

BTL 功放

电路如图 3.54 所示。它是以两只性能参数相同或相近的 TDA2030 为核心构成的。在 U_{CC}、U_{EE} 电压为 ±17V 供电情况下，输出功率 P_o 可达 25W （$R_L = 4\Omega$），功放带宽为 40Hz ～ 15kHz，音质好。

IC_1 和 IC_2 功放电路左右对称，均采用交流电压串联负反馈电路，使左右功放形成闭环电路，其电压增益相同，其

值为

$$A_{uf} = 20 \lg\left(\frac{R_2 + R_3}{R_2}\right) = 20 \lg\left(1 + \frac{R_3}{R_2}\right) = 30.5 \text{（dB）}$$

图 3.54 中的 VD_1、VD_2 和 VD_3、VD_4 分别用于保护 IC_1 和 IC_2，用以泄放负载产生的自感电动势，并将 IC_1 和 IC_2 输出的电压固定在 $(U_{CC}, 0.65V)$ 和 $(-U_{CC}, -0.65V)$ 范围内。

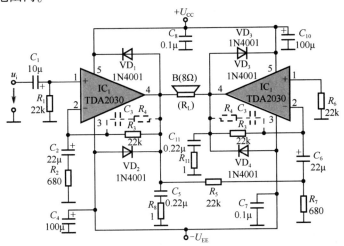

双电源 ±17V
$A_{uf} \approx 30dB$
$P_{OBTL} \geqslant 24W$
$(R_L = 8\Omega)$

图 3.54　由两只 TDA2030 构成的 BTL 功放电路

提醒读者注意的是：由 TDA2030 构成的 OTL 功放电路在单电源使用时，集成功放的散热片可直接固定在金属壳体或金属板上与地线连接；而对于 BTL 功放电路，负载的任何一端都不可与公共地线相短接，否则将烧坏功放电路。

使用注意事项

3.13　40W 立体声音频集成功放 LM4766

LM4766 内含两个独立的音频功放，通道分离度高达 60dB（$f = 1000Hz$），每个通道最大输出（T 封装）高达 40W（典型值），总谐波失真及噪声（THD + N）低于 0.1%，非常适合用于高端立体声电视和迷你型立体声设备。

◀要点

3.13.1　集成功放 LM4766 的主要参数和外形

LM4766 的主要参数如表 3.15 所示。

表3.15　LM4766 的主要参数

参数	符号	测试条件	典型值	限制值	单位
电源电压	$\mid U_{CC}\mid + \mid U_{EE}\mid$	$GND - U_{EE} \geq 9V$	$\pm 9V$ 或 $18V$	$\pm 30V$ 或 $60V$	V
开环电压增益	A	$R_L = 2k\Omega$，$\Delta U_o = 40V$	115	80	dB
增益带宽积	GBWP	$f_0 = 100kHz$，$U_i = 50mV$	8	2	MHz
共模抑制比	K_{CMRR}	$U_{cm} = 20 \sim -20V$ $I_o = 0mA$	110	75	dB
信噪比	SNR	$P_o = 1W$，$f = 1kHz$ $P = 25W$，$f = 1kHz$	98 112		dB dB
输入噪声	e_{iN}	$IHF - A - $权滤波 $R_{in} = 600\Omega$	2.0	8	μV
静噪衰减	A_M	6、11 脚电压为 2.5V	115	80	dB
通道分离度	X	$f = 1000Hz$，$U_o = 10.9V$	60		dB
总谐波失真 及噪声	THD + N	T 封装，$f = 20 \sim 20kHz$ 30W/ch，$R_L = 8\Omega$ $A_u = 26dB$	0.06		%
输出功率 （连续平均值）	P_o	T 封装，$U_{CC} = \pm 30V$ $f = （1 \sim 20）$ kHz THD + N = 0.1% （最大）	40	30	W/ch
		T 封装，$U_{CC} = \pm 26V$ $f = （1 \sim 20）$ kHz THD + N = 0.1% （最大）	30	25	W/ch

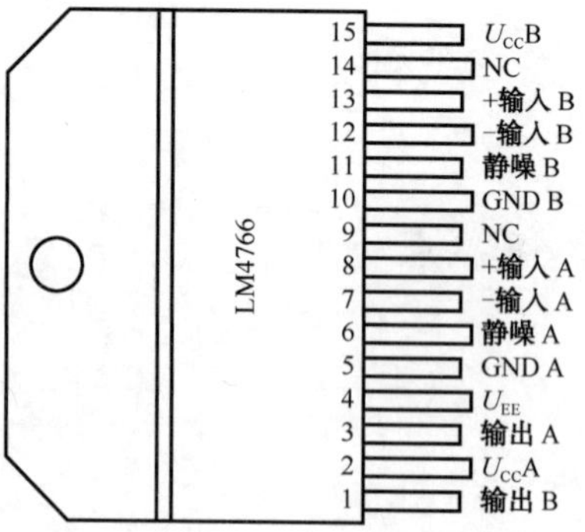

图 3.55　LM4766 外形及外引脚排列

测试条件：$T_a = 25℃$，$U_{CC} = +30V$，$-U_{EE} = -30V$，$R_L = 8\Omega$。

LM4766 有两种封装：一种是无隔离 T 封装，一种是采用隔离的 TF 封装。图 3.55 是 LM4766 的外形及外引脚排列。

除表 3.15 所示参数外，LM4766 还可提供过压、欠压保护，过载保护，温控和过热保护。

3.13.2　LM4766 双电源 OCL 功放电路

电路如图 3.56 所示。输入信号 u_i 由插座输入，经 R_1 加至 LM4766 的同相端（8 脚），R_1 为输入限流电阻。R_F、R_2、C_1 组成电压串联负反馈，其闭环电压放大倍数为

$$A_{uf} = \frac{R_2 + R_F}{R_2} = 1 + \frac{R_F}{R_2} = 1 + \frac{20 \times 10^3}{1 \times 10^3} = 21 \quad (26.4\text{dB})$$

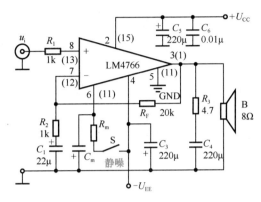

图 3.56　LM4766 双电源 OCL 功放电路

双电源 OCL（±30V）

$P_o = 40\text{W/ch}$

$\text{THD} + \text{N} = 0.1\%$

$A_{uf} \approx 26\text{dB}$

R_3、C_4 组成高频校正网络，对音频信号的高端进行补偿，并有抑制自激振荡的作用。

S 为静噪开关。当 S 断开时，为静噪模式状态；当 S 闭合时（接 $-U_{EE}$），为正常工作模式。静噪电阻 R_m 的值由下式决定：

静噪模式

$$R_m \leqslant (\,|\,U_{EE}\,| - 2.6\text{V}\,)/I_{静} \qquad (3.40)$$

式中，$I_{静}$ 为 6 脚（静噪 A）的电流，一般 $I_{静} \geqslant 0.5\text{mA}$。

3.13.3　LM4766 单电源 OTL 功放电路

电路如图 3.57 所示。在单电源供电情况下，必须给 LM4766 内的差分放大器和输出级提供合适的偏置电压。利用 R_1、R_2 分压取出约 $U_{CC}/2$ 的偏压，经 VT_1 电压跟随器加至 LM4766 的反相输入端（7 脚），从而输出电压以 $U_{CC}/2$ 为基准上下随信号浮动，以确保大的动态范围，防止信号失真。

单电源 OTL
偏压 $U_{CC}/2$

图中的 R_9、C_6 组成频率校正网络。对频率高端进行补偿，并可防止自激现象的发生。R_F 和 R_8、C_5 组成交流电压串联负反馈支路，使功放成为闭环负反馈放大电路，其放大倍数为

$$A_{uf} = 1 + \frac{R_F}{R_8} = 1 + \frac{20 \times 10^3}{1 \times 10^3} = 21 \quad (26.4\text{dB})$$

闭环增益

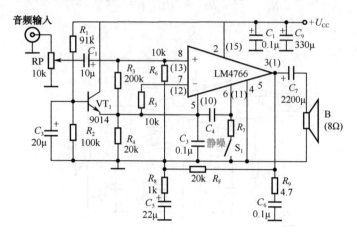

图 3.57　LM4766 单电源 OTL 功放电路

3.13.4　LM4766 桥式推挽 BTL 功放电路

单电源 OTL 功放电路

$P_\mathrm{o} \geqslant 30\mathrm{W/ch}$

　　电路如图 3.58 所示。它是由 LM4766 内的两个集成功放 IC_{1-1}、IC_{1-2} 为核心组成的桥式结构功放电路，两个放大器上下对称，一"推"一"挽"，输出信号幅值大，是单端输出（单电源供电）功放的两倍。

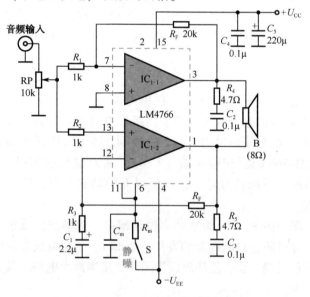

图 3.58　LM4766 桥式推挽 BTL 功放电路

双电源 BTL 功放

$P_\mathrm{BTL} \geqslant 2P_\mathrm{OCL}$

　　音频信号由插座输入，经电位器 RP 调节后，分别经隔离电阻（用以限流）R_1、R_2，加至 IC_{1-1} 和 IC_{1-2} 的 7 脚（反相端）和 13 脚（同相端），各自经过 $A_{uf} = 1 + \dfrac{20 \times 10^3}{1 \times 10^3} = 21$（倍）闭环放大后，一"推"一"挽"驱动扬声器发声。图

中的 R_4、C_2 和 R_5、C_3 分别是上、下功放的高频补偿网络；R_m、C_m 和开关 S 构成静噪控制电路，其作用是将功放输出的"噗"声降至最小。在静噪状态其静噪衰减为 80 ～ 115dB。静噪电路为 IC_{1-1}、IC_{1-2} 功放共用。

由于桥式推挽 BTL 功放电路的输出功率大，效率高，其最大功耗为

$$P_{Dmax} = \frac{U_{CC}^2}{2\pi^2 R_L} \qquad (3.41)$$

式中，U_{CC} 为加在 LM4766 的总电源电压；R_L 为负载电阻。

在使用 LM4766 或选用散热片时，应以工作时的结温低于温度保护起控点（150℃）的原则，选用合适的散热片，并确保散热片与 LM4766 器件的接触热阻要小（T 封装的热阻≤1℃/W）。

使用注意散热片选配

3.14　高性价比的小功率集成音频放大器 LM386

◀要点

LM386 是单通道小功率音频放大器，具有体积小、功耗低（24mW）、适用电压范围宽（4 ～ 12V）、外围元件少、增益高（26dB，46dB）、性价比高等特点，深受电路设计者青睐。

LM386 原为美国国家半导体公司开发生产，后多家公司或厂家都有生产。国内同类产品有 8FY386、DG386、SL386 等。

3.14.1　LM386 集成功率放大器的特点

LM386 是低压型单通道小功率音频放大器，它具有如下特点。

LM386 优点

（1）它的外围元件极少，无须接入输入电容。

（2）供电电压低（$U_{CC} = 4 ～ 12V$），可在 $U_{CC} = 4V$ 时正常工作。

（3）静态功耗低，在 $U_{CC} = 6V$ 时，静态电流为 4 ～ 8mA，功耗仅为 24mW 左右。

（4）输入级采用"仪表放大器"型电路，有同相和反相输入端，使用方便。

（5）集成块内部有负反馈网络，增益有 26dB 和 46dB 两种，可自行选用。

3.14.2　LM386 的外形及参数

LM386 采用 8 引脚双列直插式封装结构，其引脚排列如

LM386 简介

图 3.59 所示。它的 1、8 脚为增益调整端，当两脚开路时，其电压增益为 26dB（放大倍数为 20 倍）；当两脚间外接 10μF 电容时，电压增益为 46dB（约 200 倍）。一般 6 脚外接 10μF 电容器，可消除可能产生的自激振荡。如电路无振荡现象，7 脚可悬空。

图 3.59　LM386 的引脚排列

LM386 的主要参数如表 3.16 所示。

表 3.16　LM386（8FY386）的主要参数（$T_a = 25℃$）

参数名称	符号	单位	测试条件	典型数值
电源电压	U_{CC}	V		4～12
静态电流	I_S	mA	$U_{CC}=6V$, $u_i=0$	4～8
输出功率	P_o	mW	$U_{CC}=6V$, $R_L=8\Omega$, THD=10%	325
电压增益	G	dB	1、8 脚开路, $U_{CC}=6V$, $f=1kHz$	26
			1、8 脚之间接 10μF 电容	46
带宽	BW	kHz	$U_{CC}=6V$, 1、8 脚断开	300
总波形失真	THD	%	$U_{CC}=6V$, $R_L=8\Omega$, $P_o=125mW$ $f=1kHz$, 1、8 脚断开	0.2
输入阻抗	R_i	kΩ		50

3.14.3　LM386 的典型应用电路

LM386 体积小，重量轻，且外围电路元件极少，如图 3.60 所示。它的输入端无须接耦合电容，只要接一个调节信号大小的电位器即可。输出端经耦合电容器接负载（扬声器）。该基本电路的电压增益 $G=26dB$（20 倍）。

1. 电压增益为 46dB 的 LM386 功率放大电路

该电路如图 3.61 所示，它的 1、8 脚间外接 10μF 的电容器。该电路的电压增益 $G_u=46dB$（约 200 倍），在供电电压 $U_{CC}=6V$、扬声器阻抗 $R_L=8\Omega$ 的条件下，其输出功率 $P_o=325mW$；在 $U_{CC}=9V$、$R=8\Omega$ 的条件下，输出功率 $P_o=1.3W$。

电路十分简单

图 3.60　LM386 基本放大电路

轻松学同步用电子技术

134

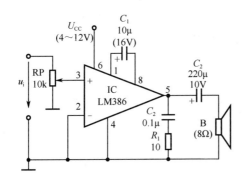

3.61 增益为46dB的LM386功率放大电路

实用电路
$R_o = 1.3W$ （$R_L = 8\Omega$）

2. 电压增益可调的音频功率放大电路

该电路如图3.62所示。在LM386的1、8脚间接入阻容串联元件，调节电位器的阻值，可使放大器的电压增益在26～46dB（20～200倍）之间变化。RP的阻值越小，则电压增益越大。可根据音量的大小来调节电位器。

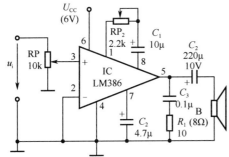

图3.62 电压增益可调的音频功率放大电路

增益可调
（20～200倍）

3.15 小巧的低电压双声道集成功率放大器 TDA2822M

TDA2822M是一种优质的双声道集成功放，它具有体积小、重量轻、静态功耗低、输出功率大、谐波失真度低、两通道隔离度高（50dB）等优点，尤其是工作电压低，适应电压范围宽（1.8～15V），在可携带式或袖珍型收、录、放及视听装置中被广泛采用。

◀要点

TDA2822M是双声道集成功率放大器，它被广泛用在袖珍式收音机、可携带式录放机及随身听等视听装置中。

3.15.1 TDA2822M双声道集成功放的特点

TDA2822M被广泛采用在于它具有如下特点。

（1）它为双声道音频功率放大器，可用来作为立体声的左、右通道功率放大器，也可作为BTL功放电路。

（2）TDA2822M 为 8 引脚双列直插式塑封结构，体积小，重量轻，静态耗电少，输出功率大。

（3）工作电压低，适应电压范围宽（1.8 ～ 15V），在电池电压降至 1.8V 时仍能正常工作。

（4）交越失真小，总谐波失真度 THD 仅为 0.3% 左右。

3.15.2　TDA2822M 的引脚排列及主要参数

TDA2822M 的主要参数如表 3.17 所示。

表 3.17　TDA2822M 的主要参数（$T_a = 25℃$）

参数	符号	测试条件		最小	典型	最大	单位
电源电压	U_{CC}	—		1.8	—	15	V
静态输出电压	U_o	—		—	2.7	—	V
		$U_{CC} = 3V$		—	1.2	—	V
静态电流	I_S	—		—	6	9	mA
输入偏流	I_{bA}	—		—	100	—	μA
输出功率（单个通道）	P_o	THD = 10%，$f = 1kHz$，$U_{CC} = 3V$	$R_L = 3Ω$	—	110		mW
			$R_L = 32Ω$		20		mW
		THD = 10%，$f = 1kHz$	$U_{CC} = 9V$，$R_L = 8Ω$	—	1	—	W
			$U_{CC} = 6V$，$R_L = 4Ω$	0.4	0.65	—	W
			$U_{CC} = 4.5V$，$R_L = 4Ω$	—	0.32	—	W
失真度	THD	$P_o = 0.5W$，$f = 1kHz$，$U_{CC} = 9V$，$R_L = 8Ω$		—	0.3		%
闭环电压增益	G_M	$f = 1kHz$		—	40	—	dB
通道平衡度	$Ch·B$	—		—	—	±1	dB
输入阻抗	R_i	$f = 1kHz$		100	—	—	kΩ
总输入噪声	U_{iN}	$r_S = 10kΩ$		—	2	—	μV
		$r_S = 10kΩ$，$B = 22Hz \sim 22kHz$		—	3	—	μV
电源电压抑制比	PSRR	$f = 100Hz$，$C_1 = C_2 = 100μF$		24	30	—	dB
通道隔离度	S_{ep}	$f = 1kHz$		—	50	—	dB

注：测试是在立体声工作方式（$U_{CC} = 6V$）下进行的。

两个独立功放，隔离度高，平衡度好

TDA2822M 的极限参数为：电源电压最大值 $U_{CCmax} = 15V$，输出峰值电流 $I_{OPP} = 1A$，功耗 $P_D = 1W$（$T_a = 50℃$），储存温度为 $-40℃ \sim 150℃$。

TDA2822M 的引脚排列如图 3.63 所示。由图可见，它内含两个独立的功率放大器，且两个通道的隔离度及通道平衡度良好（见表 3.17）。每个功放皆设同相输入端和反相输入端，使用方便。其余 4 脚即为输出端 OUT$_1$、OUT$_2$ 及电源电压正、负端。

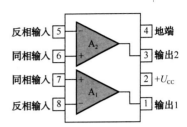

图 3.63　TDA2822M 的引脚排列

3.15.3　采用 TDA2822M 的直放式收音机电路

该直放式收音机电路如图 3.64 所示。它是以一只微型收音机专用集成电路 YS414 和双声道集成功率放大器 TDA2822M 为核心组成的，具有电路简单、体积小、重量轻、灵敏度高、选择性好等特点，使用两节电池（3V）就能获得满意的收听效果。

图 3.64 中的 IC$_1$ 是一只微型收音机用集成电路 YS414，它采用 TO-92 型塑封结构，与普通的小功率三极管 9011、9014 的外形一样，外有 3 个引脚，即输入端 I、输出端 O 和地线 G。它内含输入级、高频放大器、检波器等，输出为电台的广播音频信号。接在 IC$_1$ 前面的电感 L 和可变电容器 C$_1$ 组成选台用的调谐回路，用于选择无线电台信号。

三极管型 YS414 外电路十分简单

IC$_2$ 选用双声道集成功率放大器 TDA2822M。IC$_1$ 输出的音频信号加至 IC$_2$ 中功放 A$_1$ 的同相输入端 7 脚，其反相输入端 8 脚通过耦合电容 C$_{10}$ 与功放 A$_2$ 的反相输入端 5 脚相连。音频信号经功放 A$_1$ 放大后，由 1 脚输出并直接加至功放 A$_2$ 的同相输入端 6 脚，即将 TDA2822M 的两个功放 A$_1$、A$_2$ 接成 BTL 功放电路。信号经功放 A$_2$ 放大后，由 3 脚输出，与功放 A$_1$ 输出（1 脚）的幅值相等、方向相反的信号电压共同驱动扬声器 B，使 B 发出所收电台的语音或乐曲信号。XJ 为外接耳机插孔。

TDA2822M BTL 功放

供电压 3V 调试简单

$P_{\text{o}} \geqslant 200\text{mW}$

（$R_{\text{L}} = 8\Omega$）

收音机电路

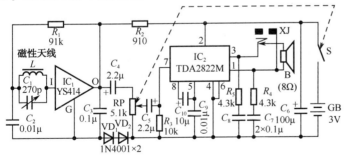

图 3.64　采用 YS414 和 TDA2822M 的直放式收音机电路

本直放式收音机电路的供电电压为 3V，由两节 5 号电池供电。YS414 的工作电压为 1.5V，由 R_1 和 VD$_1$、VD$_2$ 将 3V 电压降至 1.5V。

图 3.65 是收音机的印制电路板图，印制电路板尺寸为 78mm×64mm。

元器件选用

图 3.65 中的磁性天线 L 采用 4mm×13mm×55mm 型中波扁磁棒，用 $\phi0.33mm$ 单股漆包线单层密绕 70 匝即可；C_1 选用 CBM202B$_2$ 型有机薄膜双联可变电容器（只用其中一联）；C_2、C_3、$C_7 \sim C_9$ 均采用 CT1 型瓷介电容器；$C_4 \sim C_6$ 采用 CD11-10V 型铝电解电容器；RP 采用 WH15-K2 型 5.1kΩ 带开关合成膜电位器；$R_1 \sim R_5$ 全部采用 RTX-1/8W 型碳膜电阻器；B 选用 YD50-1 型内磁式电动扬声器（8Ω）；XJ 采用 $\phi3.5mm$ 口径的两芯耳机插孔，配 8Ω 低阻耳机。

图 3.64 电路的印制电路板
（78mm×64mm）

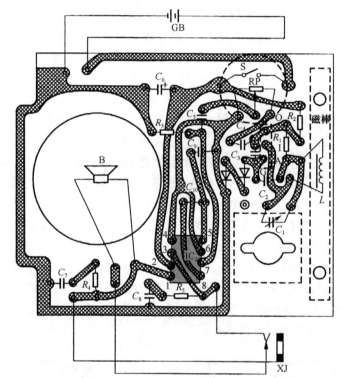

图 3.65　采用 YS414 和 TDA2822M 的直放式收音机印制电路板

同步自测练习题

一、填空题

1. 按功率放大管静态工作点的不同，功放电路可分为_____、_____和_____三种；按功放与负载之间耦合方式的不同，可分为_____功放、_____功放、_____功放和_____功放。

2. 甲类功放三极管的导电角_____，乙类功放三极管的导电角_____，甲乙类功放三极管的导电角_____。

3. 单管甲类功放的最高效率_____，考虑到变压器损耗等因素，甲类功放的实际效率_____；变压器耦合乙类推挽功放的实际效率_____；不带变压器耦合的乙类推挽功放的实际效率_____；OCL功放和OTL功放的理想效率_____。

4. OTL电路是无_____的推挽功率放大器的英文（Output Transformerless）缩写。OTL电路按电源供给的不同，分为_____功放电路和_____功放电路。前者在静态时，其互补对管的发射极是_____，连接负载时可省去_____，故称之为_____电路；而后者的功放管输出端与负载间必须连接_____，故仍称为_____电路。

5. 乙类互补对称功率放大电路（OCL）的两个对管分别为_____和_____，构成_____电路。在静态时两个管子_____；在有交流信号输入时，两管_____工作，各向负载提供_____输出波形，从而形成一种_____输出结构。

6. 功放电路的一项重要指标是尽量减小失真，功放三极管会产生一种特有的非线性失真是_____，能克服这种失真的功放电路是_____，其克服交越失真的办法是_____。

7. 对于双电源乙类互补对称功放电路（OCL），互补对管应采用_____类型的对管，即一只用_____管，另一只用_____管，两管的主要性能参数，如_____应尽量一致，并要求功放管的极限参数满足以下条件：最大允许管耗 P_{CM}_____，管子的最大耐压值 BU_{CEO}_____，最大集电极电流 I_{CM}_____。

二、问答题

1. 说明电压放大电路和功放电路的异同点，两种电路的主要任务及主要指标各是什么？

2. 什么是交越失真？减小或消除交越失真的措施是什么？

3. 不少人认为："在功放电路中，输入功率最大时，其功放管的功率损耗也最大"。这种说法对吗？设输入信号是正弦波，试问：工作在甲类功放输出级和工作在乙类的互补对称OCL功放输出级，在什么工作状态下的管耗最大？

4. 与甲类功放电路相比，乙类互补对称功放电路的主要优点是什么？它的效率在理想情况下可达到多少？

三、功放电路计算题

1. 图3.66的单电源互补乙类功放电路，设输入 u_i 为正弦波信号，负载 $R_L = 8\Omega$，输出电容 C 的电容量足够大，对输出信号无影响，管子的饱和压降 U_{CES} 可忽略不计。该电路的输出功率 P_{om} 为9W时，供电源的电压 U_{CC} 需多大？流过功放管的最大电流 I_{om} 为多少？

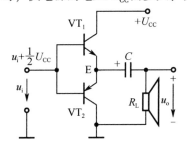
图 3.66 单电源乙类 OTL 电路

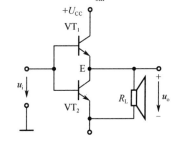
图 3.67 双电源乙类 OCL 电路

2. 图3.67为双电源互补对称乙类功放电路，已知 $U_{CC} = \pm 12V$，负载 $R_L = 16\Omega$，输入信

号 u_i 为正弦波，设 VT$_1$、VT$_2$ 的饱和压降 U_{CES} 忽略不计（$U_{CES} \ll U_{CC}$）。（1）求负载 R_L 上能得到的最大输出功率 P_{om}。（2）每个管子的耐压 | BU$_{CEO}$ | 应大于多少？（3）每个管子允许的管耗 P_{CM} 为多大？

3. 在图 3.66 所示单电源 OTL 功放电路中，输入为正弦波信号，输出电容 C 的电容量足够大，对信号传送无影响。已知 $U_{CC} = 12V$，负载 $R_L = 16\Omega$。在忽略管子饱和压降 U_{CES} 情况下，功放管的最大输出电流 I_{om} 为多大？该电路的最大输出功率 P_{om} 为多少？

4. 图 3.68 为山花牌袖珍式扩音机的推挽式功放输出电路，已知 VT$_1$、VT$_2$ 采用性能参数相同的 3AD1 功率管，输出变压器的效率 $\eta_T = 0.8$（其内阻可忽略），扬声器的阻抗 $R_L = 8\Omega$，$R_{B1} = 680\Omega$，$R_{B2} = 10\Omega$。（1）功放电路效率为多少？（2）功放管 3AD1 的定额是否超过？

5. 图 3.69 为互补对称式功放电路，VT$_1$（NPN 型）和 VT$_2$（PNP 型）互补对管，其技术参数相同（或相近），其导通时饱和压降 U_{CES} 可忽略不计，输入 u_i 为正弦波信号，$U_{CC} = 12V$，$R_L = 8\Omega$。请回答下列问题。

（1）按功放分类，该电路属于哪种类型（甲类、乙类、甲乙类）？

（2）电阻 R_1 及二极管 VD$_1$、VD$_2$ 的作用是什么？

（3）可变电阻 RP 及电容器 C 的作用是什么？

（4）静态时，E 点的电位 U_E = ？

（5）动态时，若出现交越失真应调整哪个元件？如何调整？

（6）计算负载 R_L 上获得的最大不失真功率 P_{om}。

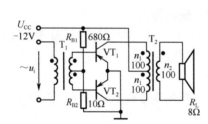

图 3.68　袖珍扩音机的输出功放电路

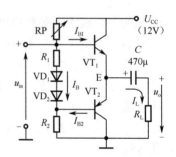

图 3.69　互补对称式 OTL 功放电路

6. 图 3.70 是由一个高性价比的小功率集成放大器 LM386 构成的功放电路。u_i 为正弦波输入信号，在其通频带的电压增益 $G = 40dB$，在其负载 $R_L = 8\Omega$ 上的不失真的最大输出峰 – 峰值电压 $U_{op-p} = 18V$，试求：（1）最大不失真输出功率 P_{om}；（2）输出功率最大时的输入信号有效值 U_{in} 的值。

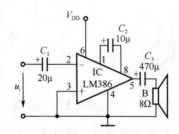

图 3.70　由 LM386 构成的功放电路

7. 图 3.71 是由一片优质单片式集成功率放大器 TDA2030 构成的功放电路，若设定其输出级管子的饱和压降 U_{CES} 可以忽略不计。（1）图 3.71 电路是 OCL 电路还是 OTL 电路？（2）在理想情况下电路的最大输出功率 P_{om} 是多少？（3）该电路的效率 η 是多少？

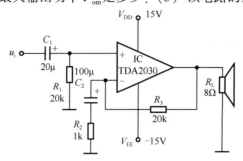

图 3.71　由 TDA2030 构成的功放电路

自测练习题参考答案

一、填空题

1. 甲类　　甲乙类　　乙类　　变压器耦合　　无输出变压器（OTL）　　无输出电容器（OCL）　　桥接无输出变压器（BTL）

2. $\theta = 2\pi$　　$\theta \leqslant \pi$　　$\pi < \theta < 2\pi$

3. $\eta = 50\%$　　$\eta = 30\% \sim 40\%$　　$\eta = 45\% \sim 55\%$　　$\eta = 55\% \sim 65\%$　　均为 78.5%

4. 输出变压器　　双电源互补对称　　单电源互补对称　　零电位　　耦合电容　OCL　　耦合电容　　OTL

5. NPN 型管　　PNP 型管　　互补对称　　均无电流流过　　轮流　　半个周期　　推挽式

6. 交越失真　　甲乙类功放　　给功放管提供较小的偏置电压 | U_{BE} |

7. 不同极性　　NPN 型　　PNP 型　　P_o、U_{CC}、I_C、f_T、β　　$\geqslant 0.2P_{om}$　　$\geqslant 2U_{CC}$　$\geqslant U_{CC}/R_L$

二、问答题

1. 答　（1）电压放大电路和功放电路的共同点：两者实质上都是能量转换电路，从能量控制的观点看，都是将直流电源的电能按信号的变化规律转化为负载的能量，无本质的区别。

（2）电压放大电路和功放电路所肩负的任务不同，故对两者的主要要求及相应的主要指标也不同。

① 对电压放大电路的基本要求是对输入的信号进行不失真的放大，其主要指标是：一定的电压增益、输入和输出阻抗、频率失真等，输出功率一般不大。

② 功放电路通常是在大信号状态下工作的，但其静态（即无信号时）电流一般很小，讨论的主要指标是最大输出功率、效率和非线性失真等，要求的技术指标如下。

a. 要求输出功率尽可能大。

b. 非线性失真要小。

c. 功放电路电能转换效率（$\eta = P_o / P_{DC}$）应高。

2. 签 工作在乙类状态的 OCL 功放电路和 OTL 功放电路存在的主要问题是交越失真。所谓交越失真，是指当输入信号小于三极管发射结的死区电压时（锗管为 0.2V，硅管为 0.6V 左右），三极管会截止，此时无电压输出。这样就会在输出波形的正、负半周交界处产生波形失真，如图 3.72（a）所示。

减小或消除交越失真的措施如下：在 VT$_1$（NPN 管）和 VT$_2$（PNP 管）的基极之间串入二极管（或小电阻），使在静态时两管均处于微导通状态，即使 OCL 和 OTL 功放电路处于甲乙类工作状态，如图 3.72（b）所示。

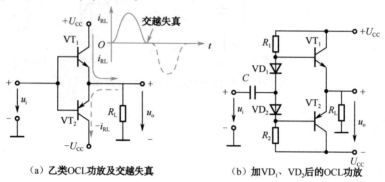

（a）乙类OCL功放及交越失真　　　　（b）加VD$_1$、VD$_2$后的OCL功放

图 3.72　OCL 功放的交越失真及改进电路

3. 签 题中的"在功放电路中，输入功率最大时，其功放管的功率损耗也最大"的说法，是不对的。下面分别对甲类功放和乙类功放进行分析说明。

（1）甲类功放。由于甲类功放电路的静态工作点 Q 选在交流负载线的中点，功放管在输入信号的整个周期（2π）内都有不失真的电流输出，即电源始终不断地往电路输送功率。在静态，即没有信号输入时，这些功率全部消耗在管子（和负载电阻）上，并转化成热能散发出去。因此，甲类功放输出级管耗最大发生在输入信号为零的静态。

（2）乙类互补对称 OCL 功放。由于乙类功放电路的静态工作点 Q 选在横轴（即 $I_C = 0$ 位置）上，其特点是在输入信号的整个周期（2π）内，功放管只在半个周期（π）内导通，另半个周期截止，无静态电流。即当没信号输入时，电源不消耗功率。乙类功率放大输出级的管耗最大发生在 $U_{om} = 2U_{CC}/\pi$ 时，此时电源供给功放输出级的最大功率为

$$P_{DC} = \frac{2}{\pi} \cdot \frac{U_{CC}^2}{R_L}$$

4. 签 （1）乙类互补对称功放电路的静态工作点 Q 设置在 $I_C = 0$ 的位置上。在静态（无信号输入）时，不消耗电源功率，故与甲类功放电路相比较，其最大优点是效率高。

（2）功放电路的效率定义为功放的输出功率 P_o 与供电源提供的直流功率 P_{DC} 的比值，即输出功率 P_o 所占的比例，常用 η 表示。一般情况下，效率 η 为

$$\eta = \frac{P_o}{P_{DC}} = \frac{\pi}{4} \cdot \frac{U_{om}}{U_{CC}}$$

当输出信号电压 $U_{om} \approx U_{CC}$ 时，则

$$\eta = \frac{P_o}{P_{DC}} = \frac{\pi}{4} \approx 78.5\%$$

这一结果是指工作在乙类互补对称功放电路，假定其负载电阻为理想值，在忽略管子的

饱和压降 U_{CES}，且输入信号足够大（$U_{in} \approx U_{om} \approx U_{CC}$）情况下得出的。实际电路的效率比78.5%要低些。

三、功放电路计算题

1.【解题提示】 图3.66为单电源互补对称功放电路，在输入端加基极偏压 $U_B = +U_{CC}/2$ 的情况下，E点的静态直流电位为 $U_{CC}/2$，因而功放管的最大输出电压为 $U_{om} = U_{CC}/2 - U_{CES}$。由于 $U_{CES} \ll U_{CC}$，故 $U_{om} = U_{CC}/2 - U_{CES} \approx U_{CC}/2$，则功放管的最大输出电流［见书中3.4.2节公式（3.25）］为

$$I_{om} = \frac{U_{om}}{R_L} = \frac{U_{CC}}{2R_L}$$

功放电路最大输出功率［见书中3.4.2节公式（3.26）］为

$$P_{om} = U_m I_m = \frac{U_{om}}{\sqrt{2}} \cdot \frac{I_{om}}{\sqrt{2}} = \frac{1}{2}U_{om}I_{om} = \frac{U_{CC}^2}{8R_L}$$

解 由式（3.26）$P_{om} = \dfrac{U_{CC}^2}{8R_L}$，则可得电源电压为

$$U_{CC} \geqslant \sqrt{8P_{om}R_L} = \sqrt{8 \times 9 \times 8} = 8 \times 3 = 24 \ (V)$$

由式（3.25）可得功放管的输出电流为

$$I_{om} = \frac{U_{om}}{R_L} = \frac{U_{CC}}{2R_L} = \frac{24}{2 \times 8} = 0.75 \ (A)$$

答 图3.66的单电源功放电路当输出功率 P_{om} 为9W时，所需的电源电压至少为 $U_{CCmin} = 24V$，流过功放管的电流为750mA。

2.【解题提示】 图3.67为双电源乙类OCL功放电路，在忽略管子饱和压降（$U_{CES} \ll U_{CC}$）情况下，在输入信号时，$U_{om} = U_{CC} - U_{CES} \approx U_{CC}$，可获得最大输出功率 $P_{om} \approx U_{CC}^2/2R_L$［书中式（3.33）］；据本书第3.5节式（3.34），要求功放管的反向击穿电压 $BU_{CEO} \geqslant 2U_{CC}$；在输入信号的幅值最大值 $U_{om} = 2/\pi U_{CC}$ 时，其管子的最大允许功耗为 P_{T1m}（$= P_{T2m}$）$\approx U_{CC}^2/(\pi^2 R_L) \approx 0.2P_{om}$。

解 （1）双电源乙类OCL功放电路的最大输出功率为

$$P_{om} = \frac{U_{om}^2}{2R_L} = \frac{U_{CC}^2}{2R_L} = \frac{12^2}{2 \times 16} = 4.5 \ (W)$$

（2）当 VT_1（或 VT_2）出现最大电压时，要求单管的 C–E 极间的反向击穿电压如式（3.34）应为

$$BU_{CEO} \geqslant 2U_{CC}$$

（3）每个功放管允许的最大功耗为

$$P_{CM} \geqslant 0.2P_{om} = 0.2 \times 4.5 = 0.9 \ (W)$$

3.【解题提示】 对于图3.66所示的单电源乙类OTL功放电路，已告知可忽略功放管的饱和压降 U_{CES}，在此情况下，功放管的最大输出电压 $U_{om} = U_{CC}/2 - U_{CES} \approx U_{CC}/2$，则功放管的最大输出电流为 $I_{om} = U_{om}/R_L = U_{CC}/(2R_L)$。功放电路的最大输出功率由式（3.26）为

$$P_{om} = U_m I_m = \frac{U_{om}}{\sqrt{2}} \cdot \frac{I_{om}}{\sqrt{2}} = \frac{1}{2}U_{om} \cdot I_{om} = \frac{U_{CC}^2}{8R_L}$$

解 功放管的最大输出电流为

$$I_{om} = \frac{U_{CC}}{2R_L} = \frac{12}{2 \times 16} = 0.375 \text{ (A)} = 375mA$$

功放电路的最大输出功率为

$$P_{om} = \frac{U_{CC}^2}{8R_L} = \frac{12^2}{8 \times 16} = 1.125 \text{ (W)}$$

4. 【解题提示】 (1) 图 3.68 所示电路为变压器耦合功率放大电路, VT_1 和 VT_2 两管的技术参数相同, VT_1、VT_2 轮流导通, 各工作半个周期 (π)。输出变压器有阻抗变换作用, 可实现功放电路与负载的阻抗变换, 故该电路为变压器耦合乙类功放电路。

(2) 由式 (3.5) 得推挽功放的等效交流负载 $R_L' = \left(\dfrac{n_1}{n_2}\right)^2 R_L$。

(3) VT_1、VT_2 均采用中功率管 3AD1, 其 $P_{CM} = 1W$, $I_{CM} = 1.5A$, $BU_{CEO} = 30V$, 使用时, 为扩大功率并确保安全, 应加 $150 \times 150 \times 30$ (mm) 的散热片, 则其功率可高达 8W。

(4) 变压器耦合乙类推挽功放的具体工作原理和相关参数的计算, 请参看本书 3.3.1 ~ 3.3.3 节及例题 3.2。

<u>解</u> (1) 功放电路输出的功率为

$$P_{oc} = \frac{1}{2} \cdot \frac{U_{CC}^2}{R_L'} = \frac{1}{2} \cdot \frac{U_{CC}^2}{\left(\dfrac{n_1}{n_2}\right)^2 R_L} = \frac{1}{2} \times \frac{12^2}{1 \times 8} = 9 \text{ (W)}$$

负载获得功率 $\qquad P_o = P_{oc} \cdot \eta_T = 9 \times 0.8 = 7.2 \text{ (W)}$

电源提供功率 $\qquad P_{DC} = \frac{2}{\pi} \frac{U_{CC}^2}{R_L'} = \frac{2}{\pi} \frac{U_{CC}^2}{\left(\dfrac{n_1}{n_2}\right)^2 R_L} = \frac{2}{\pi} \times \frac{12^2}{8} = 11.5 \text{ (W)}$

功放电路效率 $\qquad \eta = \frac{P_o}{P_{DC}} = \frac{7.2}{11.5} \times 100\% = 62.6\%$

(2) 验算功放管 3AD1 的极限参数是否超标。

最大集电极电流 $\qquad I_{cm} = \frac{U_{CC}}{R_L'} = \frac{12}{8} = 1.5 \text{ (A)}$

每管的最大反向压降 $\qquad U_{CEmax} = 2U_{CC} = 24 \text{ (V)}$

由于 $P_{DC} = P_o + P_T = P_o + 2P_{T1}$, 故有

$$P_{T1} = P_{T2} = \frac{1}{2} (P_{DC} - P_o) = \frac{1}{2} (11.5 - 9) = 1.25 \text{ (W)} < 8W$$

<u>答</u> 验算表明, 在功放管 VT_1、VT_2 加散热片的情况下, 功放管的使用参数均未超过其允许的极限参数。

5. 【解题提示】 (1) 图 3.69 是一个单电源互补对称电路, 在其 VT_1、VT_2 的基极偏置电路中, 加入 R_1、VD_1 和 VD_2 意在为 VT_1、VT_2 提供一合适的静态偏置电压, 使 VT_1 和 VT_2 处于微导通状态, 提高了两管基极间的电压, 从而补偿交越失真。因此图 3.69 是一个甲乙类互补对称式 OTL 功放电路。

(2) 在输出电容 C 的电容量足够大 ($470\mu F$), 可忽略其交流压降, 及忽略管子导通时的饱和压降 U_{CES} 的情况下, 该单电源互补对称功放电路的最大输出功率为

$$P_{\text{om}} = \frac{U_{\text{om}}^2}{2R_{\text{L}}} = \frac{(U_{\text{CC}}/2)^2}{2R_{\text{L}}} = \frac{U_{\text{CC}}^2}{8R_{\text{L}}}$$

解　（1）根据图 3.69 所示的基极偏置电路的构成和电路结构 VT_1、VT_2 的导通角为 $\pi < \theta < 2\pi$，故为甲乙类 OTL 功放电路。

（2）电阻 R_1 及二极管 VD_1、VD_2 的作用如下：它们为单电源互补对称功放电路提供静态偏置电压、使 VT_1、VT_2 处于微导通状态，可消除在小信号时因三极管的死区而导致的交越失真。

（3）可变电阻器 RP 和输出电容 C 的作用如下。

① 调节 RP，使 VT_1、VT_2 有一个合适的偏置电流 I_B 和偏置电压 U_B，使 VT_1、VT_2 在静态时处于微导通状态，避免交越失真。调整 RP 可使 E 点电位 $U_E = 1/2 U_{\text{CC}}$。

② 输出电容 C 的作用：一是起耦合作用，在 C 的容量足够大（取 $470\mu F$）的情况下，其容抗 $X_C = 1/(\omega C)$ 很小，信号在其上的压降很小；二是起到互补电源的作用，在信号为负半周时，VT_1（NPN 型）截止，则将信号正半周对 C 充得的电荷可作为 VT_2（PNP 型）的供电源。

（4）电路在静态（无输入信号）时，E 点电位 $U_E = 1/2 U_{\text{CC}}$。可通过微调 RP 来达到。

（5）若出现交越失真，可适当增大 R_1 的阻值，并微调 RP，使 VT_1、VT_2 处于微导通状态。

（6）负载获得的最大输出功率 P_{om} 根据书中 3.4.2 节式（3.26）或本题提示，计算如下。

$$P_{\text{om}} = \frac{U_{\text{CC}}^2}{8R_{\text{L}}} = \frac{12^2}{8 \times 8} = 2.25 \text{（W）}$$

6.【解题提示】　（1）有关集成功放的特点、参数及应用实例，请读者参看本书 3.14 节的相关内容。

（2）题中已给出 $R_{\text{L}} = 8\Omega$ 负载上的不失真的最大输出峰 – 峰值电压 $U_{\text{op-p}} = 18V$，由此可求得峰值电压 $U_{\text{om}} = \frac{1}{2} U_{\text{op-p}}$。

（3）已知电路的电压增益 $G = 40dB$，则可通过 $G = 20 \lg |A_u|$，求出其电压放大倍数 A_u 的值，再由 $U_{\text{om}} = U_{\text{in}} \cdot A_u$ 关系式，则可求出其输入信号的值 U_{in}。

解　（1）最大不失真输出功率，由式（3.33），则有

$$P_{\text{om}} = \frac{U_{\text{om}}^2}{2R_{\text{L}}} = \frac{1}{2R_{\text{L}}} \left(\frac{U_{\text{op-p}}}{2} \right)^2 = \frac{1}{2 \times 8} \times \left(\frac{18}{2} \right)^2 = 5.06 \text{（W）}$$

（2）求输出功率最大时的输入电压有效值 U_{in}。

已知电压增益 $G_u = 40dB$，则

由 $G_u = 20 \lg |A_u| = 40dB$，可得 $A_u = 100$。

已知 $U_{\text{op-p}} = 18V$，则由 $U_{\text{om}} = U_{\text{im}} \cdot A_u$，有

$$U_{\text{im}} = \frac{U_{\text{om}}}{A_u} = \frac{U_{\text{op-p}}/2}{A_u} = \frac{18/2}{100} = 0.09 \text{（V）}$$

输入信号电压有效值为

$$U_{\text{in}} = \frac{U_{\text{im}}}{\sqrt{2}} = \frac{0.09V}{\sqrt{2}} = \frac{90mV}{\sqrt{2}} \approx 63.6mV$$

7.【解题提示】 （1）本书 3.12 节较详细地介绍了优质单片式 14W 集成音频功率放大器 TDA2030 的芯片原理图、参数，以及由它构成的 OCL 功放电路、OTL 功放电路和桥式推挽 BTL 功放电路等。从图 3.71 可见，TDA2030 的输出直接外接负载 R_L，说明是一个双电源互补对称 OCL 功放电路。

（2）OCL 功放电路的最大输出功率 $P_{om} = \dfrac{U_{om}^2}{2R_L}$。

（3）电源为功放电路提供的最大功率 $P_{DC} = \dfrac{2}{\pi} \cdot \dfrac{U_{CC}^2}{R_L}$。

<u>解</u> （1）图 3.71 是一个双电源互补对称 OCL 功放电路。

（2）最大输出功率 $P_{om} = \dfrac{1}{2} \cdot \dfrac{U_{om}^2}{R_L} \approx \dfrac{U_{CC}^2}{2R_L} = \dfrac{15^2}{2 \times 8} = 14.06$ （W）

（3）电源提供的功率 $P_{DC} = \dfrac{2}{\pi} \cdot \dfrac{U_{CC}^2}{R_L} = \dfrac{2}{\pi} \times \dfrac{15^2}{8} = 17.9$ （W）

功放电路的效率 $\eta = \dfrac{P_{om}}{P_{DC}} = \dfrac{14.06}{17.9} \times 100\% = 78.5\%$

第 4 章

集成运算放大器

本章知识结构

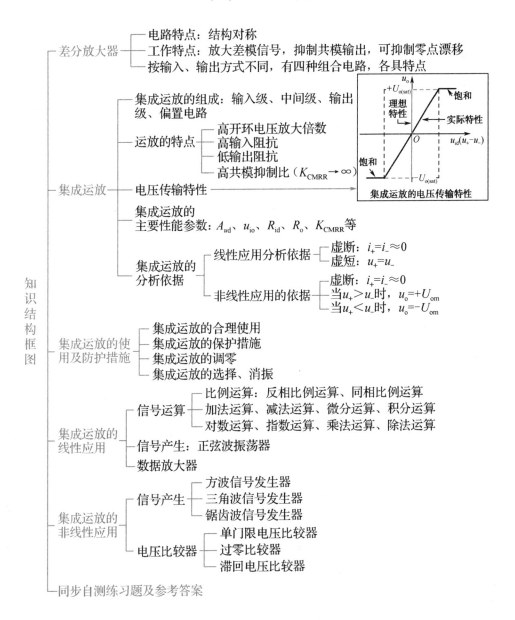

- 差分放大器
  - 电路特点：结构对称
  - 工作特点：放大差模信号，抑制共模输出，可抑制零点漂移
  - 按输入、输出方式不同，有四种组合电路，各具特点

- 集成运放
  - 集成运放的组成：输入级、中间级、输出级、偏置电路
  - 运放的特点
    - 高开环电压放大倍数
    - 高输入阻抗
    - 低输出阻抗
    - 高共模抑制比（$K_{CMRR} \rightarrow \infty$）
  - 电压传输特性
  - 集成运放的主要性能参数：A_{ud}、u_{io}、R_{id}、R_o、K_{CMRR} 等
  - 集成运放的分析依据
    - 线性应用分析依据
      - 虚断：$i_+ = i_- \approx 0$
      - 虚短：$u_+ = u_-$
    - 非线性应用的依据
      - 虚断：$i_+ = i_- \approx 0$
      - 当 $u_+ > u_-$ 时，$u_o = +U_{om}$
      - 当 $u_+ < u_-$ 时，$u_o = -U_{om}$

- 集成运放的使用及防护措施
  - 集成运放的合理使用
  - 集成运放的保护措施
  - 集成运放的调零
  - 集成运放的选择、消振

- 集成运放的线性应用
  - 信号运算
    - 比例运算：反相比例运算、同相比例运算
    - 加法运算、减法运算、微分运算、积分运算
    - 对数运算、指数运算、乘法运算、除法运算
  - 信号产生：正弦波振荡器
  - 数据放大器

- 集成运放的非线性应用
  - 信号产生
    - 方波信号发生器
    - 三角波信号发生器
    - 锯齿波信号发生器
  - 电压比较器
    - 单门限电压比较器
    - 过零比较器
    - 滞回电压比较器

- 同步自测练习题及参考答案

知识结构框图

集成运放的电压传输特性

4.1 集成运算放大器的基本知识

集成运算放大器简称集成运放，它是一种高增益的直接耦合多级放大器，工作在放大区，其输出与输入呈线性关系，所以它又被称为线性集成电路。集成运放一般由输入级、中间级、输出级和偏置电路组成。理想化的集成运放具有电压增益高、输入电阻大、输出电阻小、零点漂移小等特点。

4.1.1 集成运算放大器的由来及特点

运放名称的由来

集成运算放大器是线性集成电路的一种。集成电路是，按照半导体制造工艺将全部元器件制作在一块硅基片上，构成特定功能的电子电路。集成运放在上市初期，主要用于实现加、减、乘、除、微分、积分和比例运算等功能，并因此而得名。在20世纪60年代后，由于集成工艺的提高，使大规模集成成为现实，集成运放的运算速度提高，可靠性增强，很快便成为一种灵活多变的通用器件，除用于计算机，在信号变换、自动控制、测量技术领域被广泛采用。

运放应用广泛

集成运放具有线性集成电路的下列特点。

集成运放的特点

（1）输入级采用差分式放大电路。
（2）级间采用直接耦合方式。
（3）电路结构与元件参数具有对称性。
（4）用有源器件代替无源器件。
（5）采用复合结构的电路。

4.1.2 集成运算放大器的组成

运放的组成

集成运算放大器是一种高增益、高输入阻抗、低输出阻抗的多级直接耦合放大电路。它的种类繁多，其功能、性能各异，但它们的电路结构具有共同之处，一般由输入级、中间级、输出级和偏置电路等组成，如图4.1所示。

（1）输入级——要求输入阻抗高、差模放大倍数高、静态电流小、抑制零点漂移和共模信号能力强，一般采用带恒流源的差分放大器，其两个输入端是集成运放的外部输入端——反相输入端和同相输入端。差分放大器既可以减小零点漂移，还能提高整个电路的共模抑制比。

（2）中间级——要求电压增益高，由一级或多级电压放大电路组成，集成运放的放大倍数主要由中间级提供。

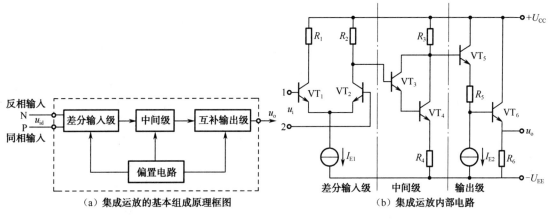

图 4.1 集成运算放大器的原理框图及电路

（3）输出级——要求能为负载提供较大的额定输出电压和电流，同时还应具有一定的保护功能，输出阻抗小。一般采用射极跟随器或互补式射极输出器组成，以降低输出电阻，提高带负载能力。

（4）偏置电路——要求能为各级放大电路提供稳定的偏置电压或电流，以确保整个电路具有合适的静态工作点。一般由各种恒流源组成。

4.1.3 集成运算放大器的电路图形符号

集成运放的电路图形符号如图 4.2 所示，图 4.2（b）为曾用符号，现在已由新图形符号图 4.2（a）代替。但在新符号公布后的新出的技术期刊或书中仍不时看到图 4.2（b）所示的旧电路图形符号。

图 4.2（a）新电路图形符号说明如下。"▷"表示放大器，三角所指方向为信号的传输方向。它的两个输入端："＋"（或 P）表示同相输入端，输出端信号与该输入端信号同相；"－"（或 N）表示反相输入端，输出端信号与该输入端信号反相。

4.1.4 集成运算放大器的分类

按电路特性，集成运放可分为通用型、专用型等，如图 4.3 所示。

所谓通用型，是指这种运放的性能指标基本上兼顾了各方面的使用要求，没有特别的性能要求，为通用性。

专用型又称为高性能型，它有一项或几项特殊性能，可在特定场合或特定要求下使用。专用型运放可按某项特性参数分类，如高输入阻抗型、高精度型、低功耗型等，如

新、旧图形符号
每种电路符号都有其自身的内涵

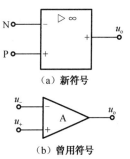

图 4.2 集成运放的电路图形符号

通用型

专用型

图 4.3 所示。

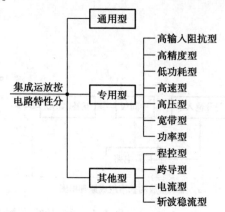

图 4.3　集成运算放大器按电路特性分类

表 4.1 列出了部分通用型和专用型集成运放的国内型号和相应的国外型号。

表 4.1　集成运放分类举例

类型	属性		国内型号举例	相应的国外型号
通用型	单运放		CF741	LM741、μA741、AD741
	双运放	单电源	CF158/258/358	LM158/258/358
		双电源	CF1558/1458	LM1558/1458、MC1558/1458
	四运放	单电源	CF124/224/324	LM124/224/324
		双电源	CF148/248/348	LM148/248/348
专用型	低功耗型		CF253	μPC253
			CF7611/7521/7631/7641	ICL7611/7621/7631/7641
	高精度型		CF725	LM725、μA725、μPC725
			CF600/7601	ICL7600/7601
	高阻抗型		CF3140	CA3140
			CF351/353/354/357	LF351/353/354/347
	高速型		CF2500/2505	HA2500/2505
			CF715	μA715
	宽带型		CF1520/1420	MC1520/1420
	高电压型		CF1536/1436	MC1536/1436
	其他	跨导型	CF3080	LM3080、CA3080
		电流型	CF2900/3900	LM2900/3900
		程控型	CF4250、CF13080	LM4250、LM13080
		电压跟随器	CF110/210/310	LM110/210/310

4.1.5 封装形式

集成运放的封装形式有双列直插式、陶瓷扁平式、金属圆壳式等，如图 4.4 所示。

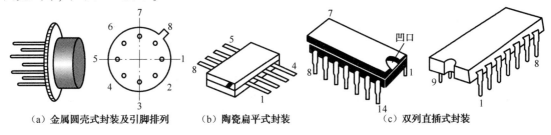

（a）金属圆壳式封装及引脚排列　　　（b）陶瓷扁平式封装　　　（c）双列直插式封装

图 4.4　集成运放的封装形式

4.1.6 集成运算放大器的主要性能参数

集成运放的参数很多，下面介绍几项主要性能参数。

1. 开环差模电压放大倍数 A_{ud}

它是指集成运放在开环状态（无外加反馈回路）下，输出端不接负载时的差模电压放大倍数，即

$$\left. \begin{array}{l} A_{ud} = \dfrac{u_{od}}{u_{id}} \\[2mm] A_{ud} = 20 \lg \left(\dfrac{u_{od}}{u_{id}} \right) \ (\text{dB}) \end{array} \right\} \qquad (4.1)$$

开环差模 A_{ud}

用分贝表示

对集成运放而言，A_{ud} 越大，则器件性能越稳定。通常，开环增益大都在 100dB 以上。

2. 输入失调电压 u_{io}

理想集成运放的输入信号为零时，输出电压应为零。实际运放的差动输入级难以完全对称，在输入电压为零时，其输出还存在一定电压。为使集成运放的输出电压为零，在输入端所加的补偿电压叫作输入失调电压（u_{io}）。集成运放的 u_{io} 值越小，其质量越好，一般为 ±（1 ～ 10）mV。

u_{io} 的含义

u_{io} 越小，质量越好

3. 差模输入电阻 R_{id}

它是指运放开环工作、输入差模信号时的电阻，即从两输入端之间看进去的交流等效电阻。R_{id} 的大小反映了集成运放输入端向差模输入信号源索取电流的大小。R_{id} 值越大越好，一般集成运放的 R_{id} 为几百千欧至几兆欧。

R_{id} 大，好

4. 输出电阻 R_o

R_o 是指集成运放开环工作时，从输出端看进去的等效电阻。R_o 的大小反映了集成运放在小信号时的带负载能力。R_o 越小，则带负载的能力越强。

R_o 小，好

5. 共模抑制比 K_{CMRR}

K_{CMRR}反映了集成运放对共模输入信号的抑制能力。它等于差模电压增益 A_{ud} 与共模电压增益 A_{uc} 之比，即

$$\left.\begin{array}{l} K_{CMRR} = \left| \dfrac{A_{ud}}{A_{uc}} \right| \\[3mm] \text{或} \qquad K_{CMRR} = 20 \lg \left| \dfrac{A_{ud}}{A_{uc}} \right| \ (dB) \end{array}\right\} \qquad (4.2)$$

用分贝表示

K_{CMRR}的值越大越好，集成运放一般为 $60 \sim 150dB$。

理想集成运放

集成运放的理想参数为：A_{ud}趋近于∞，K_{CMRR}趋近于∞，R_{id}趋近于∞。实际集成运放越接近理想情况，其性能越好。

4.2　差分放大器基本电路

要点▶

差分放大电路能有效地抑制直接耦合放大电路中的零点漂移。基本差分放大电路是由参数相同的两个三极管及电阻等组成的左右对称的电路，由于左右对称，它能有效地抑制因温度等的变化导致的温度漂移。采用双电源的长尾式差分放大电路，能更有效地抑制零点漂移，使电路的差模电压放大倍数更大，共模抑制比更大，抑制共模信号的能力更强。

在自动控制、自动检测和测量仪表等装置（或系统）中，待放大的信号大多是变化缓慢的非周期信号或直流信号。放大这类信号的电路是直流放大电路。

抑制零点漂移的差分放大

直流放大电路只能采取直接耦合的连接方式。但这种电路工作时存在零点漂移问题。抑制零点漂移的方法有温度补偿法、采用稳压电源法及精选元器件等，但最有效且广泛采用的方法是采用差分放大器（Differential Amplifier）。

差分放大器基本电路如图 4.5 所示。它是由两个参数相同的三极管 VT_1 和 VT_2 组成的左右对称的电路，$R_b = R'_b$，$R_{b1} = R_{b2}$，$R_{c1} = R_{c2}$。输入信号 u_i 被分成两个大小相等、相位相反的信号。这种输入形式叫作对称输入，两个大小相等、相位相反的信号叫作差模（Differential Mode）信号，故将这种电路称为差分（差动）放大电路。

1. 零点漂移抑制原理

如上面的假定，设差分放大电路中左右两个基本放大器完全对称、参数相同。当 $u_i = 0$ 时，左右两管有 $I_{C1} = I_{C2}$，$U_{C1} = U_{C2}$，故差模输出电压 $u_{od} = U_{C1} - U_{C2} = 0$。

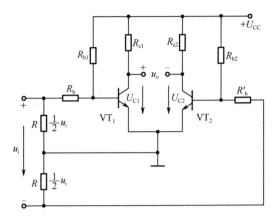

图 4.5　差分放大器基本电路

当环境温度变化时，因左右对称，受温度变化的影响。左右两管输入的变化量 $\Delta u_{i1} = \Delta u_{i2} = \Delta u_i$ 相同。这相当于在左右两管输入端加上了大小相等、相位相同的漂移信号，也称为共模（Common Mode）信号，用 u_{ic} 表示。由于左右两边对称，所以两边的变化量应相等，即

共模信号

$$
t\uparrow \rightarrow
\begin{cases}
I_{C1}\uparrow \rightarrow U_{C1}\downarrow \\
\\
I_{C2}\uparrow \rightarrow U_{C2}\downarrow
\end{cases}
\Delta u_o = (U_{C1}-U_{C2}) \text{不变}
$$

漂移抑制过程

因温度 t 变化，虽然左右两管都产生了零点漂移，但其输出电压 Δu_o 依然为零。同理，对于电源电压波动引起的漂移，可同样得到抑制。

2. 差模输入与差模电压放大倍数

VT_1、VT_2 两管的输入电压 u_{i1} 与 u_{i2} 大小相等、极性相反，即

$$u_{i1} = u_i/2, \quad u_{i2} = -u_i/2$$

这样的输入电压称为差模信号，常用 u_{id} 表示，$u_{id} = u_i$。在 u_{id} 信号电压作用下，一管的输出电压降低，另一管的输出电压则升高，双端输出时的输出电压 u_{od} 应为两管集电极对地输出电压之差。

差模输入信号

因两侧电路对称，放大倍数相等，即 $A_1 = A_2 = A$，则有

$$u_{c1} = A_1 u_{i1}, \quad u_{c2} = A_2 u_{i2}$$
$$u_{od} = u_{c1} - u_{c2} = A(u_{i1} - u_{i2}) = Au_{id}$$

则差模电压放大倍数为

$$A_{ud} = \frac{u_{od}}{u_{id}} = A_1 = A_2 \tag{4.3}$$

式（4.3）表明，差分放大电路的差模电压放大倍数与单管的电压放大倍数相同。从式（4.3）还可看出，由两个管子组成的差分放大电路，其电压放大倍数并没有增加，但差分对管的电路结构换来了对零点漂移的抑制。

3. 共模输入与共模电压放大倍数

在图 4.6 所示的差分放大基本电路中，其信号 u_i 是不同于图 4.5 的另一种输入方式，u_i 一路经 R_b 加至 VT$_1$ 的基极，另一路经 R'_b 加至 VT$_2$ 的基极，两输入信号大小相等，极性相同，这种输入方式称为共模输入。这种大小相等、极性相同的两个输入信号，就称为共模信号，即

共模输入信号

$$u_{ic} = u_{i1} = u_{i2} = u_i, \quad u_{o1} = u_{o2} = Au_i$$

$$u_{oc} = u_{o1} - u_{o2} = 0$$

则共模电压放大倍数为

$$A_{uc} = \frac{u_{oc}}{u_{ic}} = 0 \Bigg|_{\text{条件：电路完全对称}} \tag{4.4}$$

式（4.4）表明，差分电路对共模信号无放大作用，即差分电路完全抑制了共模信号。

共模可抑制漂移

若将电路中的零点漂移当作共模信号输入，例如，当温度上升时，致使 VT$_1$、VT$_2$ 的 I_B、I_C 增大，这相当于正的共模信号加至 VT$_1$、VT$_2$ 的基极，使 I_B、I_C 增大，但输出电压为 0，即差分电路由温升带来的零点漂移消失了。

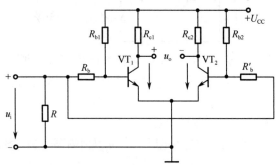

图 4.6 共模输入差分放大基本电路

4. 差分放大电路的共模抑制比

式（4.4）成立的条件，是差分放大电路左右完全对称，但实际电路不可能做到这点，则共模放大倍数 $A_{uc} \neq 0$。但共模电压放大倍数 A_{uc} 的大小可以反映差分放大电路的对称程度，A_{uc} 越小，说明对称程度越高，抑制零点漂移的效果越好。

通常，希望差分放大电路的差模电压放大倍数 A_{ud} 越大越好，而希望其共模电压放大倍数 A_{uc} 越小越好。为表征差分放大电路的这种能力，通常引用共模抑制比这一指标对其进行衡量。

共模抑制比

共模抑制比（Common-Mode Rejection Ratio）定义为放大电路的差模电压放大倍数 A_{ud} 与共模电压放大倍数 A_{uc} 之比，即

$$K_{\text{CMRR}} = \left| \frac{A_{ud}}{A_{uc}} \right| \qquad (4.5)$$

或用对数表示为

$$K_{\text{CMRR}} = 20 \lg \left| \frac{A_{ud}}{A_{uc}} \right| \ (\text{dB}) \qquad (4.6)$$

显然，差模电压放大倍数越大，共模电压放大倍数越小，则共模抑制能力越强，放大电路的性能越优良。因此，希望 K_{CMRR} 值越大越好。

4.3 常用差分放大电路

常用的差分放大电路有带公共发射极电阻 R_e 的差分放大电路和具有恒流源的差分放大电路。前者亦称长尾式差分放大电路，R_e 的电流负反馈作用可减小温度变化带来的零点漂移；后者是用三极管恒流源代替发射极电阻 R_e，它对共模信号具有更强的负反馈作用，抑制零点漂移的能力更强，在集成运放中被广泛应用。

◀ 要点

在工程应用中，常用的差分放大电路有长尾式差分放大电路和恒流源式差分放大电路。

4.3.1 具有公共发射极电阻的差分放大电路

该电路如图 4.7 所示，在 VT_1 和 VT_2 的发射极上接入一个公共发射极电阻 R_e，犹如对管电路的"长尾巴"，故又将这种电路称为长尾式差分放大电路。R_e 的接入可以抑制差分放大电路的共模信号，减小电路的零点漂移。下面对其进行分析。

长尾差放电路

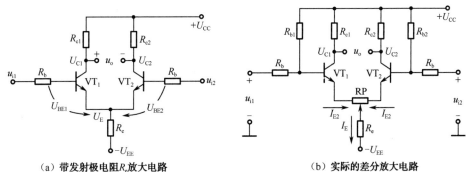

（a）带发射极电阻 R_e 放大电路　　（b）实际的差分放大电路

图 4.7　具有公共发射极电阻的差分放大电路

对于图 4.7（a）、（b）所示的电路，当环境温度没变化、输入信号为零时，如果电路左右对称，则 VT_1、VT_2 的集电极电位相同，其输出电压 $u_o = U_{C1} - U_{C2} = 0$。但实际上，

电路分析

左右电路不可能做到完全对称，即 $u_o \neq 0$。图 4.7（b）中接入电位器 RP，用于调零，当 $u_i = 0$ 时，在电路不对称的情况下，调节 RP 可使 $u_o = 0$。

在接入发射极电阻 R_e 后，R_e 的电流负反馈作用对共模信号引入了负反馈，而对差模信号没有反馈作用。R_e 的电流负反馈作用能够大大减小由于温度变化（及其他因素）而引起的集电极电流的改变，从而使 Δu_o 减至最小。R_e 抑制零点漂移的过程如下。

利用负反馈作用抑制漂移过程

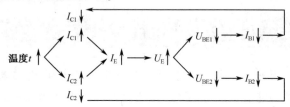

可见，R_e 能够对零点漂移进行抑制是通过它的电流负反馈作用实现的。

4.3.2　具有恒流源的差分放大电路

1. 具有恒流源的差分放大电路的组成

该电路如图 4.8 所示。由图 4.8（a）可见，采用三极管来代替图 4.7 所示电路中的公共发射极电阻 R_e。图 4.8（b）中的 VT_3 和 R_{b1}、R_{b2}、R_e 等构成一个实际的恒流源电路。由三极管恒流源代替 R_e，可克服由于 R_e 太大而使差分对管发射极电位过高的问题，并可消除电路耗能增大的缺点。

恒流源差分电路

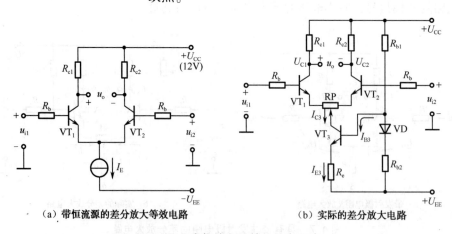

（a）带恒流源的差分放大等效电路　　（b）实际的差分放大电路

图 4.8　具有恒流源的差分放大电路

用恒流三级管来代替共发射极电阻 R_e，既可在大电阻的条件下对零点漂移进行抑制，又能使集成制造工艺变得相对简单些（大阻值电阻制作困难），因此恒流源电路在集成运算放大电路中被普遍采用。

恒流源优点

2. 恒流源差分放大电路抑制零点漂移的分析

由于接入了恒流源电路，差分放大电路抑制零点漂移的能力大为提高，图4.8（b）中的 R_{b1}、R_{b2} 的分压固定了 VT_3 的基极电位 U_{B3}，并保证 VT_3 工作在线性放大区，使流过 VT_3 的电流 I_{C3} 近于恒值，且有 $I_{C3} = I_{E1} + I_{E2} \approx I_{C1} + I_{C2}$。温度补偿二极管 VD 的接入，可保证温度变化时 I_{C3} 仍保持在恒值。工作在线性放大区的 VT_3 由于其恒流特性，呈现的动态电阻很高（在几十千欧以上），它对共模信号具有强烈的负反馈作用，使抑制零点漂移能力显著提高，从而使共模抑制比 K_{CMRR} 可高达 60 ～ 120dB。

抑制零点漂移分析

K_{CMRR}：**60 ～ 120dB**

恒流源电路抑制零点漂移的过程在于，当环境温度上升时，它能使流过对管的电流 I_{C3} 几乎保持为恒定值，其稳流过程如下。

$$温度 t \uparrow \rightarrow \begin{matrix} I_{C1} \uparrow \\ I_{C2} \uparrow \end{matrix} \rightarrow I_{C3} \uparrow \rightarrow U_{Re} \uparrow \rightarrow U_{VT3} \downarrow （VT_3 基极电位不变）$$
$$I_{C3} \downarrow \leftarrow I_{B3} \leftarrow$$

抑制零点漂移的过程

◉ **四种不同接法的带恒流源的差分放大电路及其特性比较**

相关知识

差分放大电路有两个输入端和两个输出端，因此，差分放大电路可有四种接法，即双端输入双端输出、双端输入单端输出、单端输入双端输出及单端输入单端输出。由于电路的输入、输出连接方式不同，它们的差模电压放大倍数、共模电压放大倍数、共模抑制比、输入电阻及输出电阻等性能参数各不相同，其特点和应用场合也不相同。表4.2 给出了四种带恒流源的差分放大电路及其主要参数和相关公式，供读者参考、比较。

表4.2　四种差分放大电路的连接方式及特点

连接方式	电路图	特点
双端输入双端输出		电压放大倍数：$A_u = -\dfrac{\beta R'_L}{R_{B1} + r_{be}}$ 共模抑制比：$K_{CMRR} \rightarrow \infty$ 输入电阻：$r_i \approx 2(R_{B1} + r_{be})$ 输出电阻：$r_o = 2R_C$

续表

连接方式	电路图	特点
双端输入 单端输出		电压放大倍数：$A_u = -\dfrac{\beta R'_{\mathrm{L}}}{2\left(R_{\mathrm{B1}}+r_{\mathrm{be}}\right)}$ 共模抑制比：$K_{\mathrm{CMRR}} \approx \dfrac{\beta R_{\mathrm{E}}}{R_{\mathrm{E}}+r_{\mathrm{be}}}$ 输入电阻：$r_{\mathrm{i}} \approx 2\left(R_{\mathrm{B1}}+r_{\mathrm{be}}\right)$ 输出电阻：$r_{\mathrm{o}} \approx R_{\mathrm{C}}$
单端输入 双端输出		电压放大倍数：$A_u = -\dfrac{\beta R_{\mathrm{C}}}{R_{\mathrm{B1}}+r_{\mathrm{be}}}$ 这种放大电路忽略共模信号的放大作用时，它就等效为双端输入的情况。因此双端输入的结论均适用单端输入双端输出
单端输入 单端输出		这种电路等效于双端输入单端输出。其特点是：它比单管基本放大电路的抑制零点漂移的能力强，还可根据不同的输出端，得到同相或反相关系

4.4　传输特性与理想化处理方法

要点▶

　　集成运放是一种高输入阻抗、高开环增益、低输出阻抗器件，其特性很接近一个理想器件。将它作为理想器件来处理，能使问题简化。根据集成运放理想化处理的条件，利用其电压传输特性在线性区和非线性区的特点，并应用"虚短"、"虚断"，可大大简化运放电路的分析。

4.4.1　集成运放的理想化条件

　　集成运放具有很高的增益。高输入阻抗和低输出阻抗，这些特性很接近理想电子器件。为便于分析和计算快捷，可将集成运放视作理想器件。理想集成运放应满足如下技术参数。

理想化条件

　　（1）开环差模电压放大倍数 $A_{u\mathrm{d}} \to \infty$。

（2）差模输入电阻 $R_{id} \to \infty$。

（3）开环输出电阻 $R_o \to 0$。

（4）共模抑制比 $K_{CMRR} \to \infty$。

（5）具有无限宽的频带，即 $BW \to \infty$。

（6）当反相输入 u_- 和同相输入 u_+ 相等，即 $u_- = u_+$ 时，其输出 $u_o = 0$。

4.4.2　理想运放的电路图形符号及电压传输特性

理想运放的电路图形符号和电压传输特性如图 4.9 所示。

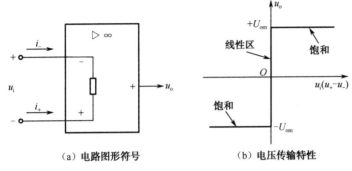

（a）电路图形符号　　　　（b）电压传输特性

图 4.9　理想运放的电路图形符号及电压传输特性

图 4.9（a）所示图形符号中，"∞"表示开环电压放大倍数符合理想化的条件，即 $A_{ud} = \infty$。

$A_{ud} = \infty$

由于 $A_{ud} = \infty$，理想运放的电压传输特性如图 4.9（b）所示，它表明输入极微小的变化量就能使其输出达到正（或负）的最大值，线性运转极快，可谓理想传输。

传输特性陡直表明运转极快

4.4.3　"虚短"和"虚断"

"虚短"和"虚断"是理想集成运放工作在线性区时的重要特征，这两个特征给分析集成运放的工作过程和电路应用带来了极大便利。

虚短、虚断

1. 虚短

当理想运放工作在线性区时，其输出电压 u_o 为有限值，由于开环电压放大倍数 $A_{ud} \to \infty$，运放的电压传输特性为

$$u_o = A_{ud} \cdot u_{id} = A_{ud}\ (u_+ - u_-) \qquad (4.7)$$

$$u_{id} = u_+ - u_- = \frac{u_o}{A_{ud}} \approx 0$$

$A_{ud} \to \infty$

$$u_+ = u_- \qquad (4.8)$$

式（4.7）说明，运放的同相输入与反相输入对地电压相等，但两输入端不相接，又没有短路，却近似为短路，故

理想运放"虚短"概念

称为"虚短"。

集成运放在线性区工作时，利用"虚短"概念，可将两个输入端作为短路来处理，这将使集成运放的分析、计算大大地简化。

2. 虚断

由于理想运放的开环输入电阻 $R_{id} \to \infty$，故可认为在两个输入端没有电流输入运放电路内部，即理想集成运放的输入电流

$$i_+ = i_- \to 0 = \left(\frac{u_+ - u_-}{R_{id}} \right)$$

故两个输入端相当于开路，但实际上并未断开，故称为"虚断"。

"虚短"和"虚断"是集成运放工作在线性区时的两个重要特点。运用这两个特点可使运放电路的分析、计算方便许多。

4.4.4　运放在饱和区工作时的特点

由图 4.9 可知，当运放在饱和区工作时，只要输入端有极微小的电压变化，即 $u_+ - u_- \neq 0$，输出电压 u_o 就转化为正饱和电压 $+U_{om}$ 或负饱和电压 $-U_{om}$，即

$$\left. \begin{array}{l} \text{当} u_+ > u_- \text{时}, u_o = +U_{om} \\ \text{当} u_+ < u_- \text{时}, u_o = -U_{om} \end{array} \right\} \tag{4.9}$$

上式说明，运放工作在饱和区时，"虚短"概念不成立，但"虚断"概念仍成立。这是由于集成运放的 $R_{id} \to \infty$，两个输入端几乎没有电流流入，即 $i_+ = i_- \approx 0$。

4.4.5　实际运放的传输特征及与理想运放的比较

1. 实际运放的传输特性

表示运放输出电压 u_o 和输入电压 u_i（$= u_+ - u_-$）之间关系的特性曲线，称为运放的电压传输特性。实际运放的电路图形符号及电压传输特性如图 4.10 所示。

$R_{id} \to \infty$

$i_+ = i_- \to 0$

利用"虚短"、"虚断"简化分析、计算

饱和区

"虚短"不成立，"虚断"仍成立

实际运放的电路图形符号及电压传输特性，请与图 4.9 理想运放比较

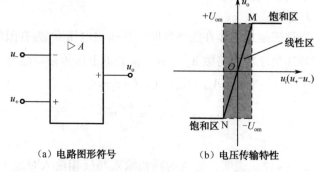

（a）电路图形符号　　　（b）电压传输特性

图 4.10　实际运放的的电路图形符号及电压传输特性

图 4.10（a）中，"A" 表示运放的开环电压放大倍数。

由图 4.10（b）的电压传输特性可见，当输入 $|u_+ - u_-|$ 较小时，运放工作于线性区 MON 段，其输出 u_o 与（$u_+ - u_-$）成正比关系。当 $|u_+ - u_-|$ 增大到一定值时，则运放输出达到饱和区，又称非线性区。当输出 $u_o = +U_{om}$ 时，称 $+U_{om}$ 为正饱和电压；当输出 $u_o = -U_{om}$ 时，称 $-U_{om}$ 为负饱和电压。

线性区 MON 段

上面分析说明，集成运放既可工作在线性区，也可以工作在饱和区。在线性区工作时，其电压传输特性为

$$u_o = A_{ud}(u_+ - u_-) \qquad (4.10)$$

2. 实际运放与理想运放的比较

在介绍理想运放时，设定各相关参数都是极限值，而实际运放的参数都是有限值。但实际运放和理想运放的同一参数都有着共同的趋势。例如：开环电压放大倍数 A_{ud} 都很大，差模输入电阻 R_{id} 都很大，输出电阻 R_o 都很小等。这说明实际运放的参数是接近于理想运放的。因此，常将理想运放作为实际运放的模型，对实际运放的分析和计算均按理想运放处理。

实际运放接近理想运放，故可运用"虚短"、"虚断"概念

■ **例 4.1** 一个实际运放如图 4.10 所示，其开环电压放大倍数 $A_{ud} = 400 \times 10^3$，在外加电源 U_{CC} 为 $\pm 12V$ 的情况下，其饱和输出电压 $U_{om} = \pm 10V$。在其输入端分别加如下电压：（1）$u_+ = 20\mu V$，$u_- = 5\mu V$；（2）$u_+ = 15\mu V$，$u_- = -15\mu V$；（3）$u_+ = 0$，$u_- = 3mV$；（4）$u_+ = -15\mu V$，$u_- = 5\mu V$。请分别计算集成运放的输出电压。

应用举例

按照图 4.10 所示传输特性，工作在线性区时的输出电压 u_o 与输入 $u_{id} = u_+ - u_-$ 成正比（线性关系），即满足式（4.7）。为此，应先求出刚好工作在线性区的输入电压值 $u_{id} = u_+ - u_-$，并以此值判断（1）～（4）的输入是工作在线性区还是饱和区。

解题提示

解 按照式（4.10），有

$$u_{id} = u_+ - u_- = \frac{u_o}{A_{ud}} = \frac{\pm 10}{400 \times 10^3} = \pm 25 \ (\mu V)$$

这说明若 $|u_{id}| < 25\mu V$，运放工作在线性区；若 $|u_{id}| > 25\mu V$，运放工作在饱和区。

（1）当 $u_+ = 20\mu V$、$u_- = 5\mu V$ 时，$u_{id} = u_+ - u_- = 20 - 5 = 15 \ (\mu V) < 25\mu V$，运放工作在线性区，输出电压为

$$u_o = A_{ud}(u_+ - u_-) = 400 \times 10^3 \times 15 \times 10^{-6} = 6 \ (V)$$

（2）当 $u_+ = 15\mu V$、$u_- = -15\mu V$ 时，$u_{id} = u_+ - u_- = 15 - (-15) = 30 \ (\mu V) > 25\mu V$，运放工作在饱和区，输

出电压 $u_o = 10\text{V}$。

（3）当 $u_+ = 0$、$u_- = 3\text{mV}$ 时，运放为单端输入，$u_{id} = u_+ - u_- = -3\text{mV}$，运放工作在饱和区，输出电压 $u_o = -10\text{V}$。

（4）当 $u_+ = -15\mu\text{V}$、$u_- = 5\mu\text{V}$ 时，$u_{id} = u_+ - u_- = -15 - 5 = -20\mu\text{V}$，运放工作在线性区，输出电压为

$$u_o = A_{ud}(u_+ - u_-) = 400 \times 10^3 \times (-20) \times 10^{-6} = -8 \ (\text{V})$$

4.5 线性应用

要点 ▶

集成运放的应用分线性应用和非线性应用。由于集成运放的放大倍数 A_{ud} 非常高，欲使其工作在线性状态，必须外加很深的负反馈。

在引入深度负反馈后，运放电路的输出电压与输入的关系基本取决于反馈电路的结构和参数，改变输入电路和反馈电路的结构形式，就可实现不同运算。

4.5.1 反相比例运算电路

反相比例运算电路

电路如图 4.11 所示，输入信号从反相端输入。R_f 为反馈电阻，它跨接在输出端与反相输入端之间，故 R_f 为电路引入了电压并联负反馈。R_2 的作用是使两个输入端外接电阻相等，使电路处于平衡状态，其阻值为 $R_1 /\!/ R_f$。

电压并联负反馈

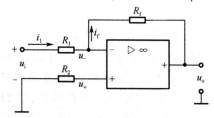

图 4.11　反相比例运算电路

利用"虚断"、"虚短"概念分析，简化计算

根据"虚断"的概念，可得到 $i_1 = i_f$；又根据"虚短"的概念，可得 $u_- = u_+ \approx 0$。由此可得，反相比例运算电路的闭环电压放大倍数为

$$A_{uf} = \frac{u_o}{u_i} = -\frac{R_f}{R_1} \tag{4.11}$$

即

$$u_o = -\frac{R_f}{R_1}u_i \tag{4.12}$$

反相比例关系

可见，输出电压 u_o 与输入电压 u_i 成比例关系。还可看出，集成运放的闭环放大倍数 A_{uf} 只取决于反馈电路的结构、R_f 与 R_1 的比值。

■例4.2 在图4.11所示反相比例运算电路中，$R_1 = 9.1\text{k}\Omega$，$R_f = 91\text{k}\Omega$，$u_i = 0.25\text{V}$，请计算 A_{uf}、u_o 和 R_2 的值。 应用举例

解 由式（4.11）得 $A_{uf} = \dfrac{u_o}{u_i} = -\dfrac{R_f}{R_1} = -\dfrac{91}{9.1} = -10$

输出电压 $u_o = A_{uf} \cdot u_i = -10 \times 0.25 = -2.5$ （V）

$R_2 = R_1 /\!/ R_f = \dfrac{91 \times 9.1}{91 + 9.1} \approx 8.2$ （$\text{k}\Omega$）

4.5.2 同相比例运算电路

电路如图4.12所示，输入信号从同相端接入。R_f 为反馈电阻，从输出端看，R_f 接在了输出端；而从输入端看，R_f 接在了反相输入端，因而 R_f 为运算电路引入了电压串联负反馈。 同相比例运算电路

电压串联负反馈

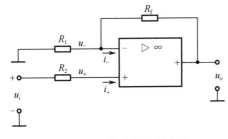

图4.12 同相比例运算电路

根据理想运放电路"虚短"和"虚断"的概念，$u_- = u_+$，$i_- = i_+ \approx 0$。从同相输入端加入信号后，R_2 上几乎无电流，因此，$u_+ = u_i$，则 $u_- = u_+ = u_i$。由此可得闭环电压放大倍数 利用"虚短"、"虚断"概念

$$A_{uf} = \frac{u_o}{u_i} = \frac{R_1 + R_f}{R_1} = 1 + \frac{R_f}{R_1} \qquad (4.13)$$

这表明，u_o 与 u_i 同相。式（4.13）稍加变化，有

$$u_o = \left(1 + \frac{R_f}{R_1}\right) u_i \qquad (4.14)$$

u_o 与 u_i 成比例关系，比例系数为 $(1 + R_f/R_1)$，说明同相比例运算电路与运放本身参数无关。

● 由同相比例运算电路构成的电压跟随器 相关知识

从同相比例运算电路（图4.12）及其关系式（4.13）可看出，若令 $R_f = 0$ 或 $R_1 = \infty$，电路即呈开路状态。此时，$A_{uf} = 1$，电路无电压放大作用，$u_o \approx u_i$，同相比例运算电路成为电压跟随器，如图4.13所示。 分析推断

实际应用提醒

需要说明的是，在实际运放电路中，为保护集成运放，R_f 一般不为零，宜加一个小阻值电阻，用于限流，确保使用安全。

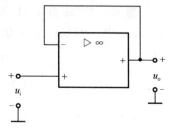

图 4.13　电压跟随器

应用举例

■例 4.3　在图 4.12 所示同相比例运算电路中，$R_1 = 10\mathrm{k}\Omega$，$R_f = 30\mathrm{k}\Omega$，$u_i = -0.8\mathrm{V}$，请计算输出电压 u_o 和补偿电阻 R_2。

解题提示

图 4.12 所示同相端 R_2 为平衡电阻（也称补偿电阻），一般取值 $R_2 = R_1 /\!/ R_f$。

解　由式（4.13）得 $A_{uf} = \dfrac{u_o}{u_i} = 1 + \dfrac{R_f}{R_1}$

输出电压 $u_o = \left(1 + \dfrac{R_f}{R_1}\right)u_i = \left(1 + \dfrac{30}{10}\right) \times (-0.8) = -3.2$（V）

$R_2 = R_1 /\!/ R_f = \dfrac{10 \times 30}{10 + 30} = 7.5$（k$\Omega$）

4.5.3　加法运算电路

加法运算电路

加法运算电路是在反相比例运算电路的基础上再添加几个输入支路构成的，如图 4.14 所示。

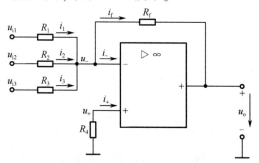

图 4.14　加法运算电路

输入信号 u_{i1}、u_{i2}、u_{i3} 均加至反相输入端，并与反馈电阻 R_f 相联。同相输入端经平衡电阻 R_4 接地，$R_4 = R_1 /\!/ R_2 /\!/ R_3 /\!/ R_f$。

线性电路用叠加法

加法（或减法）电路及前面介绍的反相（或同相）比例运算电路都属于线性电路。因此，在运算时可运用叠加定理对加法（或减法）电路计算其总输出电压值。

根据理想运放电路"虚短"和"虚断"的概念，由于开环放大倍数足够大，其反相输入端电位近似为零，i_- 和 i_+ 也近似为零，所以

$$i_1 + i_2 + i_3 = i_f$$

$$u_o = -\left(\frac{R_f}{R_1}u_{i1} + \frac{R_f}{R_2}u_{i2} + \frac{R_f}{R_3}u_{i3}\right) \qquad (4.15)$$

当各输入支路的电阻值相等时，即 $R_1 = R_2 = R_3 \approx R$，则有

$$u_o = -\frac{R_f}{R}(u_{i1} + u_{i2} + u_{i3}) \qquad (4.16)$$

"−"号的含义为反相运算

这说明，加法运算电路的输出电压 u_o 与各个输入电压之和成正比，且 $u_o \propto (R_f/R)$。

当选定 $R_1 = R_2 = R_3 = R_f = R$ 时，式（4.15）变为

$$u_o = -(u_{i1} + u_{i2} + u_{i3}) \qquad (4.17)$$

式（4.17）的比例系数为 -1，实现了反相加法运算。

4.5.4　减法运算电路

电路如图 4.15 所示，减法的实现采用差动输入方式，即两个输入信号分别从反相端和同相端接入，可见该电路是同相比例运算电路和反相比例运算电路的组合。

减法运算差动输入

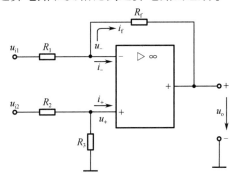

图 4.15　减法运算电路

减法运算是同相反相运算的组合

根据理想运放"虚断"的概念，可得 $\dfrac{u_{i1} - u_-}{R_1} = \dfrac{u_- - u_o}{R_f}$，

则有 $u_- = \dfrac{u_{i1}R_f + u_o R_1}{R_1 + R_f}$。按照 R_2、R_3 的分压关系，有 $u_+ = \dfrac{R_3}{R_2 + R_3}u_{i2}$。再根据"虚短"概念，有 $u_+ = u_-$。若设 $R_1 = R_2 = R_f = R_3$，将其代入上述关系式并化简，得

$$u_o = u_{i2} - u_{i1} \qquad (4.18)$$

减法运算

由此可见，图 4.15 所示电路的输出电压 u_o 与两个输入电压之差成比例，可实现减法运算。

顺便指出，采用差动输入方式，当 $u_{i1} = u_{i2}$ 时，$u_o = 0$，说明差动比例运算电路不放大共模信号。

■例 4.4　图 4.16 由两级集成运放电路组成，$R_1 = R_3 = R_4 = 10\text{k}\Omega$，$R_{f1} = 51\text{k}\Omega$，$R_{f2} = 100\text{k}\Omega$，$u_{i1} = 100\text{mV}$，$u_{i2} =$

应用举例

300mV，求 u_{o1} 和 u_{o2}。

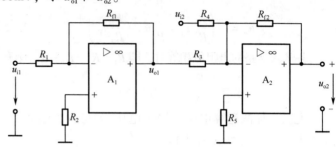

图 4.16 例 4.4 电路

<u>解</u> 由图可知，第一级为反相比例运算电路，第二级为加法运算电路。下面分别计算。

$$u_{o1} = -\frac{R_{f1}}{R_1}u_{i1} = -\frac{51}{10} \times 100 \times 10^{-3} = -0.51 \ (V)$$

$$u_{o2} = -\left(\frac{R_{f2}}{R_4}u_{i2} + \frac{R_{f2}}{R_3}u_{o1}\right)$$

$$= -\left[\frac{100}{10} \times 0.3 + \frac{100}{10} \times (-0.51)\right]$$

$$= 2.1 \ (V)$$

4.5.5 积分运算电路

积分运算电路

将图 4.11 所示反相比例运算电路中的反馈电阻 R_f 用反馈电容 C 代替，则得图 4.17 所示积分运算电路。

利用"虚断"、"虚短"概念

同相输入端经 R_2 接地，按照集成运放"虚断"概念，$i_i = i_C$；根据"虚短"概念，有 $u_- = u_+ = i_+ R_2 = 0$，$i_i = u_i / R_1$。

设电容器 C 上的初始电压 $U_C = 0$，则随着充电过程的进行，C 两端的电压为

$$u_C = \frac{1}{C}\int i_C dt = \frac{1}{C}\int i_i dt = \frac{1}{C}\int \frac{u_i}{R_1}dt$$

积分运算

则

$$u_o = -u_C = -\frac{1}{R_1 C}\int u_i dt \qquad (4.19)$$

上式表明，输出电压 u_o 与输入电压 u_i 的关系满足积分运算关系。

4.5.6 微分运算电路

微分是积分的逆运算，将图 4.17 所示积分电路的电阻 R_1 与电容 C 的位置互换，则构成图 4.18 所示微分电路。

利用"虚短"、"虚断"概念

设电容 C 的初始电压为零，根据"虚断"、"虚短"概念，有 $i_C = i_f$，$u_C = u_i$。

由图 4.18 可知

$$i_C = C\frac{du_C}{dt} = C\frac{du_i}{dt}$$

$$i_f = -\frac{u_o}{R_f} = i_C$$

故 $\quad u_o = -i_C R_f = -CR_f\frac{du_i}{dt}$ (4.20)　**微分运算**

可见，输出电压 u_o 正比于输入电压对时间的微分，且相位相反。

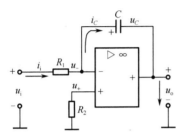 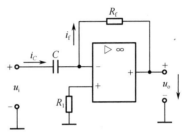

图 4.17　积分运算电路　　　图 4.18　微分运算电路

◉六种运算电路及运算关系　　　**相关知识**

表 4.3 列出了集成运放比例运算、加法运算、减法运算、积分运算、微分运算的基本电路、运算关系及扼要说明，供读者参考、比较。

表 4.3　集成运放基本运算电路及其运算关系、扼要说明

运算名称	基本电路	运算关系	扼要说明
反相比例运算		$A_{uf} = \frac{u_o}{u_i} = -\frac{R_f}{R_1}$ 当 $R_f = R_1$ 时，$u_o = -u_i$（反相器）$R_2 = R_1 /\!/ R_f$（平衡电阻）	(1) 构成电压并联负反馈 (2) $u_- = u_+ \approx 0$（"虚短"） (3) 实现了 $y = -x$ 变号运算
同相比例运算		$A_{uf} = \frac{u_o}{u_i} = 1+\frac{R_f}{R_1}$ 当 $R_1 = \infty$ 或 $R_f = 0$ 时，$u_o = -u_i$（电压跟随器）$R_2 = R_1 /\!/ R_f$	(1) 构成电压串联负反馈 (2) $u_- = u_+ = u_i$ (3) $A_{uf} > 1$

运算名称	基本电路	运算关系	扼要说明
加法运算		$u_o = -\left(\dfrac{R_f}{R_{i1}}u_{i1} + \dfrac{R_f}{R_{i2}}u_{i2}\right)$ 当 $R_f = R_{i1} = R_{i2}$ 时, $u_o = -(u_{i1} + u_{i2})$ $R_2 = R_{i1} /\!/ R_{i2} /\!/ R_f$	（1）与反相比例运算电路的特点相同 （2）实现 $y = -k(x_1 + x_2)$ 的数学运算
减法运算		$u_o = \left(1 + \dfrac{R_f}{R_1}\right)\left(\dfrac{R_3}{R_2 + R_3}\right)$ $u_{i2} - \dfrac{R_f}{R_1}u_{i1}$ 当 $R_1 = R_2$、$R_3 = R_f$ 时, $u_o = \dfrac{R_f}{R_1}(u_{i2} - u_{i1})$ $R_1 /\!/ R_f = R_2 /\!/ R_3$	（1）R_f 对 u_{i1} 构成电压并联负反馈,对 u_{i2} 构成电压串联负反馈 （2）由同相比例运算和反相比例运算电路组合而成 （3）实现了 $y = k(x_2 - x_1)$ 的模拟减法运算
积分运算		$u_o = -\dfrac{1}{R_1 C_f}\displaystyle\int u_i dt + k$ 当 $u_i = U_i$ 恒定时, $u_o = -\dfrac{U_i}{R_1 C_f}t + u_o(0)$ $R_2 = R_1$	（1）k 为积分常数,即电容电压初始值 $u_C(0_+)$ （2）当 $u_o = U_{o(sat)}$ 时,积分饱和,u_o 与 u_i 不再是线性关系
微分运算		$u_o = -R_f C_1 \dfrac{du_i}{dt}$ $R_2 = R_f$	（1）微分是积分的逆运算,只需将 R、C 元件位置互换即可 （2）微分电路的抗干扰能力差,限制了其应用

4.6 非线性应用

要点▶

集成运放的另一状态是非线性工作状态,非线性应用的主要标志是运放电路中呈开环或外部引入正反馈。运放在饱和区工作时,"虚短"的概念不成立,但"虚断"的概念仍成立。由于开环电压放大倍数 A_u 很大,极小的输入电压就会使运放超出线性区进入饱和区:当 $u_+ > u_-$ 时,$u_o = +U_{om}$;当 $u_+ < u_-$ 时,$u_o = -U_{om}$。

4.6.1 工作在非线性状态下的集成运放

在非线性状态下，集成运放要么处于开环状态，要么接正反馈网络；在有极小输入电压时，其输出会穿越线性区，不是偏向正饱和区 U_{om}，就是偏向负饱和区 $-U_{om}$。

非线性特点

对于工作在非线性状态下的集成运放的分析方法，仍采用理想化处理方法，即集成运放的输出与输入之间不再存在 $u_o = A_{ud}(u_+ - u_-)$ 或 $u_o = -A_{ud}(u_- - u_+)$ 关系式，但可理想化处理。

非线性状态的分析方法

（1）在非线性区，"虚短"概念不再成立：当 $u_+ > u_-$ 时，$u_o = +U_{om}$；当 $u_+ < u_-$ 时，$u_o = -U_{om}$。

理想化处理

（2）"虚断"概念仍然成立：由于集成运放的开环输入电阻很大（$\to \infty$），其输入电流近似为零，即 $i_+ = i_- \approx 0$。

4.6.2 电压比较器

电压比较器是集成运放的非线性典型应用之一，在数字电子技术和自动控制系统中广泛应用，常用于模/数（A/D）转换、门限报警及波形变换等。

非线性应用

1. 单门限电压比较器

应用之一

电路如图4.19所示，将一个模拟输入电压 u_i 与一个参考电平 U_R 比较后输出高电平或低电平。图中的 U_R（> 0）起门限电压的作用：当输入 $u_i > U_R$ 时，集成运放立即转入负饱和状态，输出电压 $u_o = -U_{om}$；而当 $u_i < U_R$ 时，集成运放随即转入正饱和状态，$u_o = +U_{om}$。

单门限（U_R）

2. 过零比较器

应用之二

若将同相输入端的门限电压设定为 $U_R = 0$（即接地），则此时的电压比较电路称为过零比较器，如图4.20所示。

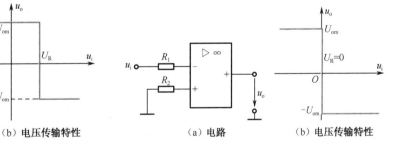

图4.19 单门限电压比较器   图4.20 过零比较器

过零比较（$U_R = 0$）

当反相输入端的电压过零时，则输出 $u_o = \pm U_{om}$。过零比较器的输出与输入关系为

$$\left. \begin{array}{l} u_i = 0 \text{ 时，} u_o = 0 \\ u_i > 0 \text{ 时，} u_o = -U_{om} \\ u_i < 0 \text{ 时，} u_o = +U_{om} \end{array} \right\} \tag{4.21}$$

可利用过零比较器实现波形变换。

应用举例

■**例4.5** 设图4.21（a）所示过零比较器的输入电压 u_i 为正弦波，运放输出的饱和电压 $U_{om} = \pm 9V$，请画出输出电压的波形变换图。

<u>解</u> 图4.21（b）上部为运放反相端输入的正弦波，由式（4.21）有：当 $u_i > 0$ 时，$u_o = -9V$，且一直保持；当 $u_i < 0$ 时，$u_o = +9V$，且一直保持。

如此随输入正弦波的变化，则正弦波变换成方波，如图4.21（b）所示。

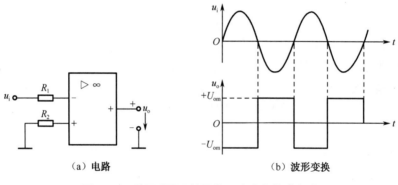

（a）电路　（b）波形变换

图4.21　利用过零比较器将正弦波变换成方波

3. 滞回电压比较器

1）滞回电压比较器电路及特性

应用之三
单门限抗干扰差
↓
双门限
↓
滞回电压比较器

上面介绍的单门限电压比较器电路很简单，但抗干扰能力差，当输入信号接近阈值电压时，会出现随干扰信号的介入发生输出电压不断翻转的现象。为提高抗干扰能力，将电压比较器的输出信号反馈给同相端形成反馈，就可组成图4.22（a）所示滞回电压比较器电路。

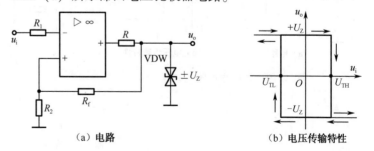

（a）电路　（b）电压传输特性

图4.22　滞回电压比较器电路及其电压传输特性

正反馈的引入使集成运放工作在非线性区，双极稳压二极管 VDW 的接入使电路输出电压有两种取值，即 $u_o = \pm U_Z$。电路反相端电压 $u_- = u_i$，同相端的 u_+ 值实际就是电路的阈值电压 U_T，故滞回比较电路有如下两个阈值电压。

两个阈值：U_{TH}、U_{TL}

（1）当 $u_o = +U_Z$ 时，阈值电压 $U_{TH} = \dfrac{R_2}{R_2 + R_f} U_Z$。

（2）当 $u_o = -U_Z$ 时，阈值电压为 $U_{TL} = -\dfrac{R_2}{R_2 + R_f} U_Z$。

滞回特性扼要说明

当电路的初始输出电压 $u_o = +U_Z$ 时，其阈值电压为 U_{TH}，如果此时电路的输入电压从 $u_i > U_{TH}$ 变为 $u_i < U_{TH}$，则输出电压跳变到 $u_o = -U_Z$ 状态，对应的阈值电压也由 U_{TH} 变为 U_{TL}。这时 u_i 必须下降到 U_{TL} 以下，即 $u_i < U_{TL}$，才能使电路的输出跳变回 $u_o = +U_Z$ 状态。

同理，当电路的初始输出电压 $u_o = -U_Z$ 时，其阈值电压为 U_{TL}，当 u_i 略小于 U_{TL} 时，电路输出立即翻转，输出电压 u_o 便由低电平 $-U_Z$ 跳变为高电平 U_Z，阈值电压由低电平 U_{TL} 跳变为高电压 U_{TH}。只要 $u_i < U_{TL}$，输出电压 u_o 始终保持高电平 U_{TH}。

图 4.22（b）表示出了上面的两个过程，图示的输出电压特性类似于磁滞回线，因此称为滞回电压比较器，也称为施密特比较器。

施密特比较器

2）滞回电压比较器的特点

通过上面的分析，滞回电压比较器有如下特点。

（1）滞回比较器有两种输出状态（U_Z，$-U_Z$），有各自的门限电平（U_{TH}，U_{TL}）。

滞回电压比较器的特点

（2）欲使输出电平向相反方向转变，要求输入信号相对变化必须超过回差电压。所谓回差电压，是指两个门限电压之差，用 ΔU_P 表示，即

$$\Delta U_P = U_{TH} - U_{TL} = \frac{2R_2}{R_f + R_2} U_Z \qquad (4.22)$$

回差电压

正是由于有回差电压的存在，电路才不易被误触发，使抗干扰能力大为提高。

（3）图 4.22（a）的同相输入端没加基准比较电压，即 $U_R = 0$，故为过零滞回比较器。这时，$U_{TH} > 0$，$U_{TL} < 0$。

●非过零滞回电压比较器

电路及其电压传输特性如图 4.23 所示。本电路与图 4.22 所示过零滞回电压比较器电路不同之处在于，运放同相输入端加了基准比较电压 U_R；相同的是，其输出端经 R_f 也引入了正反馈，因而集成运放同样工作在非线性工作区，其输出只有两种（正饱和、负饱和）电压。

相关知识
过零滞回，$U_R = 0$
非过零滞回，$U_R \neq 0$

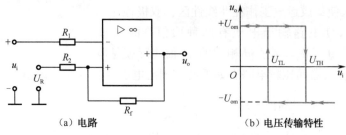

(a) 电路   (b) 电压传输特性

图 4.23 非过零滞回电压比较器电路及其电压传输特性

当 $u_o = +U_{om}$ 时，其门限电压 U_{TH} 为

上门限电压

$$U_{TH} = \frac{R_f}{R_f + R_2}U_R + \frac{R_2}{R_f + R_2}U_{om} \qquad (4.23)$$

当 u_o 由 $+U_{om}$ 跳变为 $-U_{om}$ 时，其门限电压 U_{TL} 为

下门限电压

$$U_{TL} = \frac{R_f}{R_f + R_2}U_R - \frac{R_2}{R_f + R_2}U_{om} \qquad (4.24)$$

这两个门限电压之差，即为回差电压，即

回差电压

$$\Delta U_P = U_{TH} - U_{TL} = \frac{2R_2}{R_f + R_2}U_{om} \qquad (4.25)$$

式（4.25）与过零滞回电压比较器的式（4.22）相比，其回差电压关系式类同，只是图4.22（a）的输出端加了双向稳压管 VDW，其输出电压（U_Z）幅值不同而已。

非过零滞回电压比较器与未加基准比较电压的过零滞回电压比较器相比较，前者的电压传输特性产生了水平方向移动，移动大小取决于所加基准电压 U_R 的值，从而使滞回电压比较器的应用更灵活、更广泛。

4.6.3 在波形产生方面的作用

在广播、通信、电子测量及其他电子应用领域中，需要各种信号发生电路。使用集成运放组成信号发生器，具有电路简单、调节方便、性能好等优点。

1. 方波信号发生器

结构组成

方波信号发生器实际上由滞回电压比较器和 RC 充放电定时电路所组成，如图 4.24 所示。

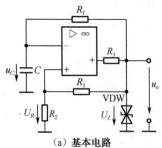
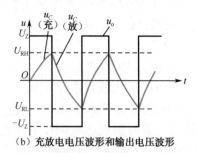

(a) 基本电路   (b) 充放电电压波形和输出电压波形

图 4.24 方波信号发生器电路和波形

根据滞回电压比较器的工作原理，在接通电源电压的瞬间（$t=0$），电容器 C 上的电压 $u_C=0$。若此时设 $u_o=U_Z$，则同相输入端的电压为 滞回特性及 R_fC 充放电

$$u_+ = U_{RH} = U_Z R_2 / (R_1 + R_2) \qquad (4.26)$$

此后，C 在输出电压 U_Z 的作用下经 R_f 开始充电，见图 4.24（b）中的 u_C（充）。当充电至 U_{RH} 时，由于集成运放输入端电压 $u_- > u_+$，于是电路输出随即翻转，输出便由 $+U_Z$ 转向 $-U_Z$。此时，同相端的电压变为

$$u_+ = U_{RL} = -U_Z R_2 / (R_1 + R_2) \qquad (4.27)$$

与此同时，电容器 C 上的电压因放电而开始下降，见图 4.24（b）中的 u_C（放）。

图 4.24（b）所示方波的周期由电路的充、放电时间常数决定：

$$T = 2R_f C \ln (1 + 2R_2/R_1) \qquad (4.28)$$

信号周期 T 或 $f=1/T$

若选取 R_1、R_2 的值使 $\ln (1 + R_2/R_1) = 1$，则有

$$T = 2R_f C \quad 或 \quad f = 1/(2R_f C) \qquad (4.29)$$

由此可见，方波的周期完全取决于充放电时间常数 $\tau = R_f C$。

2. 三角波信号发生器

三角波信号发生器实际上由一个滞回电压比较器和一个反相积分电路所组成，如图 4.25 所示。

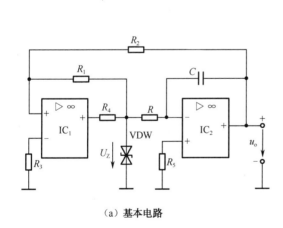

（a）基本电路

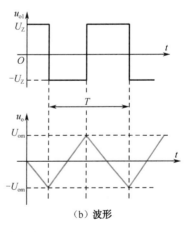

（b）波形

图 4.25 三角波信号发生器电路和波形

积分电路 IC_2 的输入信号是滞回电压比较器 IC_1 的输出信号，而积分电路 IC_2 的输出又反馈至电压比较器 IC_1 的同相输入端，并作为滞回比较的参考电压 U_R。 两级间的信号关系

设滞回电压比较器在初始状态下的输出为高电平，即 $u_{o1} = U_Z$，电容器 C 上的初始电压 $u_C = 0$，则由积分电路 IC_2 的输出为 积分及输出关系式

$$u_o = -\frac{1}{RC}\int u_{o1}dt = -\frac{U_Z}{RC}t \qquad (4.30)$$

式中，输出电压 u_o 为线性下降至 $-U_{om}$ 的直线。

滞回特性与三角波的形成过程

此时，滞回电压比较电路的输出 u_{o1} 从 $+U_Z$ 下跳变至 $-U_Z$，即 $u_{o1} = -U_Z$，并保持 $T/2$，C 经 R 线性充电直线上升。当 IC_2 的输出 $u_o \geq U_Z R_2/R_1$ 时，IC_1 的输出再次发生跳变，u_{o1} 从 $-U_Z$ 上跳至 $+U_Z$。如此重复，随着 u_{o1} 等于 $+U_Z$ 或 $-U_Z$，u_o 随之上升或下降变化。由于上升和下降的斜率绝对值相等，就形成了图 4.25（b）所示三角波 u_o。

三角波电压 u_o 的正向和负向峰值分别为

正、负峰值

$$\left.\begin{array}{l} +U_{om} = U_Z R_2/R_1 \\ -U_{om} = -U_Z R_2/R_1 \end{array}\right\} \qquad (4.31)$$

根据输出电压 u_o 由负向峰值向正向峰值的变化过程，有

$$\frac{1}{RC}\int_0^{\frac{T}{2}} U_Z dt = 2U_{om}$$

由于积分电路的正向和负向积分时间常数同为 RC，即 $T_充 = T_放 = T/2$，因此三角波的周期 T 为

三角波周期 T

$$T = 4RC\,(R_2/R_1) \qquad (4.32)$$

3. 锯齿波信号发生器

锯齿波信号发生器电路由同相输入滞回比较电路和充放电时间常数可调的积分电路两个部分组成，如图 4.26 所示。

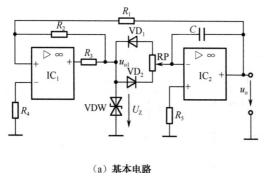

（a）基本电路　　　　　　　　（b）波形

图 4.26　锯齿波信号发生器电路和波形

调节 RP 可改变充、放电时间常数

这个电路与上面介绍的三角波信号发生器极其相似，但欲得到锯齿电压信号，必须改变三角波信号发生器电路的充电和放电时间常数。通过调节 RP 的中心触点可以实现 $T_2 \neq T_1$。T_2 时间段的积分时间常数为 $(R_{RP上} + R_{VD_1})C$，T_1 时间段的积分时间常数为 $(R_{RP下} + R_{VD_2})C$。这样，借用三角波信号发生器的分析结果，忽略二极管的导通电阻 R_{VD_1}、R_{VD_2}，可有

$$T_2 = 2R_1 R_{RP\pm} C / R_2$$

$$T_1 = 2R_1 R_{RP\mp} C / R_2$$

故周期 $\qquad T = T_1 + T_2 = 2R_1 R_{RP} C / R_2 \qquad (4.33)$ 锯齿波周期

IC_1 输出的最大幅值为

$$U_Z = U_{om} R_2 / R_1$$

锯齿波的最大电压幅值为

$$U_{om} = U_Z R_1 / R_2 \qquad (4.34)$$

4.7 正确使用及防护措施

　　集成运放种类多，且各具特点，在了解其特性的基础上合理地选用，是进行电路设计和正确使用的前提。掌握集成运放的主要性能参数及应用技巧，对合理使用、充分发挥器件的性能大有益处。本节内容包括集成运放的选用、调零、自激振荡的消除、保护措施等。

◁要点

4.7.1 集成运放的合理选用

　　集成运放种类繁多，品种型号上千种，按电路特性分为通用型和专用型。通用型是指其性能参数一般能满足普通电路的要求，为通用件；专用型一般指某一项参数或某一功能的性能优异，而并非各项指标均优于通用型。

种类多如何选用

　　通用型集成运放可分为Ⅰ型、Ⅱ型和Ⅲ型产品，Ⅰ型多为早期的低增益运放，Ⅱ型属中增益运放，Ⅲ型属改进型高增益运放。

$$通用型 \begin{cases} Ⅰ型 \\ Ⅱ型 \\ Ⅲ型 \end{cases}$$

　　通用型集成运放的性能指标基本上兼顾了各方面的要求，能满足一般电路的使用要求。因其制作工艺成熟，批量大，成本低，为电路设计者首选。

通用型特点

　　当通用型运放不能满足设计要求时，可采用专用型集成运放。专用型可分为高阻型、高压型、高速型、低漂移型、低功耗型、宽频带型、大功率型等多种类型，可视具体要求选用。

4.7.2 使用前的资料查询与准备

　　（1）对于所选定的集成运放，应仔细查阅相关手册或产品说明书，核实主要参数。

使用前先查询、核实或测试

　　（2）注意手册或说明书上该集成运放的使用环境要求，如温度、湿度、电气要求及安装工艺要求等。

　　（3）查清所用运放的封装形式、引脚排列及其功能等，为设计印制电路板或安装做准备。

　　（4）在使用前，应对运放的主要参数进行测试。

4.7.3　调零措施

为降低误差应调零

为了消除集成运放的失调电压和失调电流引起的输出误差，以期在零输入时输出也为零，应有调零措施。

（1）对有调零引出端的集成运放的调零　对于有调零端的运放，如图 4.27 所示的 CF741（μA741），将反相输入端接地，通过外接的调零电位器 RP 进行调零，使输出 $u_o = 0$。

外接调零电位器 RP

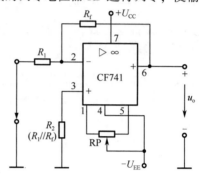

图 4.27　外接调零电位器调零

（2）对无调零引出端的集成运放的调零　无调零引出端的运放，通常是四运放或双运放，常因受引脚限制而省掉调零端，常采用电压补偿方法调零：在运放输入端施加一个补偿电压，以抵消失调电压和失调电流的影响，从而达到调零的目的。图 4.28（a）为同相端调零，图（b）为反相端调零。

电压补偿法

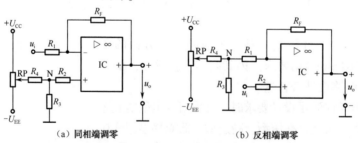

（a）同相端调零　　　　　　　（b）反相端调零

图 4.28　无调零引出端的集成运放外加补偿电压调零电路

4.7.4　自激振荡的消除

运放增益高，极易自激

集成运放是一种高增益直接耦合放大器，具有极高的电压放大倍数，极易产生自激振荡。有些集成运放，如 CF741（μA741）、LF356（μA356）等，在芯片内部已加了消除自激的补偿电容。有些集成运放，如 CF709（μA709）、CF3130 等，内部没加消除自激的补偿电容。为防止自激，使用者应按产品手册要求，在补偿端子接入指定的补偿电容

或 RC 移相网络。

4.7.5　集成运放的保护措施

1. 防止电源极性接反的措施

为防止电源极性接反导致运放损坏，可利用半导体二极　**接二极管实施保护**
管的单向导电特性对运放实施保护，如图 4.29 所示。将
VD_1、VD_2 串联在供电电路中，当电源极性接反时 VD_1、
VD_2 将截止，从而保护了集成运放芯片。

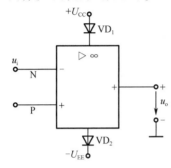

图 4.29　电源反接的保护

2. 输入保护电路

通常，集成运放输入的差模或共模信号的幅值是有一定　**接 VD_1、VD_2，限幅保护**
限制的，输入信号过大，会招致差分对管输入级损坏。将
VD_1、VD_2 加在图 4.30（a）和（b）所示的输入端，可起
限幅保护作用。

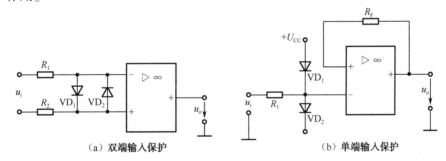

（a）双端输入保护　　　　　　　　（b）单端输入保护

图 4.30　输入保护电路

3. 输出保护电路

若输出端短路或过载等，必然会导致集成运放输出电流　**输出保护外加稳压管**
过大，致使器件损坏。将集成运放的输出端接两个对接的稳
压二级管加以保护，如 4.31 所示。稳压管能将输出电压限
制在（$U_Z + U_d$）范围内，其中 U_Z 为稳压管的稳压值，U_d
为稳压管的正向压降。

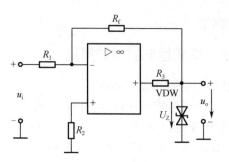

图 4.31　输出过压保护电路

4. 输入/输出保护电路

输入、输出均限幅

图 4.32 是输入、输出均采用限幅保护的电路。VDW 的作用与图 4.31 所用的双极稳压管相同，对输出电流过大起保护作用。需要说明的是，由于稳压管存在反向漏电流，有可能使集成运放传输特性的线性度变坏。因此，应尽量选用漏电流小、反向特性好的稳压管。

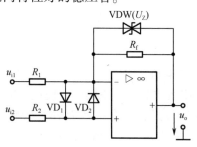

图 4.32　输入/输出保护电路

同步自测练习题

一、填空题

1. 集成运算放大器品种繁多、性能各异，但它们的电路结构_____，通常由_____、_____、_____和_____组成。

2. 所谓零点漂移，是指放大器输入端_____时，输出端会出现不规律的变化缓慢的电压信号的现象。产生零漂的主要原因是三极管参数随_____的变化和_____的波动。抑制零点漂移的有效电路是采用_____电路。通常用_____作为衡量差分放大电路性能优劣的指标。

3. 如果差分放大电路的左右两个输入信号电压_____，极性_____，就称为差模输入信号；如果两个输入信号电压_____，极性_____，就称为共模输入信号。

4. 双端输出的基本差分放大电路中，是依靠_____，在其输出端来抑制_____。在理想情况下，其共模放大倍 A_c _____。

5. 单端输出差分放大电路不能利用电路的_____抵消两个差放管在输出端的

_____，只能依靠_____来抑制零点漂移。

6. 在带有 R_e 反馈电阻的差分放大电路中，R_e 对_____信号具有负反馈作用，而对_____信号相当于短路。

7. 差分放大电路有_____种输入输出连接方式，其差模电压增益 A_{ud} 与_____方式有关，而与_____方式无关。在这_____种输入输出方式中，_____方式抑制零点漂移能力最强。

8. 常说的集成运放的开环电压放大倍数中的开环是指_____，即运放的输出端与输入端之间不接_____。对集成运放来说，其差模电压放大倍数 A_{ud}_____，越大越____；而共模电压放大倍数 A_{uc} 越大则越____。

9. 在集成运放用于放大器时，其放大电路除_____外，还必须有_____。

10. 实际集成运放的电压传输特性分为_____和_____。传输特性的_____为线性区。当集成运放工作在线性区时，_____和_____之间是线性关系，即 $u_o = A_{ud}(u_+ - u_-)$，式中 A_{ud} 就是集成运放的_____。

11. 理想集成运放处于_____区时，可利用_____和_____概念。

12. 理想集成运放工作在线性区的两个基本特点是_____和_____；理想集成运放工作在饱和区的两个特点是：_____时，_____；_____时，_____。

13. 集成运放基本电路的输出电压和输入电压之间的关系，只取决于_____，而与运放本身的参数_____。

14. 在反相比例运算电路中，_____构成反馈网络，为运放电路引入了_____，其闭环电压放大倍数 $A_{uf} = $ _____，即 A_{uf} 只与_____有关。

15. 同相比例运算电路中的 R_f 为运放引入了_____，其输出电压 u_o _____，说明 u_o 仅与输入 u_i 和比例系数有关，与集成运放_____。

二、问答题

1. 何谓零点漂移？产生零漂的主要原因是什么？对集成放大电路的工作有什么影响？抑制零漂的常用措施有哪些？

2. 什么是理想运算放大器（简称理想运放）？理想运放应具备什么条件？理想运放工作在线性区和非线性区时，其分析方法有什么不同？

3. 何谓"虚地"？在图 4.33 所示电路中，同相输入端经 R_2 接地，反相输入端的电位也接近地电位。既如此，可否将两个输入端连接起来，对运放的工作是否有影响？

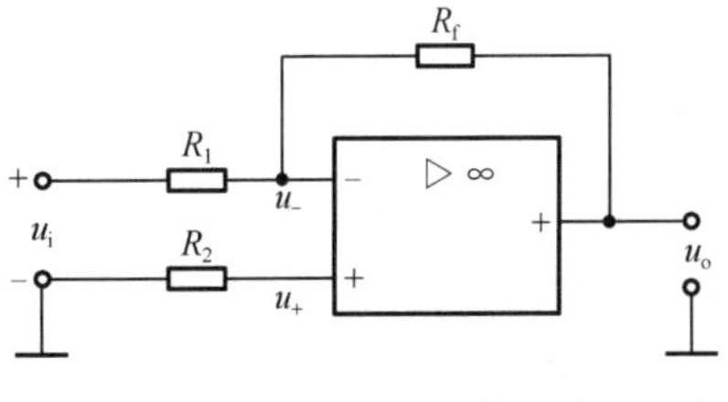

图 4.33 反相比例运算电路

4. 图 4.34 是一个电平检测器电路，U_R 为加在反相端的参考电压（正电平），输出端接有红色和绿色发光二极管，R_1、R_2 为限流电压，在输入电压为何值时，红、绿管会发亮？

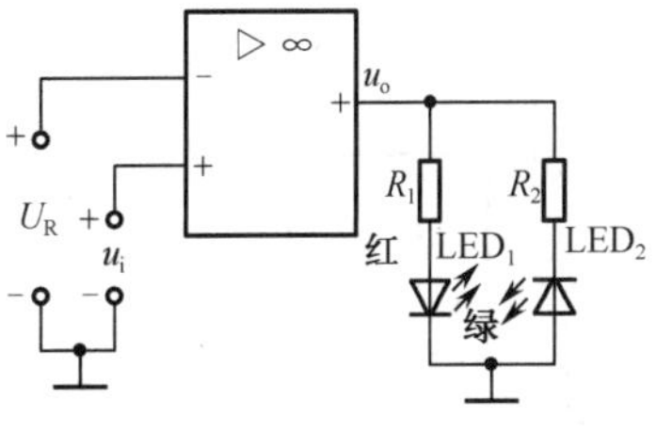

图 4.34 电平检测电路

5. 图 4.35 为采用简单比较器和三极管指示灯所组成的监控报警器电路。当需要对压力、温度等参数进行监控时，可将传感器取得的监控信号 u_i 送给比较器的同相端，加在反相端的 U_R 是参考电压。当 u_i 超过给定的正常（参考）电压值时，指示灯 LD 点亮报警。试说明图 4.35 中的集成运放、二极管 VD 和三极管 VT 等元器件在电路中的作用及报警原理。

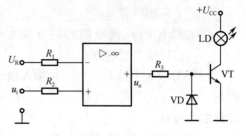

图 4.35　监控报警器电路

三、分析计算题

1. 图 4.36 是由理想运算放大器构成的比例运算电路，（1）图（a）和图（b）各引入了何种反馈？（2）两种电路中的 $u_i = 0.2V$，$R_1 = 100k\Omega$，$R_2 = 33k\Omega$，$R_f = 50k\Omega$，请计算它们的输出电压 u_o。

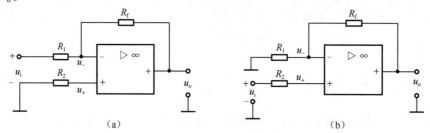

图 4.36　两种比例运算电路

2. 图 4.37 所示为同相比例运算电路，已知 $u_i = 1V$，$R_1 = 2k\Omega$，$R_2 = 2k\Omega$、$R_f = 12k\Omega$，$R_3 = 20k\Omega$，求输出电压 u_o。

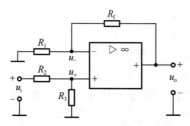

图 4.37　同相比例运算电路

3. 图 4.38 所示由集成运放 A_1 和 A_2 构成的电路各是什么电路？已知输入 $u_i = -2.5V$，$R_f = 3R_1$，请计算输出电压 u_o。

4. 图 4.39 是由集成运放 A_1、A_2 组成的两级电路，试说明两级电路的功能，计算输出电压 u_o。图中 $R_1 = R_6 = 100k\Omega$，$R_2 = R_4 = 50k\Omega$，$R_3 = R_5 = 36k\Omega$。

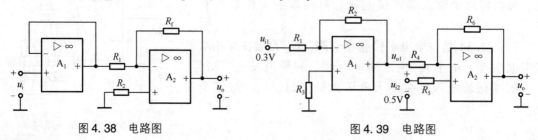

图 4.38　电路图　　　　　　　　　图 4.39　电路图

5. 由集成运放构成的两级电路如图 4.40 所示，说明 A_1、A_2 在电路中的作用，计算输出电压 u_o。图中 $R_1 = R_6 = 50k\Omega$，$R_2 = R_4 = 100k\Omega$，$R_3 = R_5 = 36k\Omega$。

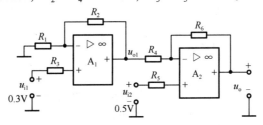

图 4.40　电路图

6. 图 4.41 为由集成运放 A_1 和 A_2 构成的级联电路，已知供电源电压为 $U_{CC} = 15V$，$U_{EE} = -15V$，$u_{i1} = 1.1V$，$u_{i2} = 1V$，试计算在加入输入电压 u_{i1}、u_{i2} 后，输出电压 u_o 由 0 上升至 10V 需要的时间。

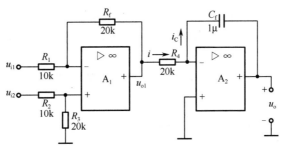

图 4.41　电路图

自测练习题参考答案

一、填空题

1. 大同小异　　输入级　　中间级　　输出级　　偏置电路

2. 短路　　温度　　电源电压　　差分放大　　共模抑制比 $K_{CMRR} = \left| \dfrac{A_{ud}}{A_{uc}} \right|$

3. 大小相等　　相反　　大小相等　　相同

4. 电路的对称性　　零点漂移的　　$= 0$

5. 对称性　　零点漂移　　共模反馈电阻 R_e

6. 共模　　差模

7. 四　　输出　　输入　　四　　双端输入双端输出

8. 无外加反馈回路　　任何反馈元件　　$= \dfrac{U_{od}}{U_{id}}$　　好　　差

9. 基本放大电路　　反馈电路

10. 线性区　　非线性区　　斜线部分　　u_o　　$(u_+ - u_-)$　　开环差模电压放大倍数

11. 线性放大　　虚短　　虚断

12. $u_+ = u_-$　　$i_+ = i_- \approx 0$　　$u_+ > u_-$　　$u_o = +U_{om}$　　$u_+ < u_-$　　$u_o = -U_{om}$

13. R_1 和 R_f　　基本无关

14. R_1 和 R_f　　电压并联负反馈　　$\dfrac{u_o}{u_i} = -\dfrac{R_f}{R_1}$　　R_f 与 R_1 的比值

15. 电压串联负反馈　　$= \left(1 + \dfrac{R_f}{R_1}\right)u_i$　　本身参数无关

二、问答题

1. 答　（1）所谓零点漂移，是指当把放大器输入端短路时，在其输出端有不规律的、变化缓慢的信号，这种现象称为零点漂移，简称零漂。

（2）产生零漂的主要原因有三个：一是温度变化对半导体三极管参数的影响；二是供电源电压的波动导致放大电路的静态工作点的不稳定；三是运算放大器各级之间采用直接耦合方式，使静态工作点的变化逐级传递和放大，致使输出端零漂严重。当然，温漂是产生零漂的最主要原因。

（3）零漂对放大电路工作有如下影响：使放大电路输出的正常信号与漂移信号相混淆，电路的放大倍数越大，则输出端的零漂越严重，会使放大电路的工作点进入非线性区。

（4）抑制零漂的常用措施如下。

① 采用差分放大电路，这种差分式左右对称结构的电路，可使输出端的零漂降低或抵消。

② 选用温度稳定性好的硅三极管和二极管。

③ 元器件装配前可进行"老化"工艺处理。

④ 在放大电路中引入直流负反馈。

⑤ 采用温度补偿的方法，利用热敏元件抵消工作点的变化。

2. 答　（1）所谓理想运放，是指满足理想化条件的集成运算放大器。理想化条件如下。

① 开环电压放大倍数 $A_{ud} \to \infty$。

② 差模输入电阻 $R_{id} \to \infty$。

③ 开环输出电阻 $R_o \to 0$。

④ 共模抑制比 $K_{CMRR} \to \infty$。

⑤ 上限截止频率 $f_h \to \infty$。

实际的集成运算放大器，具有高开环电压放大倍数、高输入阻抗、低输出阻抗，其主要技术指标大多接近上面的理想化条件，因此在应用时，常以理想模型进行分析。由此引起的误差，在一般情况下是允许的。

（2）集成运放工作在线性区或饱和区时，两者的分析方法不同。

① 集成运放工作在线性区时，其输出与输入电压成线性关系，故运放是一个线性放大器件，其分析依据有两条。

a. 由于运放的差模输入电阻 $R_{id} \to \infty$，故可认为两个输入端电流为 $i_+ = i_- \approx 0$，犹如断开一样，称为"虚断"。

b. 由于运放的开环电压放大倍数 $A_{ud} \to \infty$，而输出电压是一个有限值。故有 $u_+ - u_- = u_{od}/A_{ud} \approx 0$，即 $u_+ \approx u_-$。反相端电位与同相端电位几乎相等，近似于短路又不可能是真正的短路，故称之为"虚短"。

② 集成运放工作在非线性区（饱和区）时，它的两个输入电流也为零（$i_+ = i_- \approx 0$），

即"虚断"仍成立,但输出电压有两种可能。

a. 当 $u_+ > u_-$ 时,$u_o = +U_{o(sat)}$(正饱和电压)。

b. 当 $u_+ < u_-$ 时,$u_o = -U_{o(sat)}$(负饱和电压)。

3. 答 (1) 所谓"虚地",它是由"虚短"概念派生出来的。下面就从"虚短"说起。由于理想集成运放的开环电压放大倍数 $A_{ud} \to \infty$,而输出电压 u_o 为一个有限数值,故有

$$u_+ - u_- = u_o/A_{ud} \approx 0 \to u_+ \approx u_-$$

即反相端电位与同相端电位几乎相等,近似短路但又不是真正的短路,故称为"虚短"(路)。

若电路的同相端接地,即 $u_+ = 0$,那么 $u_- \approx 0$,说明反相端电位也接近于地电位,是一个不接地的地电位端,并称之为"虚地"。"虚地"并非是真正的地电位。

(2) 若将两个输入端直接连起来,则有 $u_+ - u_- = 0$,则集成运放输入端就无实际输入电压了,无信号加入,何以能产生输出?这样做就将"虚地"概念理解错了。

4. 【解题提示】 由如图 4.34 所示电路不难看出,集成运放处于开环状态,反相输入端外加比较用的参考电压 U_R,运放用于比较器,它必然工作在饱和区(非线性区)。

答 图 4.34 所示电路是一个电压比较电路,工作在饱和区,采用高、低电平检测。在输入电压 u_i 的作用下,其输电压只有两种可能。

(1) 当 $u_i > U_R$(参考电压)时,$u_o = +U_{om}$,工作在正饱和区,红色发光二极管 LED$_1$ 点亮发红光。

(2) 当 $u_i < U_R$ 时,$u_o = -U_{om}$,工作在负饱和区,绿色发光二极管 LED$_2$ 点亮发绿光。

5. 【解题提示】 如图 4.35 中的集成运放处于开环状态,用作电压比较器,工作在饱和区。三极管 VT 和 R_3、灯 LD 组成一个三极管放大驱动报警电路。

答 (1) 监控报警原理如下:集成运放呈开环状态,用作电压比较器,U_R 是监控报警的门限电压,超过此值则灯亮报警。

① 当被监控信号 $u_i < U_R$ 时,比较器的输出电压 $u_o = -U_{o(sat)}$(反向饱和电压),三极管 VT 截止,指示灯 LD 无电流驱动,灯熄灭无光,表明被监控对象工作正常。

② 当 $u_i > U_R$ 时,比较器输出 $u_o = U_{o(sat)}$(正向饱和电压),三极管 VT 饱和导通,报警指示灯 LD 点亮,表明被监控的物理量超过了正常(工作)数值。

(2) 图 4.35 中 VT、VD 和 R_3 等在超限报警中的作用如下:VT 为 NPN 型三极管,用于放大并驱动指示灯 LD 点亮报警;R_3 是三极管 VT 的基极电阻,应保护 VT 饱和导通;VD 对三极管 VT 起保护作用,当比较器输出负向饱和电压时,如此高的反向偏压加在三极管 VT 的 b-e 极上,会将 PN 结击穿,二极管 VD 能将其反向偏压钳定在 0.65V 左右,对三极管 VT 进行保护。

三、分析计算题

1. 【解题提示】 本题已指出图 4.36 中的集成运放为理想运算放大器,故它的放大倍数 A_{ud} 非常高,欲使其工作在线性状态,必须引入很深的负反馈。仔细分析电路,不难判断引入的是何种反馈。

解 (1) 对图 4.36(a)进行反馈判断并计算输出电压 u_o。

图 4.36(a)电路的输入信号 u_i 从反相端输入,反馈电阻 R_f 接在输出端与反相输入端之间,故 R_f 为电路引入了电压并联负反馈,故电路为反相比例运算电路,其闭环电压放大倍数为

$$A_{uf} = \frac{u_o}{u_i} = -\frac{R_f}{R_1}$$

经变换，可得 $u_o = -\frac{R_f}{R_1}u_i = -\frac{50}{100} \times 0.2 = -0.1$（V）

（2）对图 4.36（b）进行反馈判断并计算输出电压 u_o。

图 4.36（b）的输入信号 u_i 从同相端输入，R_f 接在输出端与反相输入端之间，使电路引入了电压串联负反馈，故电路为同相比例运算电路，其闭环电压放大倍数为

$$A_{uf} = \frac{u_o}{u_i} = \frac{R_1 + R_f}{R_1} = 1 + \frac{R_f}{R_1}$$

经变换，可得输出电压 $u_o = \left(1 + \frac{R_f}{R_1}\right)u_i = \left(1 + \frac{50}{100}\right) \times 0.2 = 0.3$（V）

2. 【解题提示】 图 4.37 所示电路与上题图 4.36（b）电路同为同相比例运算电路，但输入信号加至集成运放同相输入端的方式有所不同，注意同相端处的 $u_+ \neq u_i$。

解 加至集成运放同相输入端的信号 u_+ 为

$$u_+ = \frac{u_i}{R_2 + R_3} \cdot R_3 = \frac{1}{2 + 20} \times 20 = 0.91 \text{（V）}$$

图 4.37 的同相比例运算电路的闭环电压放大倍数由式（4.13）稍加变换，可得

$$u_o = \left(1 + \frac{R_f}{R_1}\right)u_i = \left(1 + \frac{12}{2}\right) \times 0.91 = 6.4 \text{（V）}$$

3. 【解题提示】 图 4.38 电路由两级 A_1 运放和 A_2 运放级联构成。第一级 A_1 为同相端输入，其输出 u_{o1} 直接反馈至反相输入端，构成电压跟随器，其电压传输关系为 $u_{o1} = u_i$，即 $u_{o1}/u_i = 1$。第二级 A_2 为反相比例运算电路，其输出 $u_o = -R_f/R_1 \cdot u_{o1}$。

解 第一级 A_1 为电压跟随器，其输出 $u_{o1} = u_i$。第二级 A_2 为反相输入的比例运算放大器，其输出为

$$u_o = -\frac{R_f}{R_1}u_{o1} = -\frac{R_f}{R_1}u_i = \left(\frac{-3R_1}{R_1}\right) \times (-2.5) = 7.5 \text{（V）}$$

4. 解 在图 4.39 所示电路中，由集成运放 A_1 和 $R_1 \sim R_3$ 构成了一级反相比例运算电路，其输出电压 $u_{o1} = -\frac{R_2}{R_1}u_{i1}$；由 A_2 和 $R_4 \sim R_6$ 构成了一级差分减法运算电路。

反相比例运算电路的输出电压为

$$u_{o1} = -\frac{R_2}{R_1}u_{i1} = -\frac{50}{100} \times 0.3 = -0.15 \text{（V）}$$

由于 A_1 的输出至 A_2 的反相输入端，故 A_2 的输出电压为

$$u_o = -\frac{R_6}{R_4} \times u_{o1} + \left(1 + \frac{R_6}{R_4}\right) \times u_{i2}$$
$$= -\frac{100}{50} \times (-0.15) + \left(1 + \frac{100}{50}\right) \times 0.5 = 0.3 + 1.5 = 1.8 \text{（V）}$$

5. 解 图 4.40 电路中的 A_1 和 $R_1 \sim R_3$ 构成同相比例运算电路，其输出电压为

$$u_{o1} = \left(1 + \frac{R_2}{R_1}\right)u_{i1} = \left(1 + \frac{100}{50}\right) \times 0.3 = 0.9 \text{（V）}$$

A_1 的输出电压就是 A_2 的输入，A_2 和 $R_4 \sim R_6$ 构成减法运算电路，则 A_2 的输出电压为

$$u_o = -\frac{R_6}{R_4} \times u_{o1} + \left(1 + \frac{R_6}{R_4}\right) \times u_{i2} = -\frac{36}{100} \times 0.9 + \left(1 + \frac{36}{100}\right) \times 0.5 = -0.32 + 0.68$$

$$= 0.36 \text{（V）}$$

6. 【解题提示】 （1）第一级 A_1 电路分析：从图 4.41 所示的电路结构可见，两个输入信号分别从反相端和同相端接入，即 A_1 电路是由同相比例运算电路和反相比例运算电路两个部分组成，故第一级电路的输出电压 u_{o1} 与两个输入电压之差成比例，即为减法电路。在 u_{i1}、u_{i2} 同时作用时，其输出电压 u_{o1} 为

$$u_{o1} = -\frac{R_f}{R_1} u_{i1} + \left(1 + \frac{R_f}{R_1}\right) \times \frac{R_3}{R_2 + R_3} u_{i2} \qquad (4.35)$$

（2）图 4.41 中的第二级为积分电路，其积分时间常数为 $R_4 C_f$。

解 当 u_{i1} 和 u_{i2} 同时作用于 A_1 减法电路时，由输出 u_{o1} 为

$$u_{o1} = -\frac{20}{10} \times 1.1 + \left(1 + \frac{20}{10}\right) \times \frac{20}{10 + 20} \times 1 = -2 \times 1.1 + \frac{30}{10} \times \frac{20}{30} \times 1$$

$$= -2.2 + 2 = -0.2 \text{（V）}$$

第二级积分电路在 u_{o1} 作用下，其积分电路输出为

$$u_o = -\frac{1}{R_4 C_f} \int u_{o1} dt = -\frac{u_{o1}}{R_4 C_f} t$$

u_o 由 0V 上升至 10V 时所需的时间 t 为

$$t = -\frac{u_o}{u_{o1}} R_4 C_f = -\frac{10}{(-0.2)} \times 20 \times 10^3 \times 1 \times 10^{-6} = 1000 \times 10^3 \times 10^{-6} = 1 \text{（s）}$$

答 在输入电压 u_{i1}、u_{i2} 后，输出电压 u_o 由 0 上升至 10V 需 1s 的时间。

第 5 章

LC、*RC*正弦波振荡器和石英晶体振荡器

本章知识结构

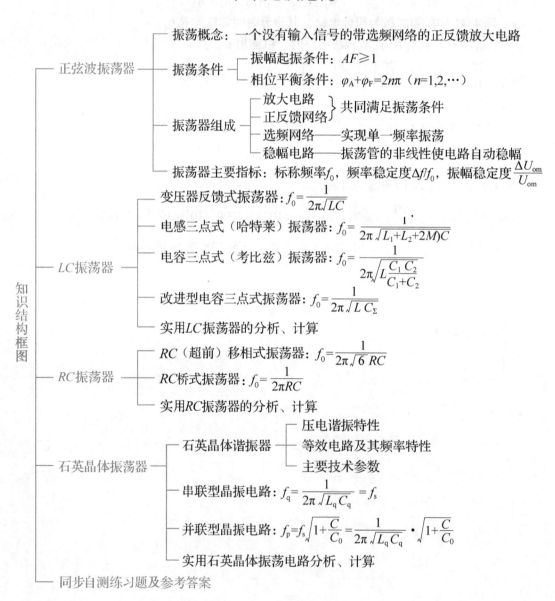

知识结构框图

- 正弦波振荡器
  - 振荡概念：一个没有输入信号的带选频网络的正反馈放大电路
  - 振荡条件
    - 振幅起振条件：$AF \geqslant 1$
    - 相位平衡条件：$\varphi_A + \varphi_F = 2n\pi$（$n=1,2,\cdots$）
  - 振荡器组成
    - 放大电路 ⎱ 共同满足振荡条件
    - 正反馈网络 ⎰
    - 选频网络——实现单一频率振荡
    - 稳幅电路——振荡管的非线性使电路自动稳幅
  - 振荡器主要指标：标称频率f_0，频率稳定度$\Delta f/f_0$，振幅稳定度$\dfrac{\Delta U_{om}}{U_{om}}$

- *LC*振荡器
  - 变压器反馈式振荡器：$f_0 = \dfrac{1}{2\pi\sqrt{LC}}$
  - 电感三点式（哈特莱）振荡器：$f_0 = \dfrac{1}{2\pi\sqrt{(L_1+L_2+2M)C}}$
  - 电容三点式（考比兹）振荡器：$f_0 = \dfrac{1}{2\pi\sqrt{L\dfrac{C_1 C_2}{C_1+C_2}}}$
  - 改进型电容三点式振荡器：$f_0 = \dfrac{1}{2\pi\sqrt{L C_\Sigma}}$
  - 实用*LC*振荡器的分析、计算

- *RC*振荡器
  - *RC*（超前）移相式振荡器：$f_0 = \dfrac{1}{2\pi\sqrt{6}RC}$
  - *RC*桥式振荡器：$f_0 = \dfrac{1}{2\pi RC}$
  - 实用*RC*振荡器的分析、计算

- 石英晶体振荡器
  - 石英晶体谐振器
    - 压电谐振特性
    - 等效电路及其频率特性
    - 主要技术参数
  - 串联型晶振电路：$f_q = \dfrac{1}{2\pi\sqrt{L_q C_q}} = f_s$
  - 并联型晶振电路：$f_p = f_s\sqrt{1+\dfrac{C}{C_0}} = \dfrac{1}{2\pi\sqrt{L_q C_q}} \cdot \sqrt{1+\dfrac{C}{C_0}}$
  - 实用石英晶体振荡电路分析、计算

- 同步自测练习题及参考答案

5.1　正弦波振荡器的本质

振荡电路由放大电路和反馈电路两个基本环节组成。自激振荡的建立是一种强烈的正反馈过程，振荡必须满足幅值平衡条件和相位平衡条件。

◀要点

5.1.1　从放大器到自激振荡器

一个合格的放大器，在不外加输入信号的情况下，其输出端仅有幅值不大的白噪声，在输入端接上信号源的情况下，会有信号输出。如图 5.1 所示，开关 K 掷向"1"时，放大电路的输出端才得到一个放大了的输出信号 u_o。

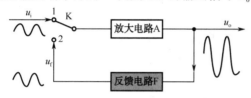

图 5.1　自激振荡器组成框图

将开关 K 掷向"2"时，放大电路的输出 u_o 通过正反馈电路将反馈信号 u_f 送至输入端，其输出端就会有一定频率和幅值的输出，则放大电路和反馈电路就构成了一个自激振荡电路。

正反馈闭合环路导致自激振荡

可见，自激振荡电路由一个基本放大电路和一个正反馈电路组成。

自激振荡电路的组成

5.1.2　正弦波振荡器的组成及振荡建立过程

一个实用的振荡器应包括放大电路、选频网络、正反馈电路和直流电源，如图 5.2 所示。

正弦波振荡电路的组成

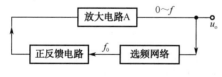

图 5.2　正弦波振荡电路

基本组成

（1）直流电源　为振荡电路供电。

各部分的作用

（2）放大电路　对一定范围内的频率（$0 \sim f$）信号进行放大，实现对能量的控制作用。

（3）选频网络　从一定频率范围内选出所需频率为 f_0 的信号。

（4）正反馈电路　对选出的 f_0 信号进行放大，并满足相位平衡条件，即 $\varphi_A + \varphi_F = 2n\pi$（$n = 0, 1, 2, \cdots$）。

振荡过程

振荡电路的工作过程如下：振荡器接通电源后，放大电路输出频率为 $0 \sim f$ 的信号，并产生相移 φ_A。这些信号送至选频网络，选出所需频率的 f_0 信号。该信号经正反馈电路放大，并改变信号相位 φ_F，则反馈电路输出的反馈信号的相位正好与所需输入的相位相同，即电路引入正反馈。如此反复通过选频→正反馈→放大……的循环，振荡建立并得到保持。

5.1.3 正常振荡的两个条件

自激振荡的条件

从振荡电路的工作过程可知，正常振荡工作需要满足如下两个条件。

相位条件：$\varphi_A + \varphi_F = 2n\pi$

（1）相位平衡条件 振荡电路将反馈信号作为输入信号，该信号的相位会有两次改变：放大电路的相移为 φ_A，正反馈电路的相位改变为 φ_F。因此，振荡电路应满足相位平衡条件，即

$$\varphi_A + \varphi_F = 2n\pi \quad (n = 1, 2, \cdots) \tag{5.1}$$

只有这样，电路的反馈才为正反馈，才能起振。

幅度条件：$AF = 1$

（2）幅度平衡条件 振荡电路稳定振荡后，要求输入信号与反馈信号的幅度应相等。这实际上是要求放大电路的放大倍数 A 与反馈电路的衰减倍数 $1/F$ 相等，即

$$A = \frac{1}{F} \text{ 或 } AF = 1 \tag{5.2}$$

满足该条件才能保证振荡器有稳定的振荡输出。

5.1.4 振荡器的起振及自动稳幅

起振：$AF > 1$

（1）起振条件 振荡器刚起振时，要求每次反馈到输入端的信号比反馈电路的衰减量大，即 $A > 1/F$，即起振必须满足 $AF > 1$。

振幅增大受三极管的非线性制约（$\beta \downarrow \rightarrow A \downarrow$）

（2）三极管的自动稳幅作用 振荡器起振后，其振幅振荡过程是否无限地增大呢？实际上是不会的，三极管是非线性器件，当振幅增大至一定程度后，振荡电路的三极管便进入非线性区，其放大系数 β 会减小，导致放大增益下降，振荡从 $AF > 1$ 过渡到 $AF = 1$，输出幅度将维持在某一幅度进行等幅度振荡，达到平衡状态。

5.1.5 振荡器的主要性能指标

（1）频率稳定度 频率稳定度是指在一定时间段内和规定的温度、湿度、电源电压等变化范围内，相对频率准确

度变化的最大值，即

$$\frac{\Delta f}{f_0} = \frac{f - f_0}{f_0}$$ (5.3)

频率稳定度

式中，f_0 为标准振荡频率；f 为实际振荡频率。

（2）**振幅稳定度** 它是指振荡幅度的相对变化量，常用 S 表示，即

$$S = \frac{\Delta U_{om}}{U_{om}}$$ (5.4)

振幅稳定度

式中，U_{om} 为某一参考的输出电压振幅；ΔU_{om} 为偏离该参考振幅 U_{om} 的值。

5.2 *LC* 正弦波振荡电路

◀**要点**

　　用 *LC* 并联回路的谐振特性进行选频的振荡电路，称为 *LC* 正弦波振荡电路。按反馈形式不同，*LC* 正弦波振荡电路有变压器反馈式、电感三点式和电容三点式三种形式。*LC* 正弦波振荡电路主要用来产生 1MHz 以上的高频振荡信号。

5.2.1 变压器反馈式 *LC* 振荡电路

1. *LC* 并联谐振回路

　　变压器反馈式 *LC* 振荡电路的选频采用的是 *LC* 并联谐振回路。常用的谐振回路如图 5.3（a）所示。图中的 R 表示回路的等效损耗电阻。图 5.3（b）、（c）分别是 *LC* 并联谐振回路的幅频特性和相频特性。

LC 并联谐振回路

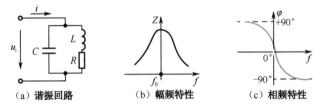

（a）谐振回路　　　（b）幅频特性　　　（c）相频特性

图 5.3 *LC* 并联谐振回路及其选频特性

　　根据电子基础知识可知 *LC* 并联谐振回路有以下特点。

（1）*LC* 并联谐振回路的频率为

$$f_0 = \frac{1}{2\pi\sqrt{LC}} \text{ 或 } w_0 = \frac{1}{\sqrt{LC}}$$ (5.5)

并联谐振频率

（2）当电路谐振（$f = f_0$）时，其等效阻抗最大，且呈纯阻性，如图 5.3（b）所示。*LC* 并联谐振回路具有选频特性，评价其选频特性好坏的指标是回路品质因数 Q，它定义为

品质因数

$$Q = \frac{\omega_0 L}{R} = \frac{1}{\omega_0 CR} = \frac{1}{R}\sqrt{\frac{L}{C}} \tag{5.6}$$

Q 值的高低可用来评价回路损耗大小的指标，一般回路的 Q 值在几十到几百范围内。

谐振时，回路呈纯阻性，$\varphi = 0°$

（3）谐振时，LC 并联谐振回路的回路电流比输入电流大得多，谐振回路呈纯阻性，其相移 $\varphi = 0°$，如图 5.3（c）所示。

2. 变压器反馈式 LC 振荡电路介绍

1）电路组成

组成概况说明

电路如图 5.4 所示，这种电路又称互感反馈式振荡电路。由图可知，该电路由三极管 VT 及其偏置电阻 $R_1 \sim R_3$、选频网络 L、C 和反馈线圈 L_2 等组成。正反馈由变压器的次级线圈 L_2 和耦合电容 C_1 构成。三极管 VT 的发

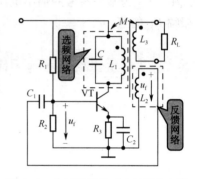

图 5.4　变压器反馈式 LC 振荡电路

射极为交流输入、输出的公共端。该电路为共射极选频放大电路。

起振

2）反馈式 LC 振荡电路的起振条件

相位条件：两次相移 $180° \times 2$

（1）相位平衡条件　根据式（5.1），要满足相位平衡，VT 的输入 u_i 必须与反馈电压 u_f 同相。图 5.4 中的选频放大电路为共射极电路，其输出电压与输入电压反相，集电极电压有 $180°$ 相移；再根据图中变压器同名端（标示"·"）的极性，经次级线圈 L_2 移相 $180°$，总振荡电路的总相移为 $360°$，即反馈电压 u_f 与输入电压 u_i 同相，满足相位平衡条件。

幅值条件：$AF \geqslant 1$

（2）幅度平衡条件　要满足幅度平衡条件，需 $AF \geqslant 1$。当满足 $AF \geqslant 1$ 时，对三极管放大倍数 β 的要求为

对振荡管的要求

$$\beta \geqslant \frac{r_{be} RC}{M} \tag{5.7}$$

式中，M 为线圈电感 L_1 和 L_2 的互感系数；r_{be} 为三极管的输入电阻值；R 为谐振回路中能量损耗的等效电阻值。通常，三极管的 β 值很容易满足，一般三极管的 β 值在几十至 250 范围内。

在满足上述相位条件和幅度条件的情况下，电路即可谐振，其谐振频率为

振荡频率

$$f_0 = \frac{1}{2\pi \sqrt{LC}} \quad (\text{Hz}) \tag{5.8}$$

式中，L 为谐振回路的总电感，单位为 H（亨）；C 为谐振回路的总电容，单位为 F（法拉）。

5.2.2 电感三点式振荡电路

电感三点式振荡电路又称哈特莱振荡电路，图 5.5（a）是其电路原理图，图（b）是其交流等效电路。由图可知，振荡回路的电感线圈 L 引出三个端点，与三极管 VT 的三个电极分别相连，故称为电感三点式振荡电路。L_1、L_2 与电容 C 构成振荡电路的选频回路。反馈信号从 LC 的线圈 L_2 取出部分信号，并送至 VT 的输入端形成振荡要求的正反馈。

正反馈标示 ⊕，请参见图 5.5（b）

电感三点式

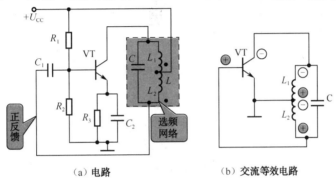

（a）电路　　　　　　　（b）交流等效电路

图 5.5　电感三点式振荡电路

电感三点式振荡电路的振荡频率为

$$f_0 = \frac{1}{2\pi\sqrt{(L_1+L_2+2M)\,C}} = \frac{1}{2\pi\sqrt{LC}} \qquad (5.9)$$

f_0 一般为 1MHz 至几十 MHz

式中，L 为谐振回路的总电感，$L = L_1 + L_2 + 2M$，其中 M 为线圈 L_1 和 L_2 之间的互感系数；C 为谐振回路的电容。

由于谐振回路中的 L_1、L_2 为同一个线圈的两段，耦合很紧，电路很容易满足相位和振幅条件，如图 5.5（b）所示，极易起振。电感三点式振荡器的工作频率一般在 1MHz 到几十 MHz，但频率稳定度不够高。

5.2.3 电容三点式振荡电路

电容三点式振荡器又称为考比兹振荡器，其电路如图 5.6（a）所示。

三极管 VT 和 R_{B1}、R_{B2} 偏置电路构成了基本放大电路，其集电极接由 L 和 C_1、C_2 构成的选频网络，由电容器 C_2 取正反馈信号，经 C_B 加至 VT 的基极。图 5.6（b）是其交流等效电路，标示出了正反馈的极性。

正反馈形成请见图 5.6（b）

电容三点式振荡电路的振荡频率为

f_0 可高达 100MHz

$$f_0 = \frac{1}{2\pi \sqrt{L\dfrac{C_1 C_2}{C_1 + C_2}}} = \frac{1}{2\pi \sqrt{LC}} \qquad (5.10)$$

式中，$C = C_1 /\!/ C_2 = C_1 C_2 / (C_1 + C_2)$。

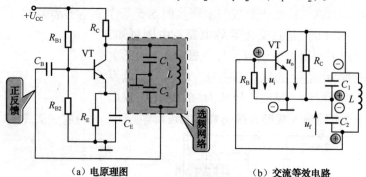

（a）电原理图   （b）交流等效电路

图 5.6　电容三点式振荡电路

电容三点式振荡电路特点

电容三点式振荡电路具有如下特点。

（1）由于正反馈电压取自电容 C_2，它对高次谐波的阻抗小，对高次谐波的反馈信号也小，因而输出波形较好。

（2）电容 C_1、C_2 的容量取值较小，振荡频率较高，可高达 100MHz，在高频振荡电路中应用广泛。

（3）使用固定容量电容器，频率调节不方便，多用于某一固定频率的振荡。

应用知识两则

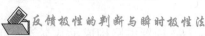　交流等效电路及其画法

交流等效电路也称交流通路，是指电路中交流电流经过的通道，其作用是保证交流信号能够顺利地输入、放大和输出。

交流通路画法如下。

（1）电路中内阻很小的直流电压源可视为短路。

（2）内阻很大的电流源或恒流源可视为开路，请参看图 5.5（b）、图 5.6（b）。

（3）容量较大的耦合电容和旁路电容均视为短路，但选频网络的电容不能看作短路。

　反馈极性的判断与瞬时极性法

瞬时极性法

反馈极性的判断，一般采用瞬时极性法，具体步骤如下。

（1）先设定输入信号在某一瞬间对地为"＋"。

（2）从输入端到输出端依次标出放大（或振荡）电路各点的瞬时极性。

（3）将反馈信号的极性与输入信号进行比较，确定反馈极性。

下面以图5.5和图5.6所示电路为例说明瞬时极性法：设在VT的基极加一个瞬时为"＋"的信号，则集电极输出的信号为"－"（请见后面的提示），*LC*回路的另一端瞬时为"＋"，反馈回基极的瞬时极性为"＋"。因而图示电路满足相位和振幅条件，电路能够起振。

◉ **三极管各电极的相位关系**　　　　　　　　　　相关知识

发射极信号与基极输入信号瞬时极性相同，集电极信号瞬时极性与基极信号瞬时极性相反。

5.2.4　并联改进型电容三点式振荡电路

针对图5.6所示的电容三点式振荡电路中选频网络采用　　改进型电容三点式
固定电容 C_1、C_2，无法实施频率调节的缺点，对电路稍加改进，在电感线圈 L 上并联了一个可调电容器 C，如图5.7（a）所示。图5.7（b）是其交流等效电路。

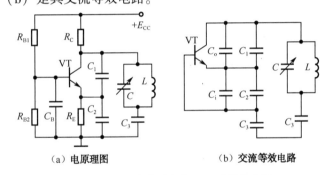

（a）电原理图　　　　　　　　（b）交流等效电路

图5.7　并联改进型电容三点式振荡电路

这种并联改进型振荡电路，也称西勒电路。这种电路保　　振幅更平稳，振幅得以提高
持了电容三点式振荡电路的优点，还在一定程度上解决了幅度平衡和提高振荡频率的问题。这是由于在调节 C 改变频率时，回路的接入系数变化并不大（由于 C_3 相串接），振荡幅度就比较平稳，很适合用于可调频率较宽的振荡电路。

并联改进型电容三点式振荡电路的振荡频率近似等于谐振回路的谐振频率，即

$$f_0 \approx \frac{1}{2\pi \sqrt{LC_\Sigma}} \qquad (5.11)$$

振频可高达几百兆赫

式中，回路总电容 C_Σ 为

$$C_\Sigma = C + \frac{1}{\dfrac{1}{C_1 + C_0}} + \frac{1}{C_2 + C_i} + \frac{1}{C_3} \approx C + C_3$$

西勒电路有如下特点。　　　　　　　　　　　　　振荡电路特点

（1）频率稳定性好，输出的电压幅度较平稳。

（2）振荡频率可做得较高，可达几百兆赫，可调频率范围宽。

应用广泛

因此，西勒电路在短波、超短波通信、雷达收信机、电视等高频设备中得到了广泛的应用。

相关知识

●各种 *LC* 振荡电路主要性能比较

本章介绍了 4 种 *LC* 正弦波振荡电路。为便于读者合理选用正弦波振荡器，表 5.1 列出了它们的主要性能特点，供参考。

表 5.1 4 种常见 *LC* 正弦波振荡电路的主要性能参数及比较

电路参数	变压器反馈式	电感三点式	电容三点式	并联改进型电容三点式
振荡频率	$f_0 \approx \dfrac{1}{2\pi\sqrt{LC}}$	$f_0 \approx \dfrac{1}{2\pi\sqrt{(L_1+L_2+2M)\,C}}$	$f_0 \approx \dfrac{1}{2\pi\sqrt{L\left(\dfrac{C_1 C_2}{C_1+C_2}\right)}}$	$f_0 \approx \dfrac{1}{2\pi\sqrt{L\,(C_3+C_4)}}$
输出波形	一般	较差	好	好
反馈系数 F	$\dfrac{M}{L}$	$\dfrac{L_2+M}{L_1+M}$	$\dfrac{C_1}{C_2}$	$\dfrac{C_1}{C_2}$
作为可变频率振荡器	方便	可以	不方便	方便
频率稳定度	可达 10^{-3}	可达 10^{-3}	可达 $10^{-3} \sim 10^{-4}$	可达 10^{-4}
适用频率	几千赫至几十兆赫	几千赫至几十兆赫	几兆赫至 100 兆赫以上	几兆赫至几百兆赫
典型应用	振荡频率较低的振荡器，如中、短波收音机	要求不高的固定或可变频率振荡器，如测量仪表、信号发生器	要求不高的固定频率振荡器	可变频振荡器，如短波、超短波通信机、电视接收机

5.2.5　实用 *LC* 正弦振荡器电路分析和计算

1. 甚高频 250MHz 本机振荡器电路

电视机第 12 频道本振电路

图 5.8 是电视机第 12 频道调谐器中的 250MHz 本机振荡器电路。

由于振荡器频率很高，且要求带负载（混频器）的能力要强，故将本振电路接成共集电极组态，振荡信号由 VT 的发射极（输出电阻很小）输出。振荡器的选频网络由电感 L、电容器 C、$C_1 \sim C_3$ 共同组成，它们与三极管 VT 构成一个电容并联改进型振荡器［称之为西勒振荡器（Seiler osc.）］。它的交流等效电路如图 5.8（b）所示（交流等效电路的画法请参见 2.2.7 节）。

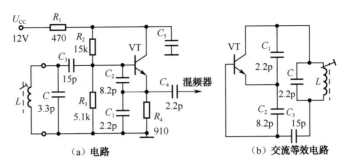

图 5.8 250MHz 本机振荡器电路

图 5.8（a）中的 R_2、R_3 和 R_4 是用于稳定工作点的偏量电阻；R_1、C_5 是用于高频滤波的 Γ 型滤波网络；C_4 是输出调频耦合电容器。振荡回路的总等效电容为

$$C' = C \cfrac{1}{\cfrac{1}{C_1} + \cfrac{1}{C_2} + \cfrac{1}{C_3}} \qquad (5.12)$$

该本机振荡器的振荡频率为

$$f_0 = \frac{1}{2\pi \sqrt{LC'}} \qquad (5.13)$$

调节电感的调频磁芯可以改变其振荡频率，并锁定在所要求的 250MHz 频率上。

2. 熊猫牌半导体收音机本机振荡器电路

图 5.9 是熊猫牌 802 型收音机的本机振荡器电路。　　　**AM 收音机本振电路**

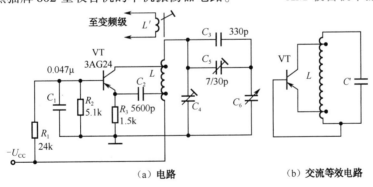

图 5.9 熊猫牌 802 型收音机的本机振荡器电路

振荡管选用 PNP 型高频小功率管 3AG24（$f_t \geqslant 50\text{MHz}$，$h_{FE} \geqslant 50$），其基极 b 通过电容器 C_1（0.047μF）接地；对调频交流而言，振荡电路接成共基极组态，振荡回路由电感 L、可变电容器 C_3、C_4、C_5 和 C_6 组成，电感线圈 L 上有两个抽头，用以减小振荡管 VT 和负载对振荡回路的影响。不难看出，这是一种改进型的电感三点式振荡电路（请参看 5.2.2 节的图 5.5）。加至变频级的振荡信号是从耦合线圈 L'

耦合输出的，这些措施不仅能提高振荡器的频率稳定度，还可提升带负载的能力。

图 5.9（b）是其交流等效电路（将 C_1、C_2 对高频振荡信号视作短路）。振荡器回路的等效电容 C_Σ 为

$$C_\Sigma = C_4 + \frac{(C_3 + C_5)\,C_6}{C_3 + C_5 + C_6} \tag{5.14}$$

则振荡器的振荡频率为

$$f = \frac{1}{2\pi\,\sqrt{LC_\Sigma}} \tag{5.15}$$

调节 C_4、C_5 可得到所需要的高频振荡频率；C_3 和半可变电容 C_5 的接入，主要是用于接收的频率覆盖和统调。

3. 高稳定的频率可调的西勒振荡器

振荡电路如图 5.10 所示，它是图 5.7 所示的并联改进型电容三点式振荡电路的具体实施和完善。

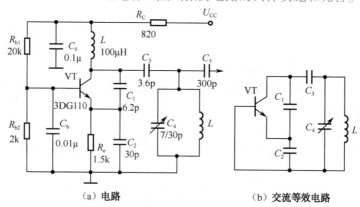

（a）电路　　　　　（b）交流等效电路

图 5.10　高稳定的频率可调的西勒振荡器电路

高稳定 100HMz 西勒振荡器

由图 5.10（a）可见，小功率高频管 VT 的基极接入一个 $0.01\mu\mathrm{F}$（C_b）电容，对高频信号呈短路，因而这是一个共基极组态的改进型电容三点式振荡电路，也称作西勒电路。它的交流等效电路如图 5.10（b）所示。由于 C_3 的电容量选得很小（$C_3 = 3.6\mathrm{pF}$），可减小 VT 的输入、输出电容 C_i、C_o 对谐振回路 LC_4 的影响，有利于频率稳定度的提升。

振荡器的振荡频率 f_c 近似等于谐振回路的谐振频率 f_0，即

$$f_c \approx f_0 = \frac{1}{2\pi\,\sqrt{LC_\Sigma}} \approx \frac{1}{2\pi\,\sqrt{L\,(C_3 + C_4)}} \tag{5.16}$$

式中，回路总电容 $C_\Sigma \approx C_3 + C_4$（由于 $C_3 \ll C_2$ 或 C_1）。

若选择合适的电感 L 和可调电容器 C_4，可使振荡频率在 $f_0 \times (1.2 \sim 1.4)$ 的范围内变化，且振幅平稳。

在元器件选择上，VT 选用 3DG110 或 3DG130，其 $f_\tau \geqslant$

150MHz，要求 $h_{FE} \geqslant 150$；$C_1 \sim C_3$ 选用 CC1 型高频瓷介电容器或 C14 型高频瓷玻璃釉电容器；C_4 采用瓷介微调电容器，如 CW7-2 型、CCW12-3 型或 CCW8 型陶瓷拉线微调电容器。若印制板设计合理，安装正确，该电路的频率稳定度 $\Delta f / f_0$ 在 10^{-5} 量级。

5.3　*RC* 正弦波振荡电路

◀要点

RC 振荡器是利用电阻 *R* 和电容 *C* 构成选频和反馈网络的报荡电路。常见 *RC* 正弦波振荡电路有移相式和桥式两种，一般用来产生 200kHz 以下的低频正弦波信号。其因电路结构简单、频率范围宽、易于调节等广泛应用于低频电子电路中。

5.3.1　*RC* 移相式正弦波振荡器

RC 移相式振荡器可分为相位超前型 *RC* 振荡电路和相位滞后型 *RC* 振荡电路。两者均采用 *RC* 网络移相，其移相原理类同。下面以相位超前型 *RC* 移相式振荡电路进行介绍。

RC 振荡器

图 5.11 是一个有三节 *RC* 超前移相网络的正弦波振荡电路。

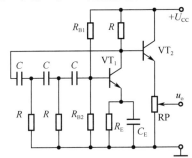

图 5.11　*RC* 移相式振荡电路

RC 移相式振荡器

主振荡电路由三极管 VT、偏置电阻 R_{B1}、R_{B2}、R_E 和三节 *RC* 移相网络等组成。VT_2 和 RP 组成射极跟随器，具有高输入阻抗、低输出阻抗特点，可减少负载对振荡频率和幅值的影响。

振荡电路扼要说明

由于 VT_1 为共发射极电路（C_E 对交流信号呈短路），其集电极输出电压与基极输入电压反相（相差 180°），因此，由集电极反馈给基极的电压应再移相 180°，即反馈回基极的瞬时极性为 "+"，满足振荡所需的相位平衡条件。

两次移相 180°×2，满足相位平衡条件

1. 相位超前的 *RC* 移相网络

1）一节 *RC* 网络的移相作用

图 5.12 是一节 *RC* 网络的移相作用图。它是利用电容

单节 *RC* 移相

器上电流超前电压的特性，使输出电压 U_o 超前输入电压 U_i 的一个相移角 φ（$0 \sim 90°$），移相的大小由组成移相网络的 R、C 的比值决定，如图 5.12（b）所示。

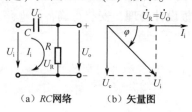

（a）RC 网络　　　　（b）矢量图

图 5.12　一节 RC 网络

三节 RC 移相 $60° \times 3 = 180°$

2）三节移相网络移相 $180°$

为满足 RC 振荡器振荡所需要的相位平衡条件，要求移相网络移相 $180°$。图 5.13（a）为三节 RC 移相网络的电路图。设每节的移相时间常数均为 $\tau = RC$，在特定频率下每节移相 $60°$，则三节就可实现 $180°$ 移相，图 5.13（b）为其矢量图。

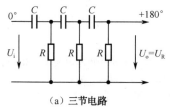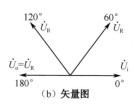

（a）三节电路　　　　　（b）矢量图

图 5.13　三节移相网络

2. 三节 RC 网络移相式振荡电路

将三节 RC 移相网络接于图 5.11 中 VT_1 的集电极与基极之间，若设 VT_1 的基极输入相位为 $0°$ 的信号，该信号经 VT_1 放大后，从集电极输出倒相 $180°$ 的信号，再经三节 RC 移相 $180°$ 并反馈到 VT_1 的基极，便满足了相移 $360°$ 的相位平衡条件，电路起振，其振荡频率为

RC 移相式振荡电路振荡频率

$$f_0 = \frac{1}{2\pi\sqrt{6}RC} \qquad (5.17)$$

需要说明的是，当 R、C 参数给定时，三节超前移相网络只能在某个频率上移相 $180°$。高于或低于该频率的移相均会小于或大于 $180°$，电路不满足相位平衡条件，不会起振。这说明三节移相网络具有选频特性。

RC 移相式振荡电路有如下特点。

（1）电路结构简单，易于调节，制作成本低。

f_0 在几赫至几百千赫

（2）振荡频率在几赫至几百千赫的低频范围。

（3）适用于频率固定且稳定度要求不高的场合。

●采用集成运放的移相式正弦波振荡电路

相关知识
用集成运放电路更简单

图 5.11 是采用三极管和阻容元件的移相式正弦波振荡电路，同样，用开环放大倍数（A_{ud}）很大的集成运算放大器（简称集成运放）代替三极管 VT 也可构成移相式正弦波振荡电路，如图 5.14 所示。

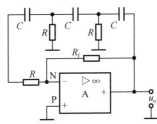

图 5.14　采用集成运放的移相式正弦波振荡电路

将反馈电阻 R_f 接在运放 A 的输出端和反相输入端 N 之间，R_f 与接在 N 端的电阻 R 组成负反馈比例放大电路，调节 R_f 的阻值，使闭环放大倍数适当，满足振幅条件。

满足振幅条件

三节 *RC* 移相网络可对频率为 f_0 的信号进行 60° × 3 = 180° 移相（其原理参见图 5.13 及配文说明）。这样，图 5.14 所示电路就能同时满足相位（集成运放的输出与反相输入端有 $\varphi_A = 180°$ 相差）$\varphi_A + \varphi_F = 180° + 180° = 360°$（或 0°）和振幅条件，产生正弦波振荡，其振荡频率为

满足相位条件

$$f_0 = \frac{1}{2\pi\sqrt{6}RC} \tag{5.18}$$

振荡频率

5.3.2　*RC* 桥式正弦波振荡器

RC 桥式振荡器又称为文氏电桥振荡器，它由 *RC* 串并联反馈网络和放大电路组成，其放大电路可采用两级放大器（由分立元件构成），也可采用集成运放比例放大电路，后者电路简单，性能可靠。

RC 桥式（文氏电桥）

1.*RC* 电桥和 *RC* 桥式正弦波振荡电路

1）RC 电桥电路

RC 电桥也称为 *RC* 串并联选频网络。图 5.15 是构成 *RC* 桥式振荡器的核心网络——*RC* 电桥电路。

由于电桥中采用了两个电容器，它们的容抗 $X_C = 1/(\omega C)$，即 X_C 与频率成反比，当输入不同频率的信号时，即使输入幅度 U_1 保持不变，其输出信号 U_2 的幅度也不同。也就是说，*RC* 电桥网络的电压传输系数 $F = U_2/U_1$ 是随频率变化的。图 5.15（b）绘出了电压传输系数 F 与相位角 φ 随频率 f 变化的曲线。

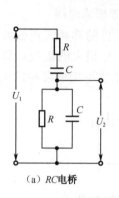 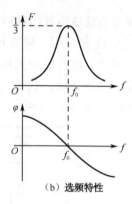

（a）*RC* 电桥　　　　　　　（b）选频特性

RC 选频网络

图 5.15　*RC* 电桥电路及其选频特性曲线

该电桥网络通过理论计算可以证明，当 $f = f_0 = 1/(2\pi RC)$ 时，其电压传输系数 F 为最大，即

$$F_M = \frac{U_2}{U_1} = \frac{1}{3} \qquad (5.19)$$

同样可证明，在 f_0 处的 U_2 与 U_1 的相位差为零，即

$$\varphi = 0$$

上两式说明，当 $f = f_0 = 1/(2\pi RC)$ 时，*RC* 电桥网络的输出电压 U_2 是输入电压 U_1 的 1/3，且输出电压与输入电压同相（$\varphi = 0$）。

2）*RC* 桥式振荡电路

RC 桥式振荡器的组成框图及其电路如图 5.16 所示。

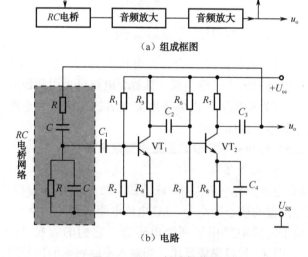

（a）组成框图

文氏电桥振荡器

（b）电路

图 5.16　*RC* 桥式振荡器

扼要分析起振条件

VT_1、VT_2 和 $R_1 \sim R_8$、$C_2 \sim C_4$ 构成两级阻容耦合放大器，与 *RC* 电桥网络共同组成桥式正反馈放大电路。输入信号经 VT_1、VT_2 两级放大倒相后，使输出信号与输入信号的相位相同（$\varphi = 360°$ 或 $\varphi = 0$）。由于 *RC* 电桥网络在 $f = f_0 =$

$1/2\pi RC$ 时的相移 $\varphi=0$，且此时的电压传输系数 $F=F_M$（最大）。这样一来，该桥式正反馈两级放大电路就有可能在频率 f_0 以外的其他频率不满足振荡条件，不会起振。

$$\begin{cases}\text{正反馈 } F=F_M\\ \text{相位：} \varphi=0\end{cases}$$

2. 具有稳幅功能的 RC 桥式振荡器电路

前面介绍的 RC 桥式振荡电路（图5.16）具有电路简单、易起振的优点，但存在幅度不稳和振荡波形失真（主要是含较多的频率成分）问题。

图5.17 所示的 RC 桥式振荡器电路可很好地解决稳幅和波形失真问题。

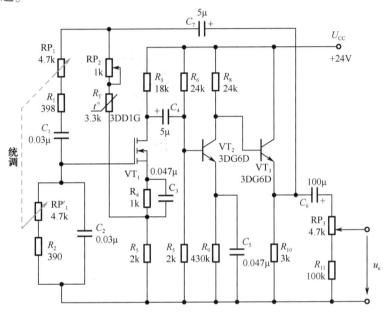

图 5.17　具有稳幅功能的 RC 桥式振荡器电路

为解决稳幅和波形失真，图5.17 所示电路采取了如下措施。

电路采取的稳幅措施

（1）增加了一条由热敏电阻 R_T、RP_2 和 R_5 组成的负反馈支路，这一负反馈支路的负反馈系数为

反馈系数

$$F\approx\frac{R_5}{R_T+RP_2} \qquad (5.20)$$

式中，R_T 是热敏元件，其阻值随温度而变化：当温度升高时，其阻值 R_T 变小，于是反馈系数 F 增加，负反馈增强，这就使幅度增加趋势受阻；反之，当输出幅值减小时，反馈系数也将随之减小，于是阻止了幅度减小的趋势，因此负反馈起稳定作用。

（2）采用具有高输入阻抗（$R_i>10^6\,\text{M}\Omega$）的场效应管代替阻抗低的晶体管，从而减小了对 RC 电桥网络的影响，使振荡幅度和振频更稳定。

使用场效应管

综上，采用合适的负反馈和质量好的热敏电阻 R_T，可使频率稳定度达到 10^{-3} 量级，波形失真度小到 0.2% 左右。

3. 采用集成运放的 *RC* 桥式振荡器

1）振荡电路的组成及振荡条件

集成运放 *RC* 桥式振荡器

RC 桥式正弦波振荡器是一种反馈式低频振荡器，其振荡频率一般在几赫到几百千赫的范围。

振荡器组成

电路如图 5.18 所示，它包括比例放大电路和选频网络两部分。集成运放 A 和 R_f、R_1 接成同相比例放大电路，构成振荡所必须的放大环节；选频网络为 *RC* 串并联网络。

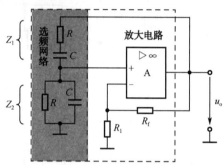

图 5.18　集成运放 *RC* 桥式振荡器

满足正反馈（振幅）相位平衡

Z_1、Z_2 和 R_f、R_1 构成文氏电桥的四个臂，Z_1、Z_2 和运放 A 构成正反馈，满足振荡所必需的相位平衡条件。振荡器产生的正弦频率为

振荡频率

$$f = 1/(2\pi RC) \text{ 或 } \omega = 1/RC \qquad (5.21)$$

若将运放的同相端看成信号的输入端，则运放 A 与 R_f、R_1 构成的电压串联反馈电路的电压放大倍数为

$$A_u = 1 + R_f/R_1 \qquad (5.22)$$

上式能满足振荡平衡条件。

R_f 采用 NTC 热敏电阻，实现自动稳幅

在实际应用电路中，图中的 R_f 常采用负温度系数（NTC）的热敏电阻，其阻值会随输出电压幅值的增大而减小，致使式（5.22）的 A_u 降低，从而达到自动稳幅的目的。

2）电路振荡过程分析

分析起振过程

振荡电路通电后，集成运放会输出各种频率的微弱信号。这些信号经 *RC* 串并联电路反馈至运放 A 的同相端（＋），由于串并联网络的选频作用，只有频率为 $f_0 = 1/(2\pi RC)$ 的信号成分反馈到运放的"＋"端，经运放放大后输出，又反馈至运放的"＋"端，如此放大、正反馈、再放大过程，使输出幅值越来越大。最后，受集成运放中非

说明如何稳幅

线性器件的限制，输出幅度便自动地稳定了下来。

5.3.3　实用 *RC* 正弦波振荡电路剖析

1. 1000Hz *RC* 移相式振荡电路

RC 移相式振荡电路如图 5.19 所示。它由共射极音频放
大器 VT$_1$ 和三节 *RC* 移相网络组成，后跟一级阻容耦合射极
输出级 VT$_2$。射随器具有高输入阻抗、低输出阻抗的特点，
可减少后级对 *RC* 振荡电路的影响，且带负载能力强。电容
器 C_2（100μF）用以防止可能出现的高频自激振荡。

移相振荡原理分析

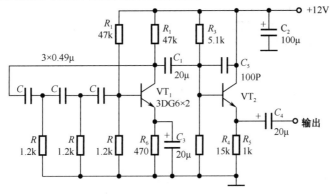

图 5.19　1kHz *RC* 移相式振荡电路

三节 *RC* 移相网络可移相 $3 \times 60° = 180°$，再加上 VT$_1$ 共
射极放大器倒相（180°），使从 VT$_1$ 集电极反馈回给基极的
信号相位满足振荡器所需的相位（360°）和振幅（正反馈）
条件，其振荡频率同式（5.17），为

$$f_0 = \frac{1}{2\pi \sqrt{6}RC}$$

1kHz 振荡频率

图示参数的振荡频率为 1000Hz。

2. 20kHz 复合管 *RC* 桥式振荡器

振荡电路如图 5.20 所示。它由位于左侧的 *RC* 电桥网
络、VT$_1$、VT$_2$ 复合管放大器和与之直接耦合的 VT$_3$ 放大级
所组成。VT$_3$ 的输出信号经耦合电容器 C_5 反馈给 *RC* 电桥，
经网络分压将适于起振的幅值和相位信号加至复合管的基
极，满足给定频率的振幅和相位条件。调节双联电容 C_{11}、
C_{21} 和可调电阻 R_b 用以改变振荡频率和负反馈量。本电路的
振荡频率为（15～23）kHz，调节双联电容，很容易将频
率调定在 20kHz 上。

振荡器组成

如何满足起振条件

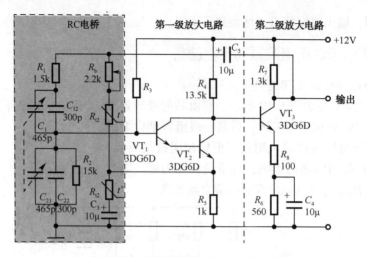

图 5.20　复合管的 RC 桥式振荡电路

第一级放大电路采用复合管，目的在于提高其输入阻抗，减小对 RC 电桥网络的影响。为解决振幅不稳定和振荡波形失真问题，电路中设计了由热敏电阻 R_{t1}、R_{t2}、R_b 和 C_1 所组成的负反馈支路。热敏电阻是非线性器件，其阻值会随温度变化：当温度升高时，其阻值变小；反之，则阻值变大。因此，利用非线性的热敏电阻构成的负反馈，不仅起到稳幅作用，还可减小正弦振荡波形的失真，并改善放大电路的性能。

3. 采用场效应管稳幅的桥式 RC 正弦波振荡器

图 5.20 所示的文氏电桥 RC 正弦波振荡电路中，用负温度系数（NTC）热敏电阻 R_t 作为反馈电阻 R_f，依靠热敏电阻阻值的自动调整作用，可使输出电压幅值保持稳定。

图 5.21 采用了另一种稳幅输出方案，即利用结型场效应管 VT 工作在可变电阻区实现反馈电阻 R_f 的自动调整作用，电路具有良好的稳幅作用。

图 5.21 中的负反馈网络由 RP_3、R_3 和场效应管 VT 的漏源电阻 R_{DS} 组成。电路通电后随即起振，运放的输出电压 u_o 经二极管 VD 整流、R_4、C_1 滤波后，经 R_5、RP_4 为 VT 提供栅极控制电压。当由于某种原因（如温度变化、电源电压波动等）使输出幅值减小时，管子的 U_{GS} 变为正值，使 VT 的 R_{DS} 值自动减小，即负反馈变弱，导致运放输出变大；反之，则向相反方向变化，从而进行自动稳幅。由于集成运放的增益很高，所以不仅闭环控制快且稳幅效果好。

本桥式振荡电路为实际应用电路，若安装无误、元器件正常，通常一装即成。图中的 SA_1、SA_2 为联动选择开关，用以选择振荡频率范围。RP_1、RP_2 为同轴双联电位器，用

如何稳幅和解决波形失真

用结型场效应管实现自动稳幅

起振、稳幅扼要说明

来细调振荡周期时间。通过调节 RP₃ 或 RP₄ 可改善振荡波形，使正弦波失真最小。本电路的正弦频率范围为 20Hz ～ 20kHz，输出电压为 1V。

本电路振频范围：20Hz ～ 20kHz

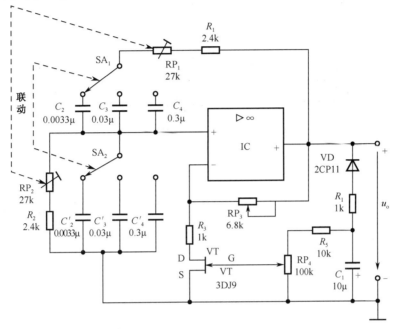

图 5.21　采用场效应管稳幅的桥式正弦波振荡器电路

5.4　石英晶体振荡器

　　石英晶片是天然二氧化硅晶体切割的晶体片，具有压电效应和压电谐振的特性。用石英晶片做谐振器可产生高精度、高稳定度的正弦波信号。石英晶体振荡器有串联型和并联型两种基本类型，改进型晶振电路有多种。

◄要点

　　给石英晶片加上交变电场（电压）时，晶片会产生与所加交变电场（电压）相同频率的机械振动，但振动幅度一般很小。而当外加交变频率为某一特定值时，石英晶片的振动变得强烈，这就是晶片的谐振特性，或称压电谐振。

谐振特性

5.4.1　石英晶体谐振器的外形和等效电路

　　在石英晶片两侧喷涂上银层并装上一对金属引极，并按一定形式封装就构成了石英晶体谐振器，简称晶振。图 5.22 给出了部分石英晶体谐振器的外形和内部结构示意图。

石英谐振器

　　石英晶体谐振器的等效电路和图形符号如图 5.23（a）和（b）所示。L_q、C_q 和 R_q 组成的串联支路是石英晶体谐振器的等效电路，C_0 为极板间静态电容。

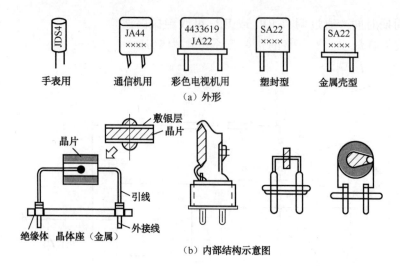

（a）外形

（b）内部结构示意图

图 5.22　部分石英晶体谐振器的外形和内部结构示意图

5.4.2　石英晶体谐振器的频率特性

两个谐振率（f_q、f_p）

由图 5.23（a）的等效电路不难看出，石英晶体谐振器有两个谐振频率：一个是串联谐振频率 f_q；另一个是并联谐振频率 f_p，如图 5.23（c）所示。

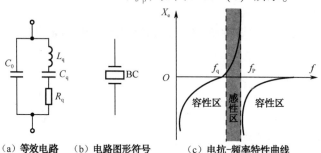

（a）等效电路　　（b）电路图形符号　　（c）电抗-频率特性曲线

图 5.23　石英晶体谐振器的等效电路、电路图形符号及电抗－频率特性曲线

当 L_q、C_q、R_q 支路产生串联谐振时，等效电路的阻抗最小（近似等于 R_q），其串联谐振频率为

串振频率

$$f_q = \frac{1}{2\pi \sqrt{L_q C_q}} \tag{5.23}$$

由于串联等效电路中 L_q 的感抗远比 C_q 的容抗大，所以当工作频率 f 增加时，串联电路转呈感性，并与静电电容 C_0 在 f_p 处形成并联谐振。并联谐振频率为

并振频率

$$f_p = \frac{1}{2\pi \sqrt{L_q \dfrac{C_q C_0}{C_q + C_0}}} = \frac{1}{\sqrt{L_q C}} \tag{5.24}$$

式中，$C = C_q /\!/ C_0 = C_q C_0 / (C_q + C_0)$

在 $f_q \sim f_p$ 区间谐振器呈感性

由图 5.23（c）可以看出，当谐振频率在 f_q、f_p 之间

时，石英晶体谐振器呈感性，相当于一个电感器；当谐振频率等于 f_q 时，石英晶体谐振器的阻抗为零；当谐振频率在 f_q 以下、f_p 以上时，石英晶体谐振器均呈容性，可视为一个电容。实际上，f_p 与 f_q 非常接近，即石英晶体谐振器呈感性的频率区间非常窄。因此，石英晶体谐振器的频率稳定度很高，其频率稳定度一般在 $10^{-6} \sim 10^{-9}$ 数量级。

频率稳定度为 $10^{-6} \sim 10^{-9}$

5.4.3 石英晶体谐振器的种类及主要技术参数

1. 种类

石英晶体谐振器的种类很多，按封装形式分，有金属壳、玻壳和塑料封装等几种；按频率稳定度分，有普通、精密型和高精密型，三者的频率稳定度分别为 10^{-5}、10^{-6} 和高于 10^{-8}；按用途分类，常见的石英晶体谐振器有以下种类。

可按不同方法分类

（1）普通石英晶体谐振器，一般用在各种电子振荡电路中，可提供精度在 $10^{-5} \sim 10^{-6}$ 的频率和振荡信号。

普通型的 $\Delta f/f_0$ 为 $10^{-5} \sim 10^{-6}$

（2）时钟脉冲用石英晶体谐振器，它与阻容元件配合，为数字电路、微机和微处理器提供标准的脉冲信号源。

（3）电台、电视台用高精度石英晶体谐振器。

（4）作为时间标准的石英晶体谐振器（日频率稳定度不小于 10^{-12}）。

时间基准型的 $\dfrac{\Delta f}{f_0}$ 达 10^{-12}

（5）彩色电视机、录像机、钟表、照相机等电器用石英晶体谐振器。

2. 主要技术参数

（1）标称频率　晶体谐振器产品技术条件中指定的谐振频率。在该频率处，晶体谐振器呈阻性。

（2）调整频差（室温频差）　在规定条件下，基准温度的工作频率相对于标称频率的最大偏离值。

（3）总频差（频率偏移）　在规定条件下，某工作温度范围内的工作频率相对于标称频率的最大偏离值。

（4）温度频差（频率漂移）　在规定条件下，某温度范围内的工作频率相对于基准温度下工作频率的最大偏离值。

（5）基准温度　指测量精度谐振器时指定的环境温度。

（6）负载谐振电阻　晶体谐振器与给定的外部电容相串联，在负载谐振频率时呈现的阻值。

（7）负载电容　与晶体谐振器共同决定负载谐振频率的有效外界电容。

（8）激励电平　晶体谐振器工作时消耗的有效功率。

（9）工作温度范围　晶体谐振器能保持良好频率特性的环境温度范围。

3. 常用石英晶体谐振器

表5.2至表5.5列出了几种常用石英晶体谐振器的主要技术参数，供参考、选用。

表5.2 电子钟用石英晶体谐振器的主要技术参数

型号		标称频率（kHz）	调整频差（10^{-6}）	温度频差（10^{-6}）	负载电容（pF）	激励电平（mW）	谐振电阻（Ω）	工作温度（℃）
JA40	A			±10			≤80	8～40
	B	4194.304	±10	±20	30	1～2	≤80	－10～55
	C			±30			≤80	－25～55
JA42	A			±10			≤100	0～40
	B	4194.304	±10	±20	12	1～2	≤100	－10～55
	C			±30			≤100	－25～55

表5.3 微机用石英晶体谐振器的主要技术参数

型号		标称频率（MHz）	总频差（10^{-6}）	负载电容（pF）	型号		标称频率（MHz）	总频差（10^{-6}）	负载电容（pF）
JA94	A	1～5	±50	30	JA95	D	3～25	±50	16
	B	1～5	±100	30		E	3～25	±100	16
	C	1～5	±150	30		F	3～25	±150	16
	D	1～5	±50	16	JA96	A	20～75	±50	30
	E	1～5	±100	16		B	20～75	±100	30
	F	1～5	±150	16		C	20～75	±150	30
JA95	A	3～25	±50	30		D	20～75	±50	16
	B	3～25	±100	30		E	20～75	±100	16
	C	3～25	±150	30		F	20～75	±150	16

表5.4 7种系列小型石英晶体谐振器的主要技术参数

型号	分类	频率范围（MHz）	频率偏差	负载电容（pF）	激励电平（mW）	工作温度（℃）
JA5 系列	小型金属壳石英晶体谐振器	0.8～25	≤10^{-6}	30	4	－55～＋85
JA15 系列		1～20	≤10^{-7}	—	1	60±5
JA9 系列		15～125	A类：≤±$50×10^{-6}$ B类：≤±$75×10^{-6}$	—	2	－55～＋85
JA8 系列	超小型金属壳石英晶体谐振器	3～25	A类：≤±$50×10^{-6}$ B类：≤±$75×10^{-6}$	30	4	－55～＋85
JA12 系列		20～125	A类：≤±$50×10^{-6}$ B类：≤±$70×10^{-6}$		2	－55～＋85
JC1 系列	低、中频金属壳石英晶体谐振器	0.4～0.5	≤±$200×10^{-6}$	30	2	－40～＋70
JN1 系列		0.016～0.085	≤±$200×10^{-6}$	100	0.1	－40～＋70

表 5.5　几种小公差石英晶体谐振器的主要技术参数

型号	标称频率 （MHz）	调整频差 （10^{-6}）	温度频差 （10^{-6}）	负载电容 （pF）	激励电平 （mW）	工作温度 （℃）
JA45	6～25	±20	A：±10	30		−25～55
46			B：±10		1	−10～55
			C：±15			−25～55
JA47	25～75	±20	A：±10	—		−25～55
48			B：±10		1	−10～55
			C：±15			−25～55
JA45－1	6～25	±20	A：±10	30		−25～55
46－1		±15	B：±10		1	−10～55
			C：±15			−25～55
JA47－1	25～75	±20	A：±10	—		−25～55
48－1		±15	B：±10		1	−10～55
			C：±15			−25～55

5.4.4　晶振电路

利用石英晶体谐振器的谐振特性可构成晶振电路。其电路形式多种多样，但大体上可归结为两类：并联型晶振电路和串联型晶振电路。

1. 并联型晶振电路

图 5.24 所示为并联型晶振电路，C_B 为容量较大的旁路电容。

并联晶振

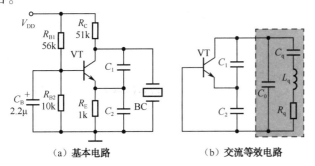

（a）基本电路　　　　（b）交流等效电路

图 5.24　并联型晶振电路

等效电路为电容三点式

由图 5.24（b）所示的交流等效电路可看出，并联型晶振电路可看成一个电容三点式振荡电路，其石英晶体必须等效为电感元件，电路才能谐振。从图 5.23 所示的石英晶体谐振器的电抗－频率特性曲线看，石英晶体应运用在感性区，即振荡电路工作在 f_q 与 f_p 狭窄区内，电路才有进行谐振的条件。

石英晶体等效为电感元件

振荡回路的谐振频率为

并振频率

$$f_0 = \frac{1}{2\pi \sqrt{L_q \dfrac{C_q(C_0 + C_x)}{C_q + C_0 + C_x}}} \tag{5.25}$$

式中，C_x 为 C_1、C_2 串联后的电容，与 C_o 并联。

由于 C_q 远小于 $(C_o + C_x)$，因此在回路中起决定作用的电容是 C_q，故谐振回路的谐振频率近似为

$f_0 = f_q$

$$f_0 = \frac{1}{2\pi \sqrt{L_q C_q}} = f_q \tag{5.26}$$

从上式可看出，并联型晶振电路的振荡频率基本上由晶体的固有频率 f_q 决定，而与 C_1、C_2 的关系很小。因此，这种正弦波晶振频率十分准确且稳定。

2. 串联型晶振电路

串联晶振

图 5.25 所示为一个串联石英晶振电路，石英晶体 BC 接在 VT_1 和 VT_2 的发射极之间，构成了正反馈通路。

当振荡频率等于晶体的串联谐振频率 f_q 时，石英晶体谐振器呈现的阻抗最小，且为纯阻，这时正反馈最强，相移为零，电路满足自激振荡的条件，因此振荡电路的振荡频率等于晶体的串联谐振频率 f_q。对于偏离 f_q 的频率，晶体谐振器的阻抗增大，石英晶体呈容性（或感性），致使正反馈减弱，且相移不为零，不能满足自激振荡的条件，无法起振。

在 f_q 点，阻抗最小，正反馈最强，最易起振

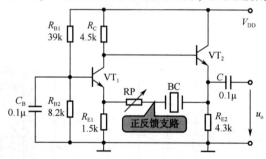

图 5.25　串联型石英晶振电路

图 5.25 所示的电路只在 f_q 这个频率上起振，即振荡频率 $f_0 = f_q$。RP 用于调节反馈深度，使电路满足 $AF \geq 1$ 的振幅平衡条件。

3. 采用 CMOS 门电路的石英晶振电路

并联石英晶振为电容三点式

图 5.26 是由 CMOS 反相器构成的石英晶振电路，也称作并联石英晶体振荡器。G_1、G_2 为两个 CMOS 反相器，其中 G_1 用于产生振荡，G_2 用于缓冲（隔离）和放大。门电路 G_1、石英晶体 BC 及电容器 C_1、C_2 构成电容三点式振荡电路，C_1、C_2 还可以微调其振荡频率（微调范围有限）。

电路原理

R_F 是反馈电阻，跨接在反相器 G_1 的两端，使 G_1 工作

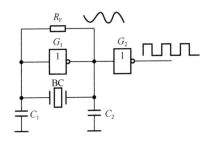

图5.26 CMOS 石英晶振电路

在电压传输特性的转折区。由于 CMOS 反相器的输入阻抗 R_{IN} 极高（一般 $R_{IN} \geqslant 10^{12}\ \Omega$），其阻抗值远大于 R_F（$5 \sim 10\text{M}\Omega$），即 $R_F \ll R_{IN}$，故认为 R_F 上的反馈压降极小（近似为零）。强烈的反馈使门电路 G_1 的静态工作点处于电压传输特性的转折区内，以保证对小信号的反相放大作用。同时，利用石英晶体工作于串联谐振频率 f_s 与并联谐振频率 f_p 之间时呈感性的特性，石英晶体呈现的电感 L 与外接的 C_1、C_2 构成电容三点式振荡网络，完成对振荡频率的控制，并提供 $180°$ 的相移，满足振荡的相位条件，从而产生强烈的正反馈并引起振荡。振荡输出的正弦波经反相器 G_2 放大、整形后，输出稳定的振荡矩形波。

5.4.5 5MHz 串联谐振型晶体振荡器

晶振电路如图 5.27 所示。它由高频小功率管 VT，电感 L，石英晶体 BC，电容器 C_B、C_1、C_2、C_T 等组成。接在 VT 基极的电容 C_B 的电容量较大（相对 5MHz 工作频率而言），对交流信号呈短路，因此图 5.27（a）所示电路可视为一个共基极电容三点式振荡器，其交流等效电路如图 5.27（b）所示。

因晶体 BC 的等效支路的品质因数 Q 值极高（约为 10^6），在其谐振频率处的相位变化率很高，故实际上石英晶体 BC 在图 5.27 所示串联型晶振电路中是起稳频作用的。

应用实例 I

共基极电容三点式晶振

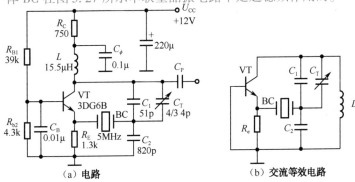

（a）电路 （b）交流等效电路

图 5.27 5MHz 串联谐振型晶体振荡器

5.4.6 ZGU-5 型 5MHz 并联谐振型晶体振荡器

应用实例 Ⅱ

电路由两级组成

电路如图 5.28（a）所示。它由石英晶体振荡器和射极输出器组成。VT_2 和 R_5、R_6 构成的射极跟随器具有输入阻抗高、输出阻抗低的特点，使负载与振荡电路隔离，可提升频率稳定度，且带负载能力强。

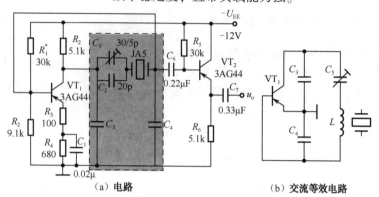

（a）电路　　　　　　　　（b）交流等效电路

图 5.28　5MHz 高稳定晶体振荡器

电容三点式

晶体 JA5 工作于并联谐振状态，呈感性

晶体 JA5 等效为电感元件

石英晶体 JA5 与 C_5、C_2（两电容并接）相串接，与 C_3、C_4、VT_1 等组成电容三点式振荡电路，其交流等效电路如图 5.28（b）所示。石英晶体 JA5 作为高 Q（在 $10^5 \sim 10^7$ 范围）值的等效电感元件接在振荡电路中，JA5 工作在频率特性曲线串联谐振频率 f_p 和并联谐振频率 f_q 之间，即石英晶体工作于并联谐振状态，并作为电感元件工作在 f_p 和 f_q 间的很窄的范围（只有几十千赫）内，其等效电感 X_e 呈感性［请参见图 5.23（c）的蓝色区］。这种呈感性的石英晶振电路称为并联谐振型晶振电路。

并联型晶振的振荡原理和一般三点式 LC 振荡器类同，只是把其中的电感元件用晶体置换，与其他回路元件构成一个三端振荡器。可调电容器 C_5 用来进行频率微调，C_3、C_4 与 C_5、C_2、JA5 组成正反馈网络，以满足正常振荡的幅度条件和相位条件。

5.4.7 标准秒时钟信号发生器电路

应用实例 Ⅲ

电路如图 5.29 所示。它由晶体振荡器、分频器和 JK 触发器组成，能产生标准的 1Hz 时钟信号，可用于数字时钟及定时电路，结构简单，性能十分稳定。

IC$_1$ 晶振、分频电路 32768Hz → 2^{14} 分频 → 2Hz

IC_1 采用 CMOS 型 14 位二进制串行计数器/分频器和振荡器 CC4060，其内的门电路和外接石英晶体 BC（32768Hz）组成精确的频率振荡器，通过 IC_1 内部的 14 级分频，由 Q_{14}

端（3脚）输出标准的2Hz脉冲信号。IC$_1$内的两个非门和外接石英晶体BC及电容器C_1、C_2构成电容三点式振荡器，但其振荡频率取决于石英晶体固有的振荡频率f_q（32768Hz）。经14次分频（2^{14}）后，由3脚输出2Hz脉冲信号，加至IC$_2$的时钟信号输入端CP。

石英晶振频率为32.768kHz

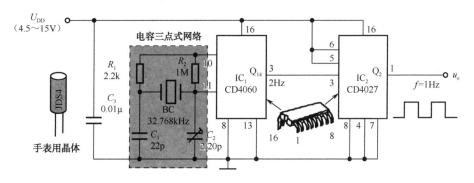

图5.29 标准秒时钟信号发生器电路

IC$_2$采用CMOS型双JK触发器CC4027（或CD4027），它内含两个相同的JK触发器。利用其中的一个JK触发器FF$_1$，经二次分频后便可在1脚（Q$_2$端）输出精准的1Hz时钟信号。

IC$_2$二次分频→1Hz时钟信号

CC4060为国产CMOS器件，也可采用CD4060、MC14060等，其功能和外引脚排列相同，可互相代换；CC4027也可用CD4027等代换；BC采用手表用石英晶体，其频率为32768Hz。C_1采用CC1-26-160V-22pF型瓷介电容器；C_2选用CCW12-3型2/20pF或CCW7-2型4/15pF瓷介微调电容器；C_3采用CT1-1-160V-0.01μF型低频瓷介电容器，或CT4D-1-100V-0.01μF型独石电容器；R_1、R_2采用RJ-1/8W型金属膜电阻器。

该电路只要装配无误，一装即成。瓷介微调电容器C_2用来进行微调、校准，校后的时间误差月平均不大于10s。

电路简单，时间误差小

5.4.8 石英晶体谐振器的检测

1. 用万用表检测石英晶体的绝缘电阻值

一般情况下，石英晶体在没受到强烈震动、冲击、挤压时，不太容易损坏。当怀疑石英晶体有问题时，可用万用表的$R \times 100k$挡进行测量，正常晶体谐振器两引脚间的电阻值应为无穷大。当测得两引脚间的阻值很小（几十千欧）或为0时，说明石英晶体内部有损伤或短路。当然，阻值为无穷大时并不能就断定该晶体完好（因为内部引脚断路也会导致阻值为无穷大)。

2. 用电容电桥测试仪测量石英晶体的静态电容

另一种方法是利用电容电桥测试仪测量石英晶体的静态电容(每个晶体都有,频率越高,其静态电容越小),但对电子爱好者来说难以实现。电子表用石英晶体谐振器的静态电容 C_0 在 $1.05 \sim 2.0$pF 之间;彩色电视机用石英晶体谐振器的静态电容 C_0 在 $3.7 \sim 7.0$pF 之间。

3. 在电路中插进石英晶体判断好坏

实际上,最实际的方法是将待测石英晶体插在实际电路(或实验板)中,看是否起振并振荡在指定晶体谐振器的频率上。

图 5.30 是采用一只 CMOS 型四二输入端与非门 CD4011(或 TTL 型 74LS00),2 只电阻和 3 只电容构成的晶体振荡电路,除石英晶体 BC 外,共 6 只元器件,电路十分简单(成本在 3 元左右),插接方便。只要被测晶体是好的,通电即起振。

6 只元器件构成的晶体检测电路

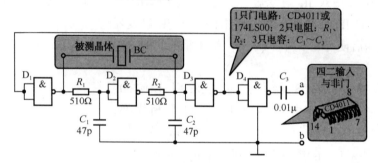

图 5.30　6 只元器件构成的晶体检测电路

电路扼要说明

$D_1 \sim D_3$ 与 C_1、C_2、R_1、R_2、BC 组成一个无稳态多谐振荡器。D_2 与 R_1、R_2、C_1、C_2 构成内环电路,振荡在与石英晶体串联谐振的频率上。D_4 作为缓冲级,用以减小后级负载对振荡频率的影响。a、b 两点可外接整流检测及发光指示电路。

本振荡电路可检测 $1 \sim 10$MHz 石英晶体,电路简单,若装配无误,容易起振。

5.4.9　石英晶体使用注意事项

(1)使用、安装前,石英晶体应完好,无变形,无裂纹,引脚牢固可靠,壳体上的型号标示明确。

(2)石英晶体不能受强烈冲击、震动,以防内部结构受损。

(3)焊接时,电烙铁不应带电,注意防静电。

（4）对有石英晶体的电路板，不宜用超声波清洗，以免晶片受损。

（5）供电电源应外接合适的滤波器，以免石英晶体受到浪涌脉冲冲击。

（6）注意晶体谐振器的使用环境温度。高稳定度的晶振源应加恒温措施及防冲击、防震措施，以确保晶体谐振器的频率稳定度。

●**4 种石英晶体振荡器**　　　　　　　　　相关知识

图 5.31 给出了由门电路和石英晶体构成的晶体振荡电路，它们各具特点，电路都很简单且实用。

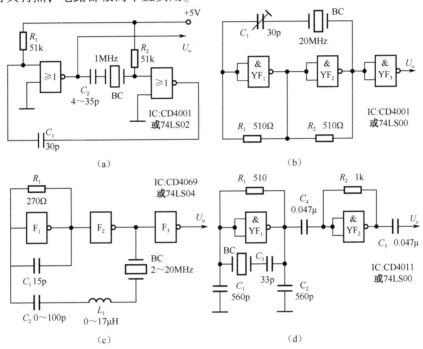

图 5.31　4 种由门电路和石英晶体组成的晶体振荡电路

（1）1MHz 石英晶体振荡电路：图 5.31（a）是一个由或非门集成电路和石英晶体 BC 组成的串联振荡电路。BC 与小电容 C_2 串联，R_1、R_2 为门电路的偏置电阻。振荡频率由石英晶体和电容 C_2 共同确定。本电路适用于 1MHz 左右的石英晶体。数字集成电路 IC 采用四二输入端或非门 CD4001 或 74LS02。

1MHz 串联谐振电路

（2）20MHz 石英晶体振荡电路：图 5.31（b）是一个由与非门集成电路 IC 和石英晶体 BC 组成的 20MHz 晶体振荡电路。BC 与微调电容器 C_1 串联，C_1 用于微调，电路起振容易，频率稳定。R_1 和 R_2 分别跨接在与非门 YF_1 和 YF_2 的输入、输出端，起偏置和负反馈作用，使门电路工作在电

20MHz 晶振电路

压转移特性（曲线）的线性区，使振荡波形上下对称。YF₃ 起隔离、缓冲作用，负载不影响其振荡频率。IC 可采用 CD4011 或 74LS00 集成电路。

2～20MHz 晶振电路

（3）2～20MHz 石英晶体振荡电路：图 5.31（c）是由六反相器集成电路 IC 的 2 个门电路 F_1、F_2 和石英晶体 BC 等组成的晶体振荡电路。BC 与 L_1、C_2 串联，不同标称频率的晶体与不同的 L_1、C_2 相配，可实现 2～20MHz 大范围的晶体振荡。小电容 C_1 可抑止寄生振荡的产生。晶振信号由门电路 F_3 隔离输出。

5～10MHz 晶振电路

（4）5～10MHz 石英晶体振荡电路：图 5.31（d）是由 2 个与非门 YF_1、YF_2 和石英晶体 BC 等组成的晶体振荡电路。YF_1 和 BC、C_1～C_3、R_1 组成晶振电路，R_1 为反馈电阻器，使门电路 YF_1 工作在电压转移特性的线性区，易于起振。YF_2 和 R_2 组成一个线性放大器，对振荡信号进行线性放大，并起隔离作用。C_1、C_2 采用 CC1 型高频瓷介电容器，C_4、C_5 采用 CT1 型瓷介电容器；YF_1、YF_2 采用 CMOS 型 CD4011 或 TTL 型 74LS00 型四二输入端与非门集成电路。本电路中的 C_1～C_3 参数适用于 5～10MHz 的晶体振荡。

同步自测练习题

一、填空题

1. 正弦波振荡器的组成应包括_____、_____、_____和提供电能的_____。

2. 正弦波振荡电路的起振条件为_____，平衡条件为_____（振幅平衡条件）和_____（相位平衡条件）。它按选频网络所用元件不同，可分为_____、_____和_____。

3. LC 振荡器按照反馈信号方式的不同，可分为_____、_____和_____振荡器。

4. LC 正弦波振荡电路采用_____作为选频网络，其谐振频率近似为_____；其选频性能的优劣常用 LC 回路的_____来衡量，一般回路的 Q 值在_____到_____范围。

5. 在振荡器刚起振时，要求反馈至电路输入端的信号幅度比反馈电路的_____，即起振必须满足_____。当振幅增大至一定程度时，电路的三极管便进入_____，其放大系数 β _____，导致放大增益_____，振荡则从_____过渡到_____，便维持在_____，这就是三极管的_____。

6. 在 LC 振荡电路中，用于选频的谐振回路常选用_____，谐振时回路的等效电阻呈_____性质，所以信号源电流与电压_____。

7. 电感三点式振荡器又称作_____。从其等效电路看，三极管集电极与发射极之间的回路元件是＿＿＿＿＿，基极与发射极之间的回路元件是＿＿＿＿＿，集电极与基极之间的回路元件是＿＿＿＿＿。

8. 电容三点式振荡器又称作＿＿＿＿＿＿＿＿，从其等效电路看，三极管集电极与发射极之间的回路元件是＿＿＿＿＿，基极与发射极之间的回路元件是＿＿＿＿＿，集电极与基极之间的回路元件是＿＿＿＿＿。

9. RC 正弦波振荡器是利用＿＿＿＿＿＿＿＿构成＿＿＿＿＿＿＿＿＿＿的振荡电路。常见的 RC 振荡器有 ＿＿＿＿＿＿＿＿ 和 ＿＿＿＿＿＿＿＿，一般用来产生 ＿＿＿＿＿＿＿＿ 的低频正弦波信号。

10. 石英晶体振荡器具有极高的频率稳定度，在于它采用了＿＿＿＿＿＿＿＿＿＿＿，石英晶片是天然＿＿＿＿＿＿＿＿＿＿＿＿＿＿＿，若在晶片上加压力，晶片表面就会产生＿＿＿＿＿；若在晶片上加上交变电压，则晶片就会产生＿＿＿＿＿＿，上述现象叫作石英晶体的＿＿＿＿＿。利用它的压电谐振特性，就可做成＿＿＿＿＿＿＿＿＿＿＿＿＿＿。

二、问答题

1. LC 并联谐振回路是个什么样的电路？它具有哪些特点？其谐振频率 ω_0（或 f_0）怎样计算？

2. 图 5.32 是一位初学者设计的正弦波 LC 振荡电路，该电路是否有错？若有错请改正，并分析是何种电路。

3. 常用的正弦波振荡器有 RC 型振荡器、LC 型振荡器和石英晶体振荡器，哪种振荡器的频率稳定度最高，哪种最低？并说明理由。

4. 用示波器和频率特性测试仪观测电容三点式振荡器和电感三点式振荡器，发现前者的输出波形比后者的要好，且输出的谐波成分小，请对两种电路进行分析，并说明理由。

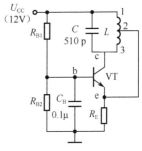

图 5.32　正弦波 LC 振荡电路

5. 图 5.33 是两种石英晶体振荡器电路原理图，图（a）、图（b）各是什么类型的晶振电路？并说明这种电路结构有利于提高频率稳定度的理由。

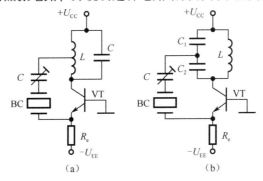

图 5.33　两种石英晶体振荡器电路原理图

三、分析计算题

1. 图 5.34 是变压器反馈式 LC 振荡电路，（1）试用相位平衡条件，分析判断该电路能否起振；（2）谐振回路的 $L = 0.1\text{mH}$，$C = 1000\text{pF}$，请计算其振荡频率 f_0。

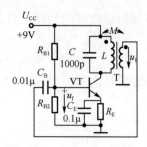

图 5.34　变压器反馈式 *LC* 振荡电路

2. 图 5.35 是电感三点式振荡电路，（1）试用相位平衡条件分析、判断能否起振；（2）已知电感线圈的 $L_1 = 200\mu H$，$L_2 = 50\mu H$，两者的耦合系数 $k = 1$，$C = 1000pF$，求振荡频率 f_0。

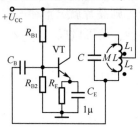

图 5.35　电感三点式振荡电路

3. 图 5.36 是电容三点式振荡电路，（1）请查看该电路能否满足振荡的相位平衡条件；（2）已知振荡回路中的 $L = 150\mu H$，$C_1 = C_2 = 400pF$，请计算振荡频率。

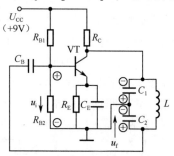

图 5.36　电容三点式振荡电路

4. 图 5.37 是一个 *RC* 移相式正弦波振荡电路，（1）该电路能否满足起振所需要的相位平衡条件？（2）电路的振荡频率是多少？（3）VT_2 电路在这里起什么作用？

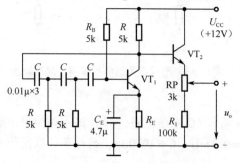

图 5.37　*RC* 移相式正弦波振荡电路

5. 图 5.38 是由集成运放 A 和文氏电桥等构成的 *RC* 桥式低频振荡器，该电路能否满足振荡所需的振幅条件和相位平衡条件？求其振荡频率 f_0。

6. 图 5.39 是一个振荡频率准确且稳定的石英晶体振荡器电路，石英晶体谐振器 BC 在电路中起什么作用？石英晶体工作在什么状态？写出其振荡频率的表达式。

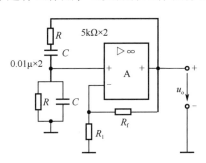

图 5.38 *RC* 桥式正弦波振荡电路

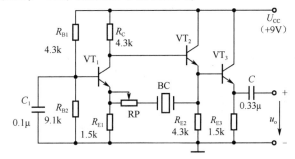

图 5.39 石英晶体振荡器电路

自测练习题参考答案

一、填空题

1. 放大电路　　正反馈网络　　选频网络　　直流电源

2. $u_f > u_i$　　$AF = 1$　　$\varphi_A + \varphi_F = 2n\pi$　　*LC* 振荡器　　*RC* 振荡器　　石英晶体正弦波振荡器

3. 变压器反馈式　　电感三点式　　电容三点式

4. *LC* 谐振回路　　$f_0 = \dfrac{1}{2\pi\sqrt{LC}}$　　品质因数 Q　　几十　　几百

5. 衰减量大　　$AF > 1$　　非线性区　　会减小　　下降　　$AF > 1$　　$AF = 1$　　等幅振荡　　稳幅作用

6. *LC* 并联谐振回路　　纯电阻　　同相

7. 哈特莱振荡器　　L　　L　　C

8. 考比兹振荡器　　C　　C　　L

9. 串、并联 *RC*　　选频和反馈网络　　桥式振荡电路　　移相式振荡电路　　200 kHz 以下

10. 极高 Q 值的石英晶（体）片　　二氧化硅晶体切割而成的晶片　　电荷　　压电谐振　　压电效应　　高稳定度的石英晶体振荡电路

二、问答题

1. 答　（1）并联谐振回路的构成：把信号源与 *LC* 回路并联，就构成了如图 5.40 所示的并联谐振回路。调节信号源的频率，当 $\omega L = 1/(\omega C)$ 时，$I_L = I_C$，此时的电源电流 $I_0 = 0$，这一状态叫作并联谐振。

（2）并联谐振具有如下特点。

① 谐振条件：$\omega L = \dfrac{1}{\omega C}$

② 谐振频率：$f_0 = \dfrac{1}{2\pi}\sqrt{\dfrac{1}{LC} - \dfrac{R^2}{L^2}} \approx \dfrac{1}{2\pi}\dfrac{1}{\sqrt{LC}}$

或　$\omega_0 = \dfrac{1}{\sqrt{LC}}$

③ 谐振总阻抗：$Z_0 = \dfrac{L}{CR} = Q\omega_0 L = \dfrac{Q}{\omega_0 C}$

④ 品质因数：$Q = \dfrac{\omega_0 L}{R} = \dfrac{1}{\omega_0 CR} = \dfrac{1}{R}\sqrt{\dfrac{L}{C}}$

⑤ 电源电流：$I_0 = I_C - I_L = \left(\dfrac{1}{\omega L} - \omega C\right)E \approx 0$

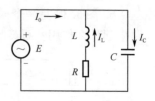

图 5.40　并联谐振回路

实际上，当 LC 并联回路谐振时，从信源输入的电流 I_0 远小于回路的电流，故可忽略其输入电流。

2. **【解题提示】**　从图 5.32 所示的电路结构和直流通路看，从电感器的中点 2 到三极管 e 极的连线为直通线，故有 $U_E = U_{CC}$，三极管 VT 处于截止状态，电路不会工作。

答｜由于 VT 的 e 极通过导线连至 L 的 2 点，与 U_{CC}（12V）连通，使 VT 处于截止状态，更谈不上振荡了。为使其工作，应在 2 点至 VT 的 e 极之间加一个隔直电容，既可隔断 U_{CC} 电压，又可实施交流信号的正反馈，从而将图 5.32 改造成一个典型的电感三点式正弦波振荡器。从其交流等效电路看，这是一个共基极电感三点式振荡电路，其放大电路的 $\varphi_A = 0$，正反馈的相位 $\varphi_F = 0$，故 $\varphi_A + \varphi_F = 2n\pi$（$n = 0$，1，2，…），振荡电路满足相位平衡条件，可以正常起振。

3. **答**｜在三种正弦波振荡器中，按照频率稳定度的高低排序如下。

（1）石英晶体振荡器，其频率稳定度 $\Delta f / f_0$ 一般在 $10^{-5} \sim 10^{-7}$，在采取恒温等措施后，可高达 $10^{-4} \sim 10^{-11}$ 数量级。

（2）LC 型振荡器，一般其 $\Delta f / f_0$ 在 $10^{-3} \sim 10^{-4}$ 数量级，在采取稳频措施后，其 $\Delta f / f_0$ 也很难突破 10^{-5} 数量级。

（3）RC 型振荡器，一般其 $\Delta f / f_0$ 大多在 10^{-2} 数量级，采用稳频的桥式 RC 振荡器最高可达 10^{-3} 数量级。

影响频率稳定度（$\Delta f / f_0$）的因素很多，但最重要的因素是三种振荡器的选频网络及其品质因数 Q 值是不一样的。

石英晶体谐振器有两个谐振频率，一个为串联谐振频率 f_q，一个为并联谐振频率 f_p，两者非常接近（请看图 5.23 中的电抗 – 频率特性曲线），两个谐振频率为

串联谐振频率　$f_q = \dfrac{1}{2\pi}\dfrac{1}{\sqrt{L_q C_q}}$

并联谐振频率　$f_p = \dfrac{1}{2\pi}\dfrac{1}{\sqrt{L_q \ (C_q // C_0)}}$

当晶体振动时，晶片的等效电感很大（一般为 $10^{-3} \sim 10^{-2}$ H），等效电容 C_q 很小（其值仅为 $10^{-2} \sim 10^{-1}$ pF），而损耗电阻 R 很小，由石英谐振器的品质因数 $Q = \dfrac{1}{R}\sqrt{\dfrac{L}{C}}$ 可知，Q 的值很大，可高达 $10^4 \sim 10^6$，故石英晶体振荡器的 $\Delta f / f_0$ 很高。

LC 谐振回路的品质因数 $Q = \dfrac{\omega_0 L}{R} = \dfrac{1}{\omega_0 CR} = \dfrac{1}{R}\sqrt{\dfrac{L}{C}}$，一般回路的 Q 值在几十到几百范围，故 LC 振荡器的 $\Delta f/f_0$ 较低。RC 振荡器的选频网络的 Q 值最小，故 RC 振荡器的 $\Delta f/f_0$ 最低。

4. 答 实验观测到电容三点式振荡器比电感三点式振荡器的输出振荡波形要好，且输出的谐波成分小，其原因如下。

（1）电感三点式振荡电路的反馈电压是从线圈 L 的部分线圈 L_2 取出（送至 VT 的输入端形成正反馈），对高次谐波的阻抗大，导致放大后的输出谐波分量增大，其输出波形不大好。

（2）电容三点式振荡电路的正反馈电压取自 C_2（请参看图 5.6），它对高次谐波的阻抗小，反馈到放大管 VT 的高次谐波的分量也小，因而输出波形比电感三点式振荡器的要好。

5. 【解题提示】　根据 VT 集电极上的 LC 并联谐振回路和反馈线，可判断出是电感式还是电容三点式晶振电路。LC 谐振回路调定在晶体的串联谐振频率 $f_q = 1/(2\pi\sqrt{LC})$，使 LC 谐振频率与晶振频率相一致。

答 由图 5.33 所示的电路结构知，图（a）是电感三点式晶体振荡电路，图（b）则是电容三点式晶体振荡电路。

微调与晶体 BC 相串接的可调电容器 C，使晶体谐振频率与 LC 谐振回路的中心频率 f_0 一致，加之晶体的品质因数 Q 极高（其值在 $10^4 \sim 10^6$ 范围），振荡频率的稳定度很高。这种具有 LC 谐振回路的晶振电路结构，其频率稳定度不会受到输出负载的影响，故其晶振频率特别稳定。

三、分析计算题

1. 【解题提示】　（1）振荡相位平衡条件，必须满足式（5.1），即 $\varphi_A + \varphi_F = 2n\pi$（$n = 1$，$2$，…）。

（2）用瞬时极性法判断振荡相位。

解 （1）分析、判断图 5.34 所示电路是否满足 $\varphi_A + \varphi_F = 360°$。

图 5.34 所示电路为共发射极电路（C_E 的电容量相当大，对振荡频率来说可视为短路）。将变压器 T 的次级输出 U_f 经隔直电容 C_B 引入 VT 的基极，并在基极引入"＋"极性信号。因选频放大电路为共射极电路，其输出电压与输入电压反相，其集电极电压有 $\varphi_A = 180°$ 相移，再根据变压器 T 的同名端（标示"·"）的极性，次级绕组的相移 $\varphi_F = 180°$，则振荡电路的总相移为 $\varphi_A + \varphi_F = 180° + 180° = 360°$，即满足振荡的相位平衡条件（反馈电压 U_f 与输入电压 U_i 同相），能起振。

（2）计算电路的振荡频率 f_0。

由式（5.8）知 $f_0 = \dfrac{1}{2\pi\sqrt{LC}}$，已知 $L = 0.1\,\text{mH}$，$C = 1000\,\text{pF}$，则有

$$f_0 = \frac{1}{2\pi\sqrt{LC}} = \frac{1}{2\pi\sqrt{0.1 \times 10^{-3} \times 1000 \times 10^{-12}}}$$

$$\approx \frac{1}{2\pi \times 3.16 \times 10^{-7}} = 503.9\ (\text{kHz})$$

2. 【解题提示】　（1）电感三点式振荡电路的起振条件必须满足相位平衡条件：$\varphi_A + \varphi_F = 2n\pi$（$n = 1$，$2$，…）。

（2）用瞬时极性法判断相位平衡条件。

（3）电感三点式振荡器的振荡频率为 $f_0 = \dfrac{1}{2\pi \sqrt{L_1 + L_2 + 2M}}$，式中的 M 为 L_1 和 L_2 之间的互感系数，$M = k\sqrt{L_1 L_2}$。

解 （1）用瞬时极性法判断图 5.35 所示电路能否满足振荡所要求的相位平衡条件：$\varphi_A + \varphi_F = 2n\pi$（$n = 1,2,\cdots$）。

图 5.35 所示电路中的 C_E 的电容量大，对振荡频率来说，其容抗 $1/(\omega C)$ 小，可视为短路，故选频放大器可视为共发射极电路，且集电极输出的电压与输入电压反相，输出电压有 $\varphi_A = 180°$ 相移；振荡回路中的线圈 L_1 和 L_2 是一个线圈，耦合很紧，由 L_2 下端反馈至输入端（经 C_B 引入 VT 的基极）的信号电压移相 $\varphi_F = 180°$，即实施正反馈，满足起振所要求的相位平衡条件：$\varphi_A + \varphi_F = 180° + 180° = 360°$，电路能够起振。

（2）计算电感三点式振荡器的振荡频率，已知 $L_1 = 200\mu H$，$L_2 = 50\mu H$，$C = 1000 pF$，耦合系数 $k = 1$，根据 $M = k\sqrt{L_1 L_2}$，据式（5.9）知

$$f_0 = \frac{1}{2\pi \sqrt{(L_1 + L_2 + 2M)\,C}}$$

先算互感系数 $\quad M = k\sqrt{L_1 L_2} = 1 \times \sqrt{200 \times 10^{-6} \times 50 \times 10^{-6}} = 100 \times 10^{-6}$ （H）

则
$$f_0 = \frac{1}{2\pi \sqrt{(200 \times 10^{-6} + 50 \times 10^{-6} + 2 \times 100 \times 100^{-6})\times 0.001 \times 10^{-6}}}$$
$$= 237.25 \times 10^3 \ （Hz）\approx 237.3 kHz$$

3. **【解题提示】** （1）判断图 5.36 所示电路能否起振，宜采用瞬时极性法来判断是否满足相位平衡条件。

（2）电容三点式振荡电路的振荡频率，依据式（5.10），即

$$f_0 = \frac{1}{2\pi \sqrt{LC}}, \quad 式中 \ C = C_1 // C_2 = \frac{C_1 C_2}{C_1 + C_2}$$

解 （1）用瞬时极性法判断振荡电路的相位平衡条件。

图 5.36 所示电路中的 C_B、C_E 的电容量取值较大，对振荡频率而言，其容抗 $X_C = 1/(\omega C)$ 很小，可视为短路，故三极管 VT 放大电路可视为共发射极放大电路，其集电极接由 L 和 C_1、C_2 构成的选频网络，从 C_2 取正反馈信号，经 C_B 加至 VT 的基极，即在基极上加"＋"极性信号，在 VT 的集电极输出"－"，故相移 $\varphi_A = 180°$；反馈信号 u_f 由 C_2 引出，其极性如图中的"$\ominus$""$\oplus$"符号表示（C_1、C_2 之间接地），$\varphi_F = 180°$，因此 $\varphi_A + \varphi_F = 180° + 180° = 360°$，满足相位平衡条件，能起振。

（2）计算图 5.36 所示振荡电路的振荡频率，已知 $C_1 = C_2 = 400 pF$，$L = 150\mu H$，则

$$f_0 = \frac{1}{2\pi \sqrt{LC}}, \quad 式中 \ C = C_1 // C_2 = \frac{C_1 \cdot C_2}{C_1 + C_2}$$

先计算 $\quad C = \dfrac{C_1 \cdot C_2}{C_1 + C_2} = \dfrac{400 \times 400}{400 + 400} \times 10^{-12} = 200 \times 10^{-12}$ （F）

则 $\quad f_0 = \dfrac{1}{2\pi \sqrt{LC}} = \dfrac{1}{2\pi \sqrt{150 \times 10^{-6} \times 200 \times 10^{-12}}} = 0.92 \times 10^6$ （Hz） $= 920 kHz$

4. **【解题提示】** 图 5.37 所示电路中的 VT_1 是一个共发射极放大器，其集电极输出电压

与基极输入电压反相，即 $\varphi_A = 180°$；三节 RC 移相网络，单节移相在 $60° \sim 90°$，三节移相网络可移相不小于 $\varphi_F = 180°$，故在某特定频率上能达到起振所要求的 $\varphi_A + \varphi_F = 180° + 180° = 360°$ 的相位平衡条件，电路可以振荡。

解　(1) 图 5.37 所示的三节 RC 移相网络，每节的移相时间常数均为 $T = RC$，在特定频率下每节移相 $60°$，则三节就可实现 $\varphi_F = 60° \times 3 = 180°$；VT 和 R_B、R 等组成的共发射极放大器，其输出电压相对于基极输入电压移相 $\varphi_A = 180°$（倒相），故电路能满足起振所要求的相位平衡 $\varphi_A + \varphi_F = 180° + 180° = 360°$ 的条件。

(2) 图 5.37 所示的 RC 移相式振荡电路的振荡频率由式（5.17）得

$$f_0 = \frac{1}{2\pi \sqrt{6}RC} = \frac{1}{2\pi \sqrt{6} \times 5 \times 10^3 \times 0.01 \times 10^{-6}} = \frac{1 \times 10^6}{2\pi \sqrt{6} \times 50}$$
$$= 1299.9 \text{（Hz）} = 1.30 \text{kHz}$$

(3) 三极管 VT_2 和 RP、R_1 组成射极跟随器，具有输入阻抗高、输出阻抗低、带负载能力强的特点，更可贵的是可减少负载对振荡频率和幅值的影响。

5. **解**　(1) 图 5.38 所示 RC 桥式振荡器由两部分组成，即比例放大电路和选频网络。集成运放 A 和 R_f、R_1 接成同相比例放大电路，构成振荡所必需的放大环节；RC 串联网络构成选频网络，接在集成运放 A 与同相输入端之间，构成正反馈网络，以确保满足振荡所要求的幅度平衡条件 $AF \geqslant 1$，及相位平衡条件 $\varphi_A + \varphi_F = 2n\pi$（$n = 1$，$2$，$\cdots$）。同时，由于 RC 串联网络的选频特性，它兼作振荡器的选频网络，可选择出某一频率作为正弦信号输出频率。

(2) RC 桥式振荡器的振荡频率由式（5.21）得

$$f_0 = \frac{1}{2\pi RC} = \frac{1}{2\pi \times 5 \times 10^3 \times 0.01 \times 10^{-6}} = \frac{1000 \times 10^3}{2\pi \times 50}$$
$$= 3185 \text{（Hz）}$$

6. **解**　图 5.39 所示的晶体振荡电路中，其石英谐振器 BC 接在由 VT_1 和 VT_2 所组成的放大电路的正反馈回路中。石英晶体作为选频网络工作于串联谐振状态。当振荡频率等于晶体的串联谐振频率 f_q 时，晶体的阻抗最小，且呈纯阻，因此正反馈最强，且相移 $\varphi_F = 0$，电路满足自激条件而振荡，振荡频率为 f_q。对于频率 f_q 以外的其他信号，其阻抗增大，正反馈减弱，且相移不为零，不满足自激振荡条件。因此，该电路仅在石英晶体谐振器的串联谐振频率 f_q 上产生振荡，振荡频率满足式（5.23），即

$$f_q = \frac{1}{2\pi \sqrt{L_q C_q}} \quad (=f_0)$$

反馈支路中的 RP 是用于调整正反馈深度的：若 RP 的值过大，则反馈量太小，电路不能满足 $AF \geqslant 1$ 的振幅平衡条件，无法维持振荡；若 RP 的值太小，正反馈过强，则输出波形失真厉害。

图 5.39 所示电路中的末级为 VT_3 和 R_{E3} 构成的射极跟随器，具有输入阻抗高的特点，可隔离负载对晶振频率和稳定度的影响；射随器的输出阻抗低，带负载能力强。

第 6 章

压电系列元器件

本章知识结构

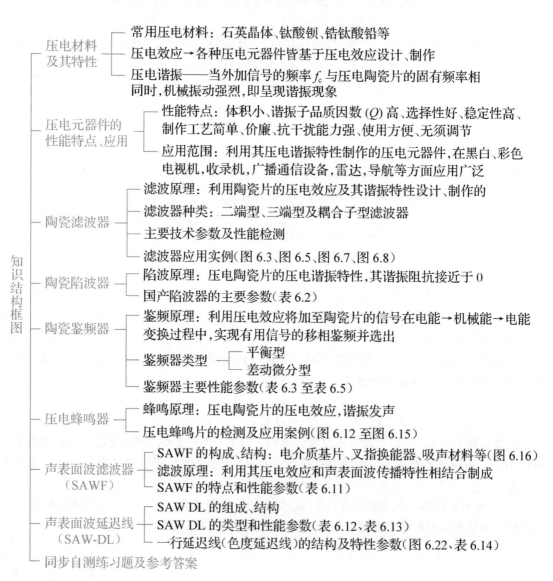

压电材料及其特性
- 常用压电材料：石英晶体、钛酸钡、锆钛酸铅等
- 压电效应→各种压电元器件皆基于压电效应设计、制作
- 压电谐振——当外加信号的频率 f_o 与压电陶瓷片的固有频率相同时，机械振动强烈，即呈现谐振现象

压电元器件的性能特点、应用
- 性能特点：体积小、谐振子品质因数 (Q) 高、选择性好、稳定性高、制作工艺简单、价廉、抗干扰能力强、使用方便、无须调节
- 应用范围：利用其压电谐振特性制作的压电元器件，在黑白、彩色电视机，收录机，广播通信设备，雷达，导航等方面应用广泛

陶瓷滤波器
- 滤波原理：利用陶瓷片的压电效应及其谐振特性设计、制作的
- 滤波器种类：二端型、三端型及耦合子型滤波器
- 主要技术参数及性能检测
- 滤波器应用实例（图 6.3、图 6.5、图 6.7、图 6.8）

陶瓷陷波器
- 陷波原理：压电陶瓷片的压电谐振特性，其谐振阻抗接近于 0
- 国产陷波器的主要参数（表 6.2）

陶瓷鉴频器
- 鉴频原理：利用压电效应将加至陶瓷片的信号在电能→机械能→电能变换过程中，实现有用信号的移相鉴频并选出
- 鉴频器类型
  - 平衡型
  - 差动微分型
- 鉴频器主要性能参数（表 6.3 至表 6.5）

压电蜂鸣器
- 蜂鸣原理：压电陶瓷片的压电效应，谐振发声
- 压电蜂鸣片的检测及应用案例（图 6.12 至图 6.15）

声表面波滤波器（SAWF）
- SAWF 的构成、结构：电介质基片、叉指换能器、吸声材料等（图 6.16）
- 滤波原理：利用其压电效应和声表面波传播特性相结合制成
- SAWF 的特点和性能参数（表 6.11）

声表面波延迟线（SAW-DL）
- SAW DL 的组成、结构
- SAW DL 的类型和性能参数（表 6.12、表 6.13）
- 一行延迟线（色度延迟线）的结构及特性参数（图 6.22、表 6.14）

同步自测练习题及参考答案

知识结构框图

6.1 陶瓷滤波器

陶瓷滤波器是由压电材料制成的具有选频特性的谐振元件，与石英晶体振荡器的谐振特性十分相似，工作原理都基于陶瓷片的压电效应。陶瓷滤波器具有体积小、生产工艺简单、成本低、温度稳定性好、通频带宽、选择性好、耐震动等优点，在无线电通信、电视、收录机、家用电器等电子设备中有着广泛的应用。

用钛酸钡、锆钛酸铅等压电陶瓷材料制成的陶瓷薄片，在其两面涂上银层并焊上引线（或夹以电极板），再包上金属壳体或塑壳，就制成陶瓷谐振元件。因功能和用途不同，其电极数及结构也不相同。其常见应用有二端陶瓷滤波器、三端陶瓷滤波器、陷波器、鉴频器等。图6.1是电视机、收录机、通信设备上常用的几种陶瓷谐振元件的外形及电路符号。

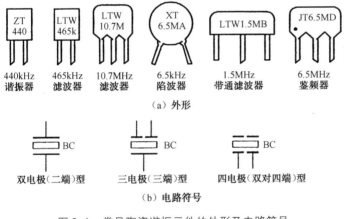

（a）外形

（b）电路符号

图6.1 常见陶瓷谐振元件的外形及电路符号

6.1.1 陶瓷片的压电效应

陶瓷滤波器的工作原理就是基于陶瓷片的压电效应：当机械力作用于压电陶瓷片时，引起压电陶瓷内部正、负电荷中心相对位移而发生极化，从而导致陶瓷片两面出现正、负电荷。反之，在陶瓷片的两个电极上加上一个交变电场（或交变电信号）时，由于压电效应，致使陶瓷片产生机械振动，进而转换成电信号输出。

对于一个几何尺寸确定的压电陶瓷片，它本身具有一个固有的谐振频率。当外加交变电压的频率与压电陶瓷片的固有频率相同时，机械振动最强，即出现谐振现象，此时输出

要点

压电陶瓷薄片

陶瓷谐振元件

常见陶瓷谐振元件

压电效应

压电效应的双重性

谐振特性

的电信号最强。利用这种谐振特性制成的陶瓷滤波器，可取代多种 LC 谐振回路实现选频。

6.1.2　二端陶瓷滤波器

二端陶瓷滤波器

一个陶瓷片即一个谐振子

二端（或称双端、两端）陶瓷滤波器的结构与石英晶体振荡器类似，由陶瓷片和两个镀银电极组成，如图 6.2 所示。陶瓷片相当于一个谐振回路，通常称之为谐振子。一个谐振子就可组成一个二端陶瓷滤波器。

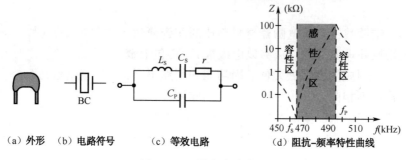

（a）外形　（b）电路符号　　（c）等效电路　　（d）阻抗–频率特性曲线

图 6.2　二端陶瓷滤波器

两个谐振频率分成三个区

在等效电路中，C_S 是动态等效电容；L_S 为动态等效电感；r 是谐振电阻；C_P 为装配电容，即由表面镀银电极形成的分布电容。因此，二端陶瓷滤波器有两个谐振频率：一个是串联支路的谐振频率 f_S，一个是并联谐振频率 f_P。

串联谐振频率　　$$f_S = \frac{1}{2\pi\sqrt{L_S C_S}} \tag{6.1}$$

并联谐振频率　　$$f_P = \frac{1}{2\pi\sqrt{L_S \cdot \dfrac{C_S C_P}{C_S + C_P}}} \tag{6.2}$$

以收音机用二端陶瓷滤波器 2L465A 型（465kHz）为例，阻抗–频率特性曲线如图 6.2（d）所示。

$f_S = 465\text{kHz}$ 时呈串联谐振

当 $f = f_S = 465\text{kHz}$ 时，滤波器的等效阻抗最小，陶瓷谐振子为串联谐振。这种性能类似于 LC 串联滤波器。

在图 6.2（c）所示电路中，由于 $C_P \ll C_S$，故除了有 $L_S C_S$ 产生的串联谐振外，还有 C_P 参与 $L_S C_S$ 的并联谐振。因为 C_P 远小于 C_S，故并联谐振频率 f_P 要高于串联谐振频率 f_S。

$f_P > f_S$

因此，在图 6.2（d）所示阻抗–频率特性曲线中有两个频率：$f_S = 465\text{kHz}$，$f_P = 495\text{kHz}$。f_P 与 f_S 之间的频率范围很窄，在此范围内呈感性，可等效为一个电感；而低于串联谐振频率 f_S 及高于并联谐振频率 f_P 的频域，则呈容性，可等效为一个电容。

由此不难得出结论：在谐振点 f_S 处，滤波器阻抗 Z 最小且呈纯阻；在离开 f_S 稍远处，则呈现较大的阻抗。据此，不难实现对不同频率的滤波和频率选择。

■例 6.1　中频放大电路：利用陶瓷滤波器阻抗 – 频率特性曲线在 $f_S = 465\text{kHz}$ 时的等效阻抗 Z 最小（参见图 6.2）的特性，可以做成图 6.3 所示中频放大电路。

应用举例

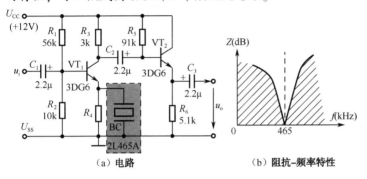

（a）电路　　　　　（b）阻抗–频率特性

图 6.3　采用陶瓷滤波器的中放电路

注意：BC 与发射极电阻 R_4 并联

图 6.3 中，二端陶瓷滤波器 2L465A 取代了发射极旁路电容。当输入中频信号频率与 2L465A 的串联谐振频率 465kHz 相同时，则滤波器呈现的阻抗最小，可视为发射极电阻 R_4 被旁路到地，电路没有负反馈，此时放大电路的放大增益最大。当输入信号偏离其中心频率 465kHz 时，2L465A 呈现的阻抗增大，对电阻 R_4 无旁路作用，放大电路具有负反馈，放大增益明显下降。因此，这种射极接有二端滤波器的放大电路具有选频作用。

BC 在 465kHz 时阻抗最小，即负反馈最小

发射极接 BC，有选频作用

6.1.3　三端陶瓷滤波器

将陶瓷片的一个单面分割成两部分，并从中引出两个电极，就制成了三端陶瓷滤波器，如图 6.4 所示。

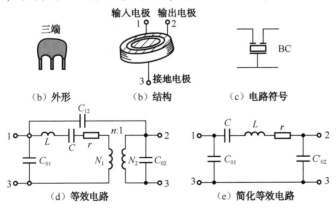

（b）外形　　　（b）结构　　　（c）电路符号

（d）等效电路　　　（e）简化等效电路

图 6.4　三端陶瓷滤波器

三端陶瓷滤波器

图 6.4（c）中，C_{01}、C_{02} 为电极板 1、2 对电极板 3 的

电路分析

静态电容，也是结构性电容；C_{12} 为电极板 1、2 之间的静态电容；L、C、r 为等效串联谐振回路；N_1 与 N_2 等效于变压器耦合单调谐回路。谐振频率由 L、C 决定。

如何得出等效电路

当在输入端 1、3 之间加进输入信号时，若信号频率 f 等于陶瓷片的串联谐振频率 f_0，输入电路即产生串联谐振。由于压电效应，机械振动转换成相应的电信号并耦合到输出端。这种耦合方式在电路上可等效为一个变压器 T，其变压比 n 取决于输入电极板 1 和输出电极板 2 的面积之比，n 可近似为

$$n^2 = \frac{S_{01}}{S_{02}} \tag{6.3}$$

若 $S_{01} = S_{02}$，则变压比 $n \approx 1$，便可做成对称输入和输出的滤波器，输入和输出阻抗相同。

简化等效电路

因其变压比 $n \approx 1$，则图 6.4（d）所示等效电路可进一步简化成图 6.4（e）。由图可见，这是一个电容分压式并联谐振电路。$C'_{02} = \left(\frac{1}{n}\right)^2 C_{02}$，则该电路的并联谐振频率为

并联谐振频率 f_P

$$f_P = \frac{1}{2\pi \sqrt{L \cdot \dfrac{1}{\dfrac{1}{C} + \dfrac{1}{C_{01}} + \dfrac{1}{C'_{02}}}}} \tag{6.4}$$

应用举例

三端陶瓷滤波器在中放电路中的应用如图 6.5 所示。由前面对三端陶瓷滤波器等效电路图 6.4（c）、（d）的讨论可得知，该滤波器犹如一个电容分压式并联谐振电路，即相当于一个双调谐变压器，它的传输频率特性如图 6.5（a）所示。

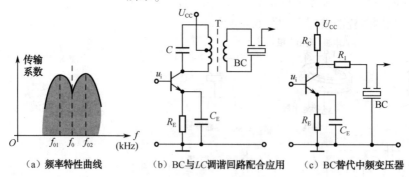

（a）频率特性曲线　　（b）BC 与 LC 调谐回路配合应用　　（c）BC 替代中频变压器

图 6.5　三端陶瓷滤波器在中放电路中的应用

6.1.4　耦合子型三端陶瓷滤波器

耦合子起电容式耦合作用

除图 6.4 所示三端陶瓷滤波器外，还有一种耦合子型三端陶瓷滤波器，如图 6.6（a）所示。两个电极之间加了一

个耦合子电极。所谓耦合，是指该电极与其他电极并无电的直接连接，而呈电容式耦合，等效电路如图6.6（b）所示。不难看出，这是一个双调谐式谐振回路。

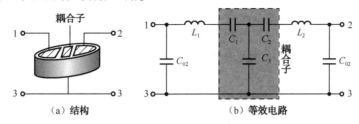

图6.6　耦合子型三端陶瓷滤波器

双调谐回路具有较宽的频带及较好的选择性，可确保系统或整机的通频带和选择性要求，常用于中、高档收音机和电视机中。

耦合子型滤波器的优点

6.1.5　陶瓷滤波器的主要性能参数

（1）滤波器中心频率 f_0　上限频率和下限频率（规定为相对衰减 $-3dB$、$-6dB$）的几何平均值，单位为Hz。

（2）通频带宽度 Δf　上、下限频率之间的范围，单位为Hz。

（3）最大输出频率 f_M　通频带中衰减最小的频率，单位为Hz。

（4）插入损耗　陶瓷滤波器的接入对信号带来的损耗量，单位为dB。

（5）通带波动 ΔB　通带内最大衰减损耗与最小衰减损耗之差，单位为dB。

（6）输入阻抗　从输入端向陶瓷滤波器内部看所具有的阻抗，要求与信号源的输出阻抗相匹配，单位为kΩ。

（7）输出阻抗　从输出端向陶瓷滤波器内部看所具有的阻抗，要求与下级放大器的输入阻抗相匹配，单位为kΩ。

主要参数和术语

6.1.6　陶瓷滤波器的检测与好坏判断

在无专业检测仪器情况下，用万用表测量陶瓷滤波器各引脚之间的电阻值或电容量，就可对其好坏进行判断。

1. 电阻检测法

对于正常的陶瓷滤波器，各引脚间的阻值都应是无穷大。将指针万用表拨至 $R \times 10k$ 挡（或 $R \times 100k$ 挡），若检测到一定的阻值或指针摆动不稳，则说明该滤波器漏电，有质量问题。

对于装在印制电路板上的陶瓷滤波器，由于与其他元

测电阻

件相连接，各引脚间的电阻值可能不是无穷大（∞）。如果怀疑该滤波器坏了，可将滤波器焊下检测，或采用替换法。

2. 电容检测法

测电容

（1）将数字万用表的功能开关置于 CAP 量程 2nF 挡。接上电容器前，显示可以缓慢地自动校零。

外接引线越短越好

（2）为防止分布电容对测量精度的影响，将待测滤波器各引脚焊接上 2～3cm 左右的镀银铜线，然后将插入电容输入插孔 CX 内，待接触良好、显示稳定后，即可直接读数。

（3）记下所测滤波器各引脚之间的电容量，与经验值（表 6.1）进行比较，若相差较多，说明性能不良或已损坏。

表 6.1　常用三端滤波器引脚之间的电容量经验值

三端滤波器经验数据

电容量引脚号 滤波器频率	①脚与②脚之间	②脚与③脚之间	①脚与③脚之间
465kHz	200pF	200pF	100pF
5.5MHz	52pF	52pF	26pF
6.0MHz	50pF	50pF	25pF
6.5MHz	46pF	46pF	23pF

注：表中的电容量值为大批量测得数据的平均值，不同厂家（公司）产品的数据会有差异。

3. 损坏判断与替换

滤波器的故障确诊方法

电视机中放部分的陶瓷滤波器发生开路、短路或漏电后，在下级电路工作正常的情况下，常出现有图像无伴音或伴音异常等现象。这时，可在原滤波器①、③脚处并联一只100pF 左右的瓷介电容，若原有故障消失，则说明该滤波器已损坏。替换时，应采用原型号陶瓷滤波器或与原型号滤波器谐振频率相同的陶瓷滤波器。

应用举例

■ 例 6.2　用三端陶瓷滤波器构成的中放电路

超外差式调幅（AM）收音机的中频放大器是一种选频放大电路。传统的中放电路通常用中频变压器（俗称中周）

用滤波器代替中周

与其并联的回路电容组成选频网络，图 6.7 是采用三端陶瓷滤波器 3L465 代替中频变压器的中放电路。

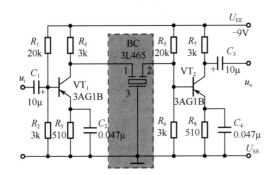

图6.7 用陶瓷滤波器代替中周的中放电路

3L465 与中周一样，在电路中有两个作用：一是选频作用，确保收音机的选择性；二是起耦合作用。3L465 型三端陶瓷滤波器的 $f_0 = 465\text{kHz} \pm 1.5\text{kHz}$，通频带宽度约 11kHz。当输入端 1、3 之间加入 465kHz 的 AM 信号、信号频率 f 等于串联谐振频率 f_0 时，输入电路即产生串联谐振，便在输出端产生频率为 465kHz 的信号电压。这样，用 3L465 就完全可替代中频变压器，实现信号的有效传输和选频功能。陶瓷滤波器还具有体积小、重量轻、可靠性高等优点，且无须调整。

■例6.3 简单的 465kHz 调幅（AM）中频信号发生器：采用三端陶瓷滤波器 LT465-3C 的调幅中频信号发生器电路如图6.8所示。

图6.8 465kHz 调幅中频信号发生器电路

VT₁、VT₂ 和 $R_1 \sim R_4$、C_1、C_2 等组成一个自激式无稳态多谐振荡器，振荡频率为

$$f_L \approx \frac{1}{1.4RC} \tag{6.5}$$

式中，$R = R_1 + R_3 + R_{VD1} = R_2 + R_4 + R_{VD2}$；$C = C_1 = C_2$。图示参数的振荡频率为 400Hz。

VT₃、VT₄ 和 $R_7 \sim R_9$、陶瓷滤波器 BC 构成一个可控式 465kHz 中频振荡器。所谓可控，是指电路振荡与否受 400Hz 低频振荡脉冲的控制，即 400Hz 振荡方波经 C_3 对

465kHz 中频信号进行调幅（AM）。接在 VT$_3$ 和 VT$_4$ 发射极之间的陶瓷滤波器 LT465-3C 起选频作用。

LT465-3C 陶瓷滤波器的技术参数：中心频率 $f_0 = 465 \pm 1$kHz，3dB 带宽 $\Delta f = 4.5 \pm 1$kHz，插入损耗 $B_s \leq 6$dB，通带波动 $\Delta B \leq 1$dB，输入阻抗 R_m、输出阻抗 R_o 为 2kΩ，外形尺寸为 $8 \times 6.6 \times 4.5$（mm）。

射随器 VT$_4$ 的双重作用

VT$_4$ 管兼作射极输出器，具有输出阻抗低（带负载能力强）的特点。调幅后的中频信号经耦合电容 C_4 输出，射随器具有较好的隔离作用，使负载对 465kHz 中频振荡器的影响很小。电位器 RP 用于调节输出幅度。

6.2 陶瓷陷波器、鉴频器

要点

陶瓷陷波器、鉴频器也都是利用压电效应制成的两端或三端陶瓷元件。陷波器的作用是阻止或滤除信号中不需要的频率成分，鉴频器则是一种具有鉴频特性的陶瓷元件。

陶瓷陷波器、鉴频器的结构和外形与压电陶瓷滤波器大体相同，其文字符号和电路符号也与陶瓷滤波器相同。

6.2.1 陶瓷陷波器

1. 陷波原理

压电效应

陷波——串联谐振特性

陶瓷陷波器也是利用压电效应制作的无源陶瓷元件。当将交变信号加在它的两个电极上时，内部陶瓷片在交变电场作用下会随信号频率产生相应的机械振动。若外加信号的频率与陶瓷片的固有频率（由陶瓷片的尺寸决定）相同，则陶瓷片相当于一个 LC 串联谐振回路，即串联谐振阻抗很低（接近于 0）。与 LC 串联陷波器很相似，其作用就是滤除或阻止掉信号中不需要的频率成分，而对有用信号则无影响。

2. 外形和电路符号

陶瓷陷波器的外形与陶瓷滤波器类同，也有两端和三端两种结构，如图 6.9 所示。

陶瓷陷波器的电路符号与陶瓷滤波器相同。

3. 常用的陶瓷陷波器

电视机、录像机中常用的陶瓷陷波器主要有 3.58MHz、4.43MHz、4.5MHz、5.5MHz、6MHz、6.5MHz 等标准信号频率。其中，4.5MHz 陶瓷陷波器用来消除副载波信号对图像的干扰；5.5MHz、6MHz 和 6.5MHz 陶瓷陷波器用来消除伴音信号对图像的干扰。

表 6.2 列出了几种常见陷波器的主要性能参数，供参考。

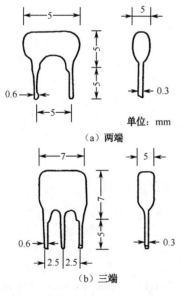

图 6.9 陶瓷陷波器和鉴频器的外形

表 6.2 部分国产陶瓷陷波器的主要性能参数

参数 \ 型号	陷波频率 f_x(MHz)	陷波深度 B(dB)	带宽 Δf	绝缘电阻 R(MΩ)	可代换型号
RFIL-C0024CEZZ	6.5	≥35	−30dB: ≥70kHz	100	XT6.5MB
TPS6.5MB	6.5	≥35	≥70kHz	100	XT6.5MB
XT4.5MB	4.5	≥30	−30dB: ≥70kHz	100	XT4.5MB
XT6.5MA	6.5	≥25	−20dB: ≥30kHz	100	
XT6.5MB	6.5	≥30	−20dB: ≥50kHz	100	TPS6.5MB

常用陷波器的性能参数

4. 选用案例

1）XT4.43M 陶瓷陷波器

这种陷波器主要用于彩色电视机亮度通道，对 4.43 MHz 的色度副载波信号进行陷幅。众所周知，在彩色全电视信号中，色度信号与亮度信号在频谱中有重叠部分，如图 6.10（a）所示。

彩色电视机虽然采用了频谱交错技术，但在亮度通道中若不对色度信号进行抑制，显示屏上定会出现亮点干扰。加入中心频率为 $f_0 = 4.43$ MHz 的陷波器，将色度信号的频谱吸收掉，就能去除这些亮点的干扰。图 6.10（b）是采用 XT4.43M 陶瓷陷波器后的信号频谱。

陷波可抑制亮点干扰

彩电中亮度干扰的陷波

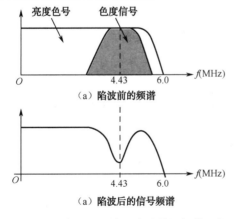

（a）陷波前的频谱

（a）陷波后的信号频谱

图 6.10 彩色全电视信号陷波前后频谱示意图

2）XT6.5MA、XT6.5MB 陶瓷陷波器

XT6.5MA 供黑白电视机视放回路作伴音信号陷波用，

XT6.5MB 供彩色和黑白电视机视放回路作伴音信号陷波用。陷波后，就避免了伴音中频（6.5MHz）对图像信号的干扰。

5. 检测和代换

可用万用表测量陶瓷陷波器各引脚之间的电阻值，判断其好坏，方法同陶瓷滤波器。

电视机的陶瓷陷波器出现短路故障时，屏幕上会出现回扫亮或无图像现象，声音基本正常或变小；若陶瓷陷波器发生开路故障，对图像、声音影响不大。怀疑陷波器有故障时，将其焊下，若屏幕上出现图像，则可判断该陷波器内部短路，已损坏。

陶瓷滤波器损坏后，应选用原型号或与原型号谐振频率相同的陶瓷陷波器代换。

6.2.2 陶瓷鉴频器

压电效应   陶瓷鉴频器是一种具有鉴频特性的压电陶瓷元件，主要用在调频（FM）收音机、黑白和彩色电视机、录像机等鉴频电路中，作声音的鉴频解调用。

1. 鉴频原理

鉴频原理   陶瓷鉴频器利用压电陶瓷的压电效应，把输入的电信号转变为相应的机械振动，由输入端传至终端，再将机械振动转变为相应的电振动，电信号输出至后级电路。在信号的电能→机械能→电能变换过程中，实现了中频信号中有用信号的移相鉴频并选出，对无用信号则进行衰减或滤除。

两种类型鉴频器   陶瓷鉴频器分为平衡型和差动微分型两种，前者用于同步鉴相器，作平衡式鉴频解调；后者用于差分峰值鉴频器，作差动微分式鉴频解调。两种类型的鉴频器及其主要性能参数见表6.3。

表 6.3 两种类型鉴频器的型号及其性能参数

类型及型号 性能参数	平衡型鉴频器 JT6.5MB$_2$	差动微分型鉴频器 JT6.5MD
鉴频零点（kHz）	6500±30	
失真度（频偏±75kHz）%	<2.5	<3（频偏±50kHz）
鉴频输出电压（mV）	>60	>120
鉴频灵敏度（mV/kHz）		>2.4 频偏±50kHz

2. 调频（FM）收音机用鉴频器

JT10.7MGB 型陶瓷鉴频器用于调频（FM）广播收音机的鉴频器电路，其性能参数参见表6.4。

表 6.4　FM 收音机用鉴频器 JT10.7MG3 性能参数

色标	黑（D）	蓝（B）	红（A）	黄（C）	白（E）
中心频率 f_0（MHz）	10.64±0.03	10.67±0.03	10.70±0.03	10.73±0.03	10.76±0.03
鉴频输出（mV）	≥650				
3dB 鉴频带宽（kHz）	≥±150				
失真度（%）	≤1.0				

3. 差动峰值鉴频的电视伴音用陶瓷鉴频器

JT4.5/5.5/6.0/6.5MD 型陶瓷鉴频器用于采用差分峰值的电视伴音电路，主要性能参数参见表 6.5。

表 6.5　差动峰值鉴频器 JT4.5/5.5/6.0/6.6 主要性能参数

参数 ＼ 型号	JT4.5MD$_2$	JT5.5MD$_2$	JT6.0MD$_2$	JT6.6MD$_2$
中心频率（MHz）	4.5	5.5	6.0	6.5
3dB 鉴频带宽（kHz）	≥40	≥50	≥60	±≥50
鉴频输出（mV）	≥100	≥110	≥120	≥100
失真度（%）	≤3	≤3	≤3	≤3

6.3　压电蜂鸣器

压电蜂鸣器是由压电陶瓷片和套在其外面的共鸣腔组成的，利用压电效应进行工作。当在压电陶瓷片上加上交变电压时，它能发出 $300 \sim 5000\text{Hz}$ 的音响信号。压电蜂鸣器广泛应用于简易音响电路中。

◀ 要点

6.3.1　发声原理和结构

在压电陶瓷片两侧面上有两个银电极，经极化、老化处理后，用环氧树脂将陶瓷片与黄铜片（或不锈钢片）粘贴在一起，就制成了一个压电发声元件，如图 6.11 所示。

压电蜂鸣器的结构

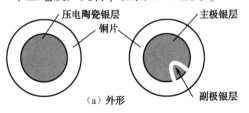

（a）外形　　（b）图形符号

图 6.11　压电陶瓷片及其图形符号

谐振与发声

在沿极化方向的两面施加交变电压时，会使压电陶瓷片振动并带动金属片产生弯曲、扭挠或振动。当交变电压的频率与压电陶瓷片的固有频率相同时，即产生谐振，推动周围空气发出声音。

为了得到较好的音响效果，常将压电陶瓷片置于称为共鸣腔（助音腔）的壳体内，以产生共鸣。共鸣腔实际上是一个带有凹槽嵌环的塑料圆盒体。

6.3.2　交流电漏电声光报警电路

应用实例Ⅰ

电路如图6.12（a）所示，它包括三芯插座、半波整流稳压电路、模拟警笛发声电路等。当插在三芯插座上的家用电器（如洗衣机、电熨斗、电风扇等）的金属壳体带电时，本报警电路就会发出声光报警信号，提请用户注意用电安全，防止发生意外。

正常电器，其壳体不带电

在家用电器正常情况下，其壳体不会带电，三芯插座 XS 的接地孔不会带电，R_1、VD_1、VDW 等组成的半波整流稳压电路无供电通路，A 点电压 $U_A = 0$，整个报警电路处于静态。

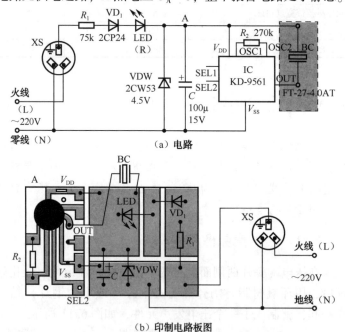

（a）电路

（b）印制电路板图

图6.12　交流电漏电声光报警电路

若壳体带电，图示电路便声光报警

当外壳带电的电器接入插座 XS 时，火线孔、电器的金属壳体、半波整流稳压电路、XS 的地线孔及市电的地线构成漏电回路。漏电流通过限流电阻 R_1、整流二极管 VD_1 和稳压二极管 VDW 等构成半波整流通路，发光二极管 LED 发光（红色）。同时，A点得到5V的直流电压，为模拟发声电路 KD-9561 提供了工作电源，峰鸣器发声。

KD-9561 是一种采用片状黑膏封装形式的模拟发声集成电路，它有两个选声端 SEL1 和 SEL2，改变 SEL1 和 SEL2 端的电平，可分别发出四种模拟音响。选声端电平与模拟声响的关系如表 6.6 所示。

表 6.6　KD-9561 选声端电平与模拟声响的关系

模拟声种类	选声端电平	
	SEL1	SEL2
机枪声	/	V_{DD}
警车声	/	/
救护车声	V_{SS}	/
消防车声	V_{DD}	/

注："/" 表示悬空。

KD-9561 的工作电压范围为 1.5 ～ 5V，典型工作电压为 3V，静态电流 $I_{sb} \leqslant 15\mu A$，输出电流 $I_o > 1mA$。图 6.19（a）所示电路中的 SEL1、SEL2 端悬空，可发出警笛声响。调节振荡电阻 R_2 的大小，可发出不同的音响：R_2 的阻值减小，可发出节奏快、音调高的警笛声；反之，则发出音调低、节奏慢的警笛声。

对于图 6.12（a）所示电路，如果所购元器件的质量能得到保证，焊接无误，安装好后便能正常工作。需要提醒的是，电源线的火线和地线不可接反，应与三芯插座对应连接，注意安全。

必要提醒

6.3.3　袖珍音乐贺卡

本音乐贺卡电路如图 6.13（b）所示，其结构简单，一共才四五个元器件，体积只有半个火柴盒大小（包括 1 节 5 号 1.5V 电池），但发声悠扬、悦耳。

应用实例 Ⅱ

5 个元件的贺卡

（a）音乐三极管

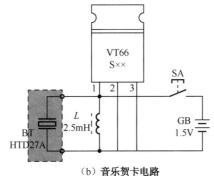

（b）音乐贺卡电路

图 6.13　袖珍音乐贺卡电路

该电路的核心是音乐集成电路 VT66，其采用 TO-92 封装形式，外形酷似塑封的小功率三极管 9013，可直接驱动压电陶瓷片或小功率扬声器，使用时与普通三极管一样方便，习惯上称它为"音乐三极管"。它的外形如图 6.13 （a）所示，其中 1 脚为电源正端 V_{DD}，2 脚为输出端 U_o，3 脚为接地端（电源 V_{SS} 端）。

图 6.13 中的音乐三极管可选用 VT66-S01 （内储"圣诞铃声"，35s）或 VT66-S06 （内储"祝你生日快乐"，14s）。BT 选用 HTD27A-1 或 FT27 型压电蜂鸣器。为提高谐波和低频成分，在 BT 两端并联一只 2.5mH 色码电感；GB 可选用 1.5V 钮扣电池或 5 号电池。

6.3.4　压电陶瓷片的检测

压电陶瓷片或蜂鸣器在不受到强力挤压、高温烧烤的情况下，一般不会受损或变质。电子爱好者可采用以下简单方法进行鉴别或检测。

检测方法 1

1. 检查直流电阻

将普通万用表置于电阻挡 $R \times 1000k$ （或 $R \times 100k$），测量两极板间的直流电阻，正常值应趋于无穷大。然后，用拇指、食指捏住压电陶瓷片的两极面，轻轻挤压，其阻值会发生变化，瞬间阻值在几千千欧至 $1M\Omega$ 之间。

检测方法 2

2. 加直流电压看指针摆幅

将万用表置于 DC 1V 挡，两表笔可靠接触压电陶瓷片的两极，当用手轻压两极面时，表针将会向一个方向摆动（约 0.1V）；随即松手，则指针会向反方向摆动。在挤压力相同的情况下，质量好的压电片摆幅度大，质量差的摆幅小。

检测方法 3

3. 用数字万用表的电容挡检测

压电陶瓷片呈电容性质，可利用该特性进行检测。将数字万用表置于电容挡，如用 CAP2μF 挡，将压电片夹牢，则压电片会发出"嗡嗡"的音频声，同时万用表会显示出一定的电容值。

检测方法 4

4. 在线通电检测

1）自制简易振荡电路检测压电蜂鸣器发声

因压电效应，插入压电蜂鸣器后电路起振发声

振荡电路如图 6.14 所示，它由小功率高频三极管 VT_1、VT_2 及 R_1、R_2、C 组成一个两级直接耦合式放大器。当在插头 a、b 间接入压电蜂鸣器 BT 后，就构成了一个正反馈自激多谐振荡器。接通电源便随即起振发声。通常，小尺寸（即小直径）的压电蜂鸣器发声高，大尺寸的发声低沉。若

不发声，则说明该压电蜂鸣器是坏的。

2）采用逆压电效应的击掌控制 LED 发光电路

图 6.14 所示的振荡电路发声，主要是按着"加电压→振荡（振动）→发声"的压电效应原理和应用进行的。实际上，压电效应具有可逆性，即反过来给压电蜂鸣器加上机械振动或压力，则压电片的两极就会产生一个电压，即把振动或压力转换成了相应的电信号。这就是压电效应的两重性（可逆性）。

图 6.15 是按照压电效应的可逆性设计的击掌控制 LED 发光的实际电路，由 1 片压电蜂鸣器、1 片指甲大小的音乐集成电路 HY-1（或 HY-100）、1 个发光二极管 LED 和 1 只电阻组成。

HY-1 是一片 CMOS 型大规模集成发声电路，在 7、8 脚之间装有一个用于起振的电阻 R_1（出厂前已装）。由于在 8 脚与 V_{SS} 端（6 脚）接了一个压电蜂鸣器 BT，因压电片呈容性（约 30000pF），使 HY-1 芯片内的振荡器无法起振，HY-1 不会输出乐曲信号。

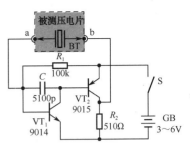

图 6.14 检测压电蜂鸣器的振荡电路

电路组成

接上压电片，电路无法起振

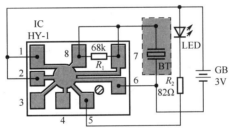

图 6.15 击掌控制 LED 发光电路

当有人击掌时，压电蜂鸣器 BT 受到击掌后的声波冲击，将振动波转换成电信号并加至振荡端 6 脚，HY-1 内的振荡器起振，内部触发器的状态发生翻转并工作，使输出端 5 脚原来的高电位转呈低电位，从而使发光二极管 LED 导通、发光。若连续击掌，则 LED 或亮或灭，断续发光。这也说明压电蜂鸣器是好的。

图 6.15 中的音乐集成电路 HY-1 可采用 HY-100 型代替（与 HY-1 类同，其功能、管脚排列也相同）。BT 采用 HTD27A-1 或 HTD35-1 型压电蜂鸣器，带共鸣腔（即助声腔）更好。LED 采用普通发光二极管，如 FG313001（红色）或 FG333001（绿色）等。

击掌后，电路起振，LED 发光

6.4　声表面波滤波器

　　声表面波滤波器（SAWF）也是一种压电器件，是采用压电陶瓷、石英晶片等压电材料，利用压电效应和声表面波传播的物理特性制成的一种无源滤波器件。它的功能是利用声表面波（SAW）进行滤波、延时、脉冲压缩等对信号进行处理，被广泛应用于电视机、影像机和通信设备电路中。

6.4.1　结构和电路图形符号

SAWF

　　声表面波滤波器常写作 SAWF（Surface Audio Wave Filter），它是由用压电陶瓷等压电材料制成的基片及烧制在上面的梳状电极构成的。

　　由图 6.16 可见，声表面波滤波器主要由压电介质基片、梳状电极（叉指换能器）、吸声材料等所构成，利用压电基片上的两个梳状电极（叉指换能器）来产生声表面波和检出声表面波，以完成滤波器的作用。

结构

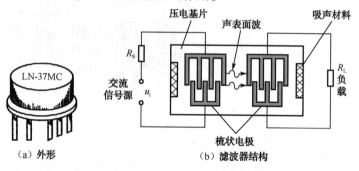

（a）外形　　　　　（b）滤波器结构

图 6.16　声表面波滤波器外形和结构示意图

　　图 6.17 为声表面波滤波器的电路图形符号，在电路中的文字符号用"ZC"或"Z"表示。

电路图形符号

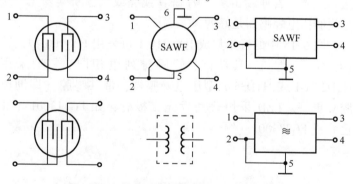

图 6.17　声表面波滤波器的电路图形符号

6.4.2 工作原理

在图 6.16 所示 SAWF 输入端加上一个合适的交流信号 u_i，由于压电材料基片的压电效应，左侧的梳状电极便会产生一个频率和输入电信号 u_i 同频的超声波，以声速沿压电基片的表面向右传播，并到达右端的梳状电极，基于压电效应，又复原出左侧输入换能器同频的电信号 u_o，并输出至负载 R_L。这样，一个设计合理的 SAWF 器件，在其内部就可完成电能→声能→电能的转换，实现选频滤波。

工作原理

电/声、声/电转换

在输入换能器和输出换能器的变换过程中，通过已设计好的梳状电极的固有谐振频率将有用信号成分选出，而对无用信号进行衰减或滤除，多余的杂波信号由两端的吸声材料吸收。

换能过程

由此可知，SAWF 器件的幅频特性取决于输入和输出梳状电极的谐振特性及匹配情况。通常，改变梳状电极的电极宽度、间距及上下电极重叠长度、几何形状，就可以控制 SAWF 的中心频率、频带宽度和幅频特性等性能指标。

决定 SAWF 特性的相关因素

6.4.3 特点及主要性能参数

下面仅就电视音像方面常见 SAWF 器件的主要性能参数列于表 6.7。

表 6.7 彩色电视机用部分 SAWF 的主要性能参数（dB）

型号	图像载频衰减	色度载频衰减	伴音载频衰减	邻道图像抑制	邻道伴音抑制
LBN3722	-3 ± 1.5	-5 ± 1.5	-20 ± 2	$\leqslant -35$	$\leqslant -35$
LBN3724	-4 ± 1.5	-3 ± 1.5	-16 ± 2	$\leqslant -35$	$\leqslant -35$
LBN3728	-4 ± 1.5	-3 ± 1.5	-18 ± 2	$\leqslant -35$	$\leqslant -35$
LBN38HI	4.5 ± 1	-3.5 ± 1.5	20 ± 2	$\geqslant 32$	$\geqslant 31$
LBN38S1	-5.5 ± 1.5	-4 ± 2	-10.5 ± 3	$\leqslant -40$	$\leqslant -46$
LBN38T4	-3 ± 1.5	-5 ± 1.5	-20 ± 2	$\leqslant -35$	$\leqslant -35$
EFC-37MV270	-4 ± 1	-6 ± 1	-20 ± 2	$\leqslant -40$	$\leqslant -40$
FILC0119CE	-5 ± 1.5	-6 ± 2	-20 ± 1	$\leqslant -40$	$\leqslant -40$
RFILC007KE	-5.5 ± 1.5	-4 ± 1	-10.5 ± 1	$\leqslant -40$	$\leqslant -35$
EX0050ES	-4 ± 1	-4 ± 1	-10.5 ± 1	$\leqslant -40$	$\leqslant -35$

声表面波滤波器（SAWF）具有以下特点。

SAWF 特点

（1）采用半导体平面工艺制造，适合大批量生产，具有制作成本低、性价比高的特点。

（2）选择性好，能确保声音或图像清晰。

（3）频带 Δf 十分稳定，中心频率不受信号强度的影响。

（4）可靠性高，抗电磁干扰（EMI）性能好，不易老化。

（5）使用方便，装配简单，无须调节。

（6）体积小，重量轻。

（7）插入损耗较大，设计电路或使用时，应在前级加合适频带的放大器，以补偿损耗。

6.4.4 检测

1）离线检测 SAWF

用万用表检测绝缘电阻

完好的 SAWF 器件，其输入、输出之间，电极之间都是绝缘的，用万用表置于 $R \times 100k$（或 $R \times 10k$）挡测量，阻值应显示∞。

阻值不是∞则表明漏电

若测试过程中发现阻值不稳定（或指针摆动），即使阻值可达数百千欧，也表明被测 SAWF 有漏电现象，不可采用。

若万用表显示的阻值很小或指向零，则表明被测 SAWF 内部有短路。

需要注意的是，一些 SAWF 带有屏蔽引脚，并和某电极相连时，则测得的相应阻值应为 0。此时，应查元件说明书，弄清真相。

2）在线检测 SAWF

在线检测阻值减小

在线检测 SAWF 时，用万用表 $R \times 100k$ 挡测各脚间的阻值就不会是∞了，而是有一定阻值。若 SAWF 没有与阻值较小的电阻器相接，测得的阻值还是比较大，就说明 SAWF 本身无短路情况。

在 SAWF 两端跨接 1000pF 电容，通电察看

遇到这种情况，可用一只 1000pF 电容器跨接在 SAWF 的输入极和输出极之间，即用电容器进行直接耦合，察看 SAWF 是否损坏。

6.4.5 实际应用

1. SAWF 存在插入损耗大的问题

SAWF 插入损耗大的原因

SAWF 插入损耗大，是由多方面因素引起的，如当交变信号加至图 6.16（b）左端梳状电极上，产生的声表面波不但向右端传播，也会向相反方向传播，并可能产生二次回波。如此，换能器发出的声表面波会损失掉一大半信号，加上换能效率等因素的影响，导致 SAWF 的插入损耗达 15 ～ 30dB。因此，在电路中用 SAWF 作为选频滤波器时，必须予以适当补偿。

2. 加前置中放弥补 SAWF 的损耗

SAWF 器件在电视机、收音机、录放机及通信机中常用作中频选频滤波器。下面以电视机为例说明。

若电视机的中放增益足够大，可将符合中频响应要求的 SAWF 插入高频调谐器与图像中放电路之间。若电视机的中放增益不够大，则宜在 SAWF 之前加一级宽带前置放大级，以补偿 SAWF 的损耗。

图 6.18 是将 SAWF 接在高频调谐器与图像中放电路之间的电路图。PIF 是来自高频头的调谐信号，R_1、L_1 与高频头输出级相匹配，VT 和 R_{B1}、R_{B2}、R_E、L_2 组成一个宽带高频放大级，放大后的信号经耦合电容器 C_2 加至 SAWF 的输入级，经 SAWF 选频滤波后，由 3、4 端输出至图像中放。输出端的 L_3 与 SAWF 的输出电容、分布电容并联，谐振于中频中心频率 $f = 38\text{MHz}$。

加前置中放补偿 SAWF

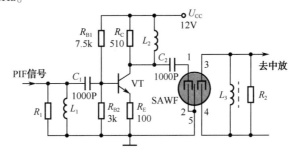

图 6.18　SAWF 在电视机中的实际应用电路

6.5　声表面波延迟线

◀要点

能将电信号延迟一段时间的元件，称为信号延迟线。电信号的延迟，可以用电缆线、LC 仿真线、声表面波（超声波）延迟线等来实现。声表面波延迟线是由在一个压电基片上的两个压电换能器和玻璃介质做成的，输入换能器将电能转换为机械能，输出换能器则将机械能转换为电能。两个换能器之间的玻璃为声表面波的传输介质，它决定着电信号输出的延迟时间。彩色电视机中采用的延时 63.943μs 的声表面波延迟线，也称作一行延迟线。除固定延迟线外，还有多抽头的延迟线。

6.5.1　信号延迟线

能将电信号延迟一段时间的元件称作信号延迟线，简称延迟线。信号在传输过程中，由于多种因素的影响，会发生不同程度的延时，在对多个分支信号进行统一处理时就有个时间差问题。为此，就需要将早到的信号延迟一段时间。

实现电信号的延迟，常见的方式有电缆线延时、仿真延时和超声波延时等。延迟线在电路中的文字符号为 "D" 或 "DL"，其电路图形符号和等效电路如图 6.19 所示。

6.5.2　声表面波延迟线的组成与分类

声表面波延迟线是由一个压电基片上的两个相同叉指换能器组成的，其中一个作为输入换能器，将电能转换为机械振动波；另一个作为输出换能器，将机械振动波转换为电能。振动波以声波速度在压电基片表面传播，两个换能器之间的距离为声表面波传输的路径，它决定电信号的延迟时间。

6.5.3　声表面波延迟线的类型

（1）固定延迟线　这种延迟线的延迟时间固定不变，没有调整的余地，可根据使用要求选用。表 6.8 给出了常用于多路通信设备、导航雷达和计算机等装置的 YCT-1 型视频延迟线的主要特性参数，外形尺寸如图 6.20 所示。

延迟线

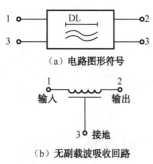

（a）电路图形符号

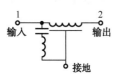

（b）无副载波吸收回路

（c）有副载波吸收回路

图 6.19　延迟线的电路
图形符号及等效电路

表 6.8　YCT-1 型视频延迟线的主要特性参数

延迟时间（μs）	0.1	0.2	0.3	0.4	0.5	0.6	0.7	0.8	0.9	1.0	1.5
外形尺寸 L（mm）	25	30	30	40	45	45	55	60	70	70	100
延时误差（%）	±5%											
3dB 带宽（MHz）	≥7			≥6		≥5			≥3～4			
特性阻抗（kΩ）	1 ±10%											
反射系数	正向，≤0.1；反向，≤0.12											
传输系数	≥0.85											
耐压强度（V，DC）	200，1min											
绝缘电阻（MΩ）	≥20											
环境温度（℃）	−55 ～ +125											
相对湿度（%）	90											

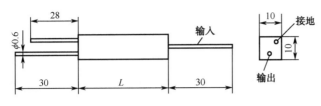

图 6.20　YCT-1 型视频延迟线外形尺寸

（2）**多抽头延迟线**　这种延迟线的底座上有多个抽头，可灵活选择输出信号的延迟时间，使用方便。

表 6.9 给出了 YDD-2 型多抽头延迟线的主要特性参数，外形尺寸如图 6.21 所示。

表 6.9　**YDD-2 型多抽头延迟线的主要特性参数**

延迟时间 （μs）	抽头	1—2	1—3	1—4	1—5	1—6	1—7	1—8
	延迟时间	2.7	2.8	2.9	3.0	3.8	3.9	4.0
延迟时间误差（%）		±5						
−3dB 带宽（MHz）		≥3						
特性阻抗（kΩ）		1±10%						
反射系数		正向，≤0.07；反向，≤0.15						
传输系数		≥0.9						
上升时间（μs）		≤0.2						
耐压强度（V，DC）		100，1min						
绝缘电阻（MΩ）		≥20						
环境温度（℃）		−55 ～ +85						
相对湿度（%）		≤90						

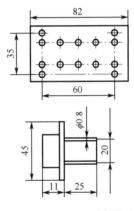

图 6.21　**YDD-2 型多抽头**
延迟线外形尺寸

6.5.4　一行延迟线

在 PAL 制彩色电视机、录像机中，为了实现延迟解调的目的，被解调的信号必须延时 $63.94325\mu s$。该时间正好是电视机扫描一行的时间（俗称 $64\mu s$），所以色度延迟线又称为一行延迟线。

一行扫描时间 $63.94325\mu s$

对于 $63.94325\mu s$ 的延时，用电缆线延时是难以实现的，即使将电信号延时 $1\mu s$（注意：电信号是以光速 $c=3\times10^8 m/s$ 传播），就需要用 $300m$ 长的电缆线。延时近 $64\mu s$，这对于小型化电子设备是不可能的事。若使用 LC 组合网络产生近 $64\mu s$ 延时，也不是一件容易的事。

如何实现近 $64\mu s$ 的延时

采用电声转换的方法，利用输入换能器，把电信号转换成同频率的超声波，利用超声波在玻璃介质中的传播速度（约为 $2.8\times10^3 m/s$）远低于光速的特点，使信号在较短的玻璃介质中获得 $63.94325\mu s$ 的延时。

玻璃介质的超声波传播

图 6.22（a）是玻璃长棒超声波延迟线的结构示意图。输入、输出均采用压电陶瓷换能器，输入端为电→声转换，输出端则为声→电转换。两个换能器中间的玻璃介质决定延迟时间，声波延时 63.94325μs，要求的长度为 172.646mm。

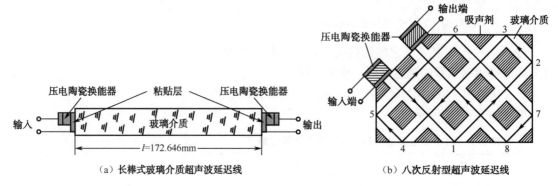

（a）长棒式玻璃介质超声波延迟线　　（b）八次反射型超声波延迟线

图 6.22　采用玻璃介质延时 63.94325μs 的超声波延时线

八次反射型超声波延迟线

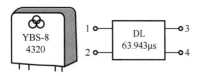

图 6.23　色度延迟线 YBS-8 型的外形及其电路符号

玻璃介质棒长度为 172mm 多，这样长的长度对电子设备小型化设计带来不方便。

为了缩小长度和体积，彩色电视机中使用的超声波延迟线设计成八次反射型的，使信号在较短的玻璃介质中达到行扫描一行所要求的 63.94325μs 延时，如图 6.22（b）所示。为避免在声波传播过程中相互干扰，加了多块吸声材料进行隔离。

图 6.23 是彩色电视机中常用的一种色度延迟线 YBS-8 型的外形及其电路符号。

色度延迟线对保证彩色电视机色调和清晰度有着重要的作用。表 6.10 列出了国内常用的 YBS-8 型和 YCS-EN645 型两种色度延迟线的性能参数。

表 6.10　国产部分常用色度延迟线的主要性能参数

参数 \ 型号	YCS-EN645				YBS-8	
	A11	A12	A13	A14		
标称频率（MHz）	4.433619				4.433619	
延迟（μs）	63.943				63.943	
通带宽度（MHz）	3.43～5.23	3.63～5.23	3.63～5.23	3.63～5.23	3.63～5.23	3.43～5.23
插入损耗（dB）	9				9	
三次反射（dB）	≥28				≥28	
其他反射（dB）	≥26				≥26	
使用温度（℃）	-20～+70				-20～+70	
端接电阻 R_1、R_2（Ω）	390			560	390	560
输入端接电感 L_1（μH）	8.2	5.6	6.2	10.5	5.6	6.2	8.2	10.5
输出端接电感 L_2（μH）	8.2	8.2	10	9.7	8.5	10	8.2	9.7

参数 \ 型号	YCS-EN645				YBS-8
	A11	A12	A13	A14	
输入端接电容 C_1（pF）				20	20
输出端接电容 C_2（pF）				30	30
绝缘电阻（MΩ）	≥1				

6.5.5 检测、选用及代换

1. 好坏的检测

由图 6.22 可知，色度延迟线各引脚之间是绝缘的。将万用表拨至 $R×100k$ 挡，测量输入端 1 脚和 2 脚之间、输出端 3 脚和 4 脚之间，以及输入端与输出端之间，应显示阻值为无穷大。若发现引脚间的电阻值不是无穷大或显示数值摆动不稳，则说明该延迟线存在漏电现象，不能应用。

对于延迟线的开路性故障，用万用表是检测不出来的，只能用替代法来验证。

2. 察看屏幕图像判别色度延迟线的质量

色度延迟线对彩色电视机的色调和清晰度有重要影响。若延迟线不良，通常会出现以下现象。

（1）若色度延迟线损坏，虽然色调基本正常，但屏幕上光栅变粗，且出现百叶窗似的明暗相间的水平条纹，条纹还会缓慢地朝上方或下方滚动，面积很大。

延迟线不良带来的影响

（2）若色度延迟线质量不好，显示屏上的图像轮廓的边缘部分会出现爬行现象。

3. 色度延迟线的代换

色度延迟线损坏后，应选用同规格、同型号的延迟线来代换。若找不到原型号的产品，应采用中心频率相同、延迟时间和通带宽度相等的延迟线。

如何代换

表 6.11 列出了部分进口彩电常用色度延迟线的代换型号，供参考。

表 6.11　常用超声色度延迟线及其直接代换型号

延迟线型号	可直接代换国产型号	延迟线型号	可直接代换国产型号
EFD-EN645	PDL-643K	EFD-EN645A01	YCS-EN645A13
EFD-EN645A	YCS-EN645N	PDL-463K	DLG-648K，YJD8
A76350-CH	AO，DLG-648KAO	ADLCP145TA02	YJD-8BO
L7148B	YTS-8BO，YID-BO	PPL634K	BO，PDL-6435
	YGS-EN645A11	2790271	BLG-648K-S5
	DLG-648DBO		YTS8S
	PDL-643KB		

相关知识

加 Y 延迟线后，可使图像重合

●亮度延迟线（Y 延迟线）

彩色电视机中还有一种用于亮度通道的亮度延迟线，又称作 Y 延迟线。它不是根据压电效应制作的。

1）亮度延迟线的作用

在彩色电视信号的解调过程中，色度信号和亮度信号分别通过色度通道和亮度通道。由于色度通道比亮度通道要窄，所以色度信号比亮度信号在放大时通过的时间要长些，色度信号到达基色矩阵比亮度信号要晚（约 0.6μs）。如果不采取措施，屏幕上会出现套色不准确的现象，如图 6.24（a）所示。为了确保屏幕上亮度信号与彩色图像重合，在亮度通道中加上亮度延迟线，使色度、亮度信号同时到达基色矩阵。

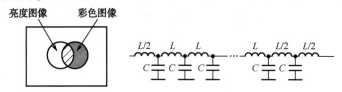

（a）显示屏上的彩色滞后现象　　（b）由 LC 组成的亮度延迟线

图 6.24　彩色电视机中亮度信号的延时

2）亮度延迟线的组成及性能参数

亮度延迟线可分为 LC 集中参数型和分布参数型两种。集中参数型是由集中的电感 L 和电容 C 组成的一段仿真线来模仿传输线，如图 6.24（b）所示。分布参数型亮度延迟线则由分布串联电感和分布并联电容组成。

亮度延迟线的型号较多，常见的国产亮度延迟线有 YCJ 系列、YC 系列、DL 系列、DLL 系列、ELT 系列和 YBL 系列等。表 6.12 给出了国产 YCJ 系列的主要性能参数，供参考。

表 6.12　部分国产 YCJ 系列亮度延迟线的主要性能参数

参数 ＼ 型号	038A18X	06A18X	04B16X	045B18	05B18	06B18	08B18
延迟时间（μs）（±10%）	0.38	0.6	0.4	0.45	0.5	0.6	0.8
特性阻抗（kΩ）（±10%）	1.8		1.6	1.8			
上升时间（μs）	0.3			0.35			
预冲（%）	<4	3.5～7.5	7～11	0～6	4～8	5～9	10～14

参数 ＼ 型号	038A18X	06A18X	04B16X	045B18	05B18	06B18	08B18
输出幅频特性（MHz）	4	3.5	2.8	3.5	4.0	4.0	3.0
彩色副载波抑制（min）	20	25	20	—	—	—	—
插入损耗（dB）	0.5	1.5	0.5	1.0	0.5	0.5	1.0
直流电阻（Ω）	50	80	50	80	50	75	85
绝缘电阻（MΩ）	100	500	200	100	200	100	
耐压（V，DC）		500		150	500		100
驻波比（SWR）	—	1.7	—	1.4	1.25		—

同步自测练习题

一、填空题

1. 陶瓷滤波器是由＿＿＿＿＿＿制成的陶瓷片，常用的材料有＿＿＿、＿＿＿等，其工作原理是基于陶瓷片的＿＿＿＿。陶瓷滤波器具有＿＿＿＿＿＿＿＿＿＿＿＿＿＿＿等优点，应用广泛。

2. 陶瓷滤波器按其＿＿＿＿＿＿不同，其＿＿＿＿＿＿也不相同。常用的有＿＿＿＿＿陶瓷滤波器、＿＿＿、＿＿＿等，在＿＿＿＿、＿＿＿、＿＿＿、＿＿＿等电子设备中被广泛采用。

3. 陶瓷陷波器和陶瓷鉴频器都是利用＿＿＿＿制成的二端或三端陶瓷元件。陷波器的作用是＿＿＿＿信号中不需要的＿＿＿＿，鉴频器则是一种具有＿＿＿＿的压电陶瓷元件。

4. 压电蜂鸣器是由＿＿＿＿＿＿＿＿＿＿＿＿＿＿构成的，它是利用＿＿＿＿进行工作的。当在它的两电极的外引线上加上交变信号电压时，就会发出＿＿＿＿＿＿＿＿，压电蜂鸣器具有＿＿＿＿＿＿＿＿＿＿，被广泛应用于简易音响电路中。

5. 声表面波滤波器常简写作＿＿＿＿，是一种＿＿＿＿＿，是采用＿＿＿＿等压电材料制成的基片和烧制在上面的＿＿＿＿构成的，是利用其＿＿＿＿和＿＿＿＿进行滤波工作的，在现代通信、电视机、录像机、雷达装置中被广泛采用。

二、问答题

1. 何谓压电效应？在什么情况下会出现电压谐振？

2. 陶瓷滤波器是一种什么器件？扼要说明其工作原理和特点，其电路图形符号如何表示？

3. 什么是陶瓷陷波器？其陷波原理如何？这种陷波器有何特点？

4. 陶瓷鉴频器是一种什么器件？主要用途是什么？其鉴频原理如何？

5. 何谓声表面波？声表面波滤波器是依据何种原理制成的？主要用于什么方面？它具有

什么特点？

6. 请读者结合书中 6.4 节给出的图 6.16 声表面波滤波器（SAWF）结构示意图，扼要说明是如何产生声表面波和检出声表面波来完成滤波功能的。

7. 什么是一行延迟线？如何用超声波延迟线来实现延迟扫描一行的时间 63.94325μs？

8. 图 6.25 是国产山花牌 AM 收音机中频放大器的第二级，作为中放的主增益级，要求该级的增益要高，且选择性要好，接在放大管 VT_2 的发射极的二端陶瓷滤波器 BC（2L465A）在这里起什么作用？应工作在图（b）所示的阻抗－频率特性的哪个频率点？请扼要说明。

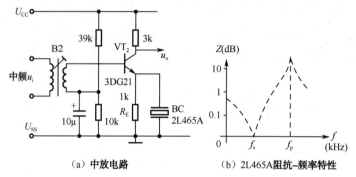

（a）中放电路　　　　　（b）2L465A 阻抗-频率特性

图 6.25　陶瓷滤波器在 AM 收音机中放电路的应用

9. 图 6.26 是一个 1000Hz 调幅（AM）中频信号发生器电路，试分析它的组成、工作原理。三端陶瓷滤波器 BC 在电路中起什么作用？

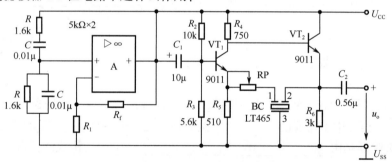

图 6.26　1000Hz 调幅 465kHz 中频信号发生器

自测练习题参考答案

一、填空题

1. 压电陶瓷材料　　钛酸钡　　锆钛酸铅　　压电效应、体积小、Q 值高、温度温度性好、生产工艺简单、成本低

2. 功能、用途　　结构和电极数　　二端、三端　　陷波器、鉴频器　　无线电通信电视机　　收录机　　家用电器

3. 压电效应　　滤除或消减　　频率成分　　鉴频特性

4. 压电陶瓷片和套在外面的共鸣腔　　压电效应　　相应频率的音响信号　　结构简

单、功耗低、成本低

    5. SAWF   压电器件   压电陶瓷   梳状电极   压电效应   声表面波传播特性

二、问答题

1. 答 （1）关于压电效应，压电陶瓷片、石英晶体片等均具有压电效应。当它们受到外来的机械力时，机械力将引起它们内部正、负电荷中心相对位移而发生极化，从而导致压电陶瓷片两面出现符号相反的正、负电荷；反之，在它们的两面加上电压或置于电场中时，也会引起它们内部正、负电荷的中心位移，从而导致介质变形（机械振动）。前者称为压电效应，后者则称为逆压电效应，两者统称为压电效应，压电效应可把机械能转化为电能，也可把电能转化为机械能。

    （2）关于压电谐振，说明如下：一个几何尺寸确定的石英晶体片（或压电陶瓷片），本身具有一个固有的振荡频率。当外加的交变电压的频率与石英晶体片（或压电陶瓷片）的固有频率相同时，则晶体片（或陶瓷片）的机械振动幅度比在其他频率上的振幅都大（即振动最强），输出的电信号最大，这种现象称之为压电谐振。利用压电谐振这一特性制成的石英晶体谐振器（或陶瓷滤波器），可取代多种 LC 谐振回路，来实现更好地选频，且稳定、可靠。

    2. 答 （1）陶瓷滤波器是用压电材料制成的电子器件，制作材料一般是钛酸钡、锆钛酸铅等。陶瓷滤波器的工作原理是源于压电陶瓷的压电效应：一个几何尺寸确定的压电陶瓷片，本身具有一个固有的谐振频率 f_0，工作时，输入同频 f_0 的电信号，则陶瓷片便产生相应的机械振动，由始端传至终端，输出时再将机械振动变为谐振时的电信号。

    （2）陶瓷滤波器具有如下特点：体积小，品质因数 Q 值很高（达2000左右），温度隐定性好，生产工艺简单，制作成本低，价廉。陶瓷滤波器可取代多种 LC 谐振器完成选频作用，能使电路简化，且无须调整。

    （3）陶瓷滤波器有两个引脚的，也有三个引脚的，其电路图形符号分别为 ⊥、⊥。

    3. 答 （1）陶瓷陷波器也是利用压电效应制作的无源陶瓷元件，严格来说，它是陶瓷滤波器的一种。它的外形与滤波器类同，也有两端和三端两种结构。

    （2）陶瓷陷波器的陷波原理如下：一种型号陶瓷陷波器（由陶瓷片的几何尺寸决定其型号或陷波频率）具有固有的振荡频率，当将与它的固有频率相同的信号加在其两个电极上时，其内的陶瓷片在该交变电场作用下便随信号频率产生相应的机械振动，即出现谐振，此时的陶瓷片相当于一个 LC 串联谐振回路（ $\sim L_s \quad C_s \quad R_s$ ），即呈现出很低的谐振阻抗 [$Z = \sqrt{(X_L - X_C)^2 + R_s^2} \to 0$]。这与集中参数 LC 串联陷波器十分相似，若将该谐振的陷波器并联于某电路两端时，它就能滤除或阻止信号中不需要的频率成分，而对有用的信号频率成分无影响。

    （3）陶瓷陷波器具有如下特点：体积小，重量轻，稳定性高，制作简单，成本低，装配后无须调整，也不受外部电磁场的干扰。因此，在无线通信、广播电视、影像、录放等设备中得到广泛应用。

    4. 答 （1）陶瓷鉴频器是一种具有鉴频特性的压电陶瓷器件，主要用在 FM（调频）收音机、黑白和彩色电视机和录像音响装置等的鉴频电路中，用作声音的鉴频解调用。

谈及鉴频解调，有必要说说调幅（AM）广播和调频（FM）广播：AM广播是用音频信号调制载波的振幅，振幅随音频信号变化，但其载波频率不变；而FM广播是采用载波频率随调制音频信号变化，但其幅度不变的调制方式。收听时需要对FM信号解调，应采用专门的解调器——鉴频器。鉴频器亦称作频率检波器，其任务是从调频波中检出用于调制的原音频信号。

（2）陶瓷鉴频器的鉴频原理如下：利用压电陶瓷片的压电效应，先把输入的FM电信号转变为相应的机械振动，由输入端传至终端，再将机械振动转变为电振动，以电信号输出。上述的信号电能→机械能→电能的转换，实现了对中频信号中原音频信号的移相鉴频并选出，而将无用信号滤除掉了。

5. 答 （1）声表面波是指声波在弹性体表面的传播，这个波的全称为弹性声表面波，其传播速度比电磁波的速度约小10万倍。

（2）声表面波滤波器是采用压电陶瓷、石英晶体等压电材料，利用其压电效应和声表面波传播的物理特性而制成的一种压电滤波器件。

（3）声表面波滤波器在民用、军用、航天等领域得到了广泛地应用。在初期，主要应用在黑白电视机、彩电机录像机中频电路和家用电器中，后在雷达等测控装置中也得到广泛采用。

（4）声表面波滤波器具有如下性能、特点。

① 性能稳定，一致性好，可靠性高。

② 频带宽，动态范围大，且中心频率不受信号强度的影响，能确保图像、彩色和伴音载波的正常传送，不会相互干扰。

③ 选择性好，一般可高达140dB，确保图像的清晰度高。

④ 抗外界电磁干扰能力好。

⑤ 装配便捷，只需插入和焊接，无须调整。

需要说明的是，这种滤波器件的插入损耗大（一般不小于20dB）。使用时，需在其前面加装预中放前置放大级，以补偿声表面波滤波器的插入损耗。

6. 【解题提示】 答前首先弄清楚声表面波滤波器的组成结构。书中图6.16为其结构示意图，它是在一块压电介质基片上经蒸发形成的一对梳状电极（换能器）和左、右两端贴附的吸附材料等构成的。利用压电基片上的左、右梳状换能器产生声表面波和检出声表面波，来实现选频和滤波功能。

答 声表面波滤波器（SAWF）的滤波工作原理如下：在图6.16所示的SAWF结构图左端梳状电极（叉指换能器）的输入端加上合适的交流信号 u_i 时，由于压电介质基片的压电效应，使介质基片表面发生周期性的弹性形变，随之产生与输入信号 u_i 同频的超声波，并沿压电基片表面向左、右方向传播。向左传播的波被吸声材料吸收；向右传的声表面波沿压电介质基面传送至输出端叉指换能器的电极上，经过压电逆变换，将超声波转变为电信号，输出至外接的负载上，这样就完成了电能→声能→电能的转换。在转换过程中，当外来有用信号的频率 f_c 与梳状电极的固有谐振频率相同时，叉指换能器产生的声表面波最强，传输效率最高，输出幅度最大。而远离输入信号频率 f_c 的成分（即无用信号）被滤除或被两端的吸声材料吸收，从而实现了选频滤波的功能。

7. 答 （1）一行延时线也称作色度延迟线。在对采用PAL制式的彩色电视机、录像机的彩色信号进行解码时，色度延迟线对整机的色调和清晰度有重要作用。如果色度延迟线不良，不仅会造成图像的彩色异常，还会出现图像的轮廓边缘不清，甚至会出现爬行现象。因此，在色度信号解调前必须延时 63.94325μs。该延时正好是行扫描一行的时间（64μs），所以色度延迟线又称为一行延迟线。

（2）目前，彩色电视机使用的一行延迟线皆选用延时为 63.94325μs 的超声表面波延迟线，它具有延时准确、稳定可靠、选择性好、动态范围大、使用简便、不需任何调整的优点。

声表面波一行延迟线的结构示意图如图 6.22 所示。被解调的信号加在输入端的换能器上，由于压电效应，输入换能器产生同频率的超声波，超声波在玻璃介质中经过 8 次反射，其总路径约 17.6cm，电信号被延迟 63.94325μs，到达输出超声换能器，经过压电逆效应，将超声波转换成同频率的电信号，输往负载。

8. 【解题提示】 无线电爱好者或就读于中职技校、职高的读者做电学实验时，大都装调或玩过 AM（调幅）收音机，想必都知道中频放大器是超外差式收音机的重要部分，它直接影响到收音机的绝对灵敏度、选择性和通频带。图 6.25 是中放的第 2 级，其输入端的 BZ 是中频变压器（俗称中周），其中心频率应调定在 $f_0 = 465kHz$ 上。接在主放管 VT_2 发射极的陶瓷滤波器 BC（2L465A），与射极电阻 R_E 并接，而 2L465A 的串联谐振频率为 $f_s = 465kHz$，即与输入的中频信号 u_i 的频率 465kHz 相同。由此不难判断该陶瓷滤波器 BC 在 VT_2 放大器的作用，以及工作在图 6.25（b）所示的阻抗 – 频率特性的哪个工作点了。

答 AM 收音机的中频信号频率为 465kHz，与 2L465A 的串联谐振频率 $f_s = 465kHz$ 相同。2L465A 与 VT_2 管的发射极外接电阻 R_E 相并接，工作时，2L465A 在 $f_s = 465kHz$ 频率点上呈串联谐振，其阻抗 X_{BC} 最小（接近于 0），将发射极电阻 R_E 旁路到地，使 R_E 失去了负反馈功能，故 VT_2 放大电路的增益最大。同时，因 2L465A 为窄带型滤波器，f_s 点处的阻抗 – 频率特性曲线陡峭，有利于消除干扰和噪声，可提高信号噪声比。

9. 【解题提示】 图 6.26 所示的 465kHz 调幅中频信号发生器，包括两部分：左侧是由集成运放 A 和 RC 桥式网络等构成的 RC 桥式振荡器，其振荡频率为 $f_0 = 1/(2\pi RC)$，用以产生 $f_0 = 1000Hz$ 的正弦音频信号，用于调制右侧的 465kHz 的中频信号；右侧的 VT_1、VT_2 和三端陶瓷滤波器 BC 组成 465kHz 中频振荡器。

答 465kHz 调幅中频信号发生器是由音频 1000Hz 信号发生器和中频 465kHz 发生器组成的，由 1000Hz 音频信号对 465kHz 中频信号进行调幅。

1000Hz 音频信号源由集成运放 A 和 RC 串并联网络等构成桥式振荡器，其振荡频率由网络参数 R、C 决定，即

$$f_0 = \frac{1}{2\pi RC} = \frac{1}{2\pi \times 1.6 \times 10^3 \times 0.01 \times 10^{-6}} = \frac{1000 \times 10^3}{6.28 \times 160} \approx 1000 \text{（Hz）}$$

VT_1、VT_2、$R_2 \sim R_6$、三端陶瓷滤波器 BC 构成 465kHz 中频振荡器。BC（LT465）接在由 VT_1 和 VT_2 所组成的放大电路的正反馈回路中，LT465 在电路中起选频作用，工作在串联谐振状态，谐振频率 $f_s = 1/(2\pi\sqrt{L_sC_s}) = 465kHz$，其谐振阻抗 X_{BC} 最小（接近于 0），故在 465kHz 频率上反馈最强，极易起振。电位器 RP 用于调节反馈深度，使输出满足合适的幅值。前级的集成运放 A 输出的 1000Hz 音频信号经 C_1 加至 VT_1 的基极，对 465kHz 中频信号进行幅度调制，调幅后的 465kHz 中频信号由 VT_2 的发射极输出。

第 7 章

太阳能电池

本章知识结构

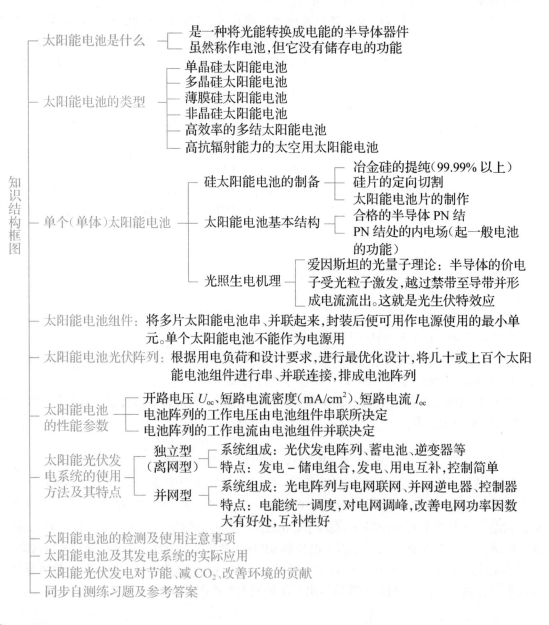

太阳能电池的检测及使用注意事项

太阳能电池及其发电系统的实际应用

太阳能光伏发电对节能、减 CO_2、改善环境的贡献

同步自测练习题及参考答案

7.1 什么是太阳能电池

◀要点

提到电池，马上就会想到常用的干电池和铅酸蓄电池。这两种电池是利用其内部的极化反应产生电荷的化学电池，在接上负载后，便将其内存储的化学能转换成电能并输送给负载。太阳能电池是将太阳辐射的光能直接转换成电能的半导体器件，它以光量子激发方式用光能激发出电子并瞬间与空穴复合，不能存储电，因此若称为"太阳能发电器"则更为贴切。

国际电工委员会标准（IEC）对电池的定义为"直接将能源转换成直流电的动力装置"。按此定义，电池包含的范围相当广，除包括利用化学反应的干电池和蓄电池等化学电池外，还包括利用物理现象的核能电池和热能电池等物理电池等，以及利用风能、潮汐浪涌及生物活动的生物电池。因此，将太阳的光能直接转换成直流电的太阳能电池是物理电池中的一种。

太阳能电池主要是依据光生伏特效应将太阳能转换成电能的。这种光电效应早在 1839 年就被法国科学家贝克勒尔所发现，但直到 1905 年前后，才由德国科学家爱因斯坦用光子理论对这种现象进行了科学的解释。光既有波动性，同时又具有粒子（光子）性，光子在太阳能电池中被电子吸收直接转变成电能。光能转移至电子后，再将这些电子有效地收集并从电极取出。太阳能电池利用硅半导体的这一光电转换性质可直接把光能转换成电能。图 7.1 是居家屋顶设置的太阳能电池光电板和太阳能热水器。

光生伏特效应

爱因斯坦的光子理论

图 7.1 居家屋顶设置的太阳能电池光电板和太阳能热水器

太阳能电池只有在光照射下才能发电。虽然称作电池，但它不具备蓄电的功能。准确来说，太阳能电池是直接把光能转换成电的一种转换器件。作为一种太阳能光伏发电系统，必须将具有蓄电功能的蓄电池与太阳能电池相结合，才具有广泛的实用价值。

有光照才发电不能储存电

7.2 太阳能电池的种类及特征

要点➤

太阳能电池是太阳能光伏发电系统的最基本元件。太阳能电池的种类很多，所使用的材料主要以半导体材料为基础，按照所用材料和单晶结构划分，太阳能电池的种类如图 7.2 所示。

太阳能电池的种类

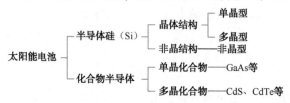

图 7.2　太阳能电池的种类

按照晶体结构，太阳能电池可分为单晶型、多晶型、非晶型和复合化合物型等。表 7.1 列出了太阳能电池的材料和特征。目前，将单晶型和非晶型复合起来的高级太阳能电池已商品化。按照太阳能所用半导体的结构势垒的不同，太阳能电池可分为 PN 型、PIN 型、肖特基势垒型、带反射层的 MIS 型和异质结型等。

材料与特征

表 7.1　太阳能电池所用材料与特征

所用材料	效率	可靠性	特征	主要用途
单晶硅	高	高	效率高，工艺成熟	地面、宇航
多晶硅	中	高	大批量生产方便	地面
非晶硅	低	低	用紫外线效率高	民用
单晶化合物	高	高	高效率，但易裂	宇航、太空
多晶化合物	低	低	内含 Cd 有害物质	民用

制作太阳能电池用得最多的材料是硅，它包括晶体硅材料和薄膜材料硅。晶体硅是目前应用最广泛、最成熟的太阳能电池材料，占光伏产业的 85% 以上。

通常，将硅太阳能电池分为单晶硅电池、多晶硅电池、非晶硅电池和薄膜电池等。

7.2.1　单晶硅电池

单晶硅

单晶硅是制造半导体器件、集成电路等的基础材料，也是最重要的太阳能电池材料。作为单晶体，它具有基本完整的点阵结构，即晶格取向基本上完全相同的晶体结构。制作太阳能的单晶硅材料的纯度越高，则制作出的太阳能电池的发电效率也越高。一般要求达到 99.9999% 以上的纯度，单晶硅电池的转换效率目前为 14%～17%。

材料纯度高，发电效率高

转换效率为（14～17）%

图 7.3 硅晶体的晶格形式（与金刚石相同）。图 7.4 是单晶硅太阳能电池的光电板及晶格示意图。

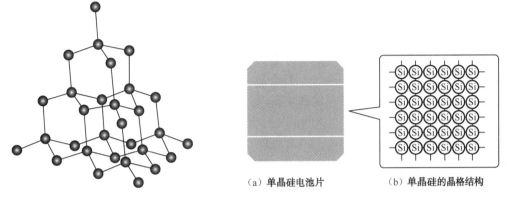

图 7.3 硅（Si）晶体内的晶格形式

（a）单晶硅电池片　　（b）单晶硅的晶格结构

图 7.4 单晶硅太阳能电池的硅片

7.2.2 多晶硅电池

多晶硅是单质硅的一种形态，常温下性状稳定；高温熔融状态下，则具有较大的化学活性，掺入某些杂质后就能成为优良的半导体材料。熔融的单质硅在过冷条件下凝固时，硅原子则以图 7.3 所示的晶格形态排列成许多晶核，如这些晶核长成晶格取向不同的许多晶粒，就成了多晶硅。

多晶硅

多晶硅与单晶硅相比，多晶硅晶体的导电性能远不如单晶硅显著，其物理性质（如光学性质、各向异性等）也不如单晶硅明显。但在化学活性方面，两者的差异极小。多晶硅的制作较单晶硅的制作容易，通常将熔融的硅倒入铸造槽中，就可"铸造"出多晶硅锭，从而使制造成本大为降低，生产量也得到大幅度提高。

多晶硅性能差但制作成本低

用这样较简单的方法"铸造"出多晶硅的硅锭，其晶体内部并不是一个完整的晶体结构，硅原子在晶界（各单晶硅粒之间的界面）处的结合有一部分并不完整，易形成晶体缺陷，如图 7.5 所示的多晶硅太阳电池板的晶格结构图。

多晶硅存在晶体缺陷

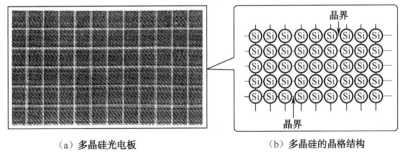

（a）多晶硅光电板　　（b）多晶硅的晶格结构

图 7.5 多晶硅太阳能电池的光电板

多晶硅比单晶硅的转换效率低

多晶硅晶界处的结合不完整会直接影响太阳能电池的转换效率。多晶硅电池比单晶硅电池的效率低，通常为12%～14%。但由于多晶硅太阳电池制作成本低，价格便宜，产量大，是太阳能电池市场的主要产品之一。

7.2.3 非晶硅太阳能电池

上面介绍的单晶硅和多晶硅太阳能电池是现在太阳能电池的主流产品，两者的产量占到世界太阳能电池总产量的90%以上。

非晶硅

非晶硅（又称 α－Si）太阳能薄膜电池诞生于20世纪80年代，近些年来发展很快，而且发展成为最廉价的太阳能电池品种之一。图7.6是非晶硅太阳能薄膜电池的基本结构及其晶格形式。

薄膜电池

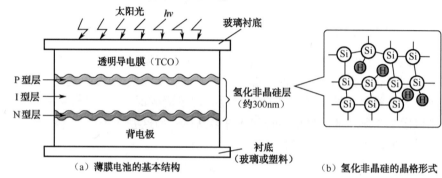

图 7.6　非晶硅太阳能薄膜电池

非晶硅为 PIN 结

由图 7.6（a）所示的基本结构来看，非晶硅电池的半导体的结合部不是 PN 结，而是 PIN 结。掺硼（B）的硅（Si）层形成 P 区；掺磷（P）则形成 N 区，I 层则为非杂质或轻微掺入硼（B）的本征层。重掺杂的 P、N 区在电池内部形成内电场，以收集电荷。I 区是光敏区，此区内光生电子、光生空穴是光伏生电的源泉。

硅薄膜的制作方法

制作硅薄膜的方法通常采用惯用的方法——等离子体增强化学气相沉积法，这是一种借助于化学反应在衬底上堆积硅薄膜的方法。但这种方法制作出硅薄膜中的硅原子的排列不像硅晶体切出的硅片中的硅原子排列有序，而是一种无序状态，通常将这种无序状态称为非晶体（amorphous）。

如何解决原子排列无序问题
↓
钝化

为解决硅薄膜中硅原子排列无序的问题，人们发明了用氢（H）原子与硅（Si）原子的悬挂键相结合以减少对电子的捕获。这种方法叫作钝化（passivation）。图7.6（b）就是这种氢化非晶硅的晶格结构图。

基于硅原子排列无序及薄膜硅太阳能电池存在使用初期由于光照后转换效率降低的问题（称之为"初期劣化"）等，薄膜硅太阳能电池的性能和转换效率还比不上晶体硅太阳能电池。

非晶硅太阳能电池具有不少优点，它可大量节约硅材料，使用硅以外的材料（如廉价的玻璃或塑料带、不锈钢带等）作为薄膜的片基，来制作出很薄的硅太阳能电池，且在生产工艺上耗电少，制作容易，易形成大规模的自动化生产。这些都为非晶硅薄膜电池的发展提供了广阔的前景。图7.7是非晶硅太阳能薄膜电池组件图。

非晶硅电池的优点

图7.7 非晶硅太阳能薄膜电池组件图

据报道，针对薄膜硅电池内硅原子的排序问题，开发出了硅原子的排列比较规则的微晶硅薄膜（μc-Si-micro crystal-line），让微晶硅薄膜和非晶硅薄膜结合，以提高其光电转换效率和电池性能。

微晶硅薄膜

7.3 单晶硅太阳能电池的制作、基本结构及光电转换机理

上面已指出，单晶硅是一种具有完整的点阵结构的晶体，即晶格取向基本上完全相同，是一种良好的半导体材料。高纯度的单晶硅是用于制作太阳能电池的最好材料。

◀ **要点**

7.3.1 单晶硅的拉制与切片

1. 单晶硅的提纯和硅锭的拉制

单晶硅的制作通常是先制造出纯度高的多晶硅或冶金级

提纯、拉单晶

硅，然后在高温（1500℃左右）硅融解炉内用直拉法或悬浮区熔法，从熔体中生长出圆柱形单晶硅锭，如图7.8（a）所示，即常说的拉单晶。拉制时须加进用作"种子"的很小的硅单结晶，称之为籽晶。

籽晶

按晶体生长方法的不同，分为直拉法、区熔法和外延法。用直拉法和区熔法可生长出圆柱形单晶硅锭；用外延法用来生长单晶硅薄膜。直拉法生产出的单晶硅锭的成本相对较低，单晶硅性能稳定，是国内生产单晶硅片的主要材料。国内生产的单晶硅锭的直径大都为 2.5in（1in = 2.54cm）、3in、4in、5in。

2. 单晶硅片的切割

切片

合格的硅锭需经过多道工序，如整形、定向、切割、研磨、抛光等工艺，再按照一定的技术要求切割成硅片。切片是整个硅片加工的重要工序。目前，硅片的切割主要有多线切割、外圆切割、内圆切割及激光切割等。其中采用多线切割机切片是目前最为先进的切片方法，它是将细钢丝卷置于固定架上，经过滚动碳化硅研磨微粒完成切割工作。这种切片方法具有切削速度快、切片质量高、材料损耗低、切片薄（0.2mm）、产量高的特点。据报道，瑞士产多线切割机可同时切4组单晶硅锭，3个小时可切4000片硅片，片子的平均厚度仅为325pm（1pm = 10^{-9}mm），很适于大规模自动化生产。

切割方法

多线切割机

图7.8（b）为多线切割机切割单晶硅锭的切片示意图，图（c）为切出的0.2mm单晶硅片。

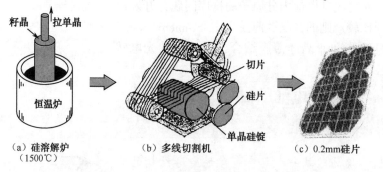

（a）硅溶解炉　　　（b）多线切割机　　　（c）0.2mm硅片
（1500℃）

图 7.8　单晶硅锭的拉制和硅片的切割

7.3.2　太阳能电池的基本结构、电池组件及电池阵列

1. 太阳能电池的基本结构

基本结构

太阳能电池是一种直接将光能转换成电的半导体转换器

件，它基本上使用与计算机中的记忆存储器、半导体二极管中的 PN 结中类同的单晶硅片。这种硅片通常是使用圆柱形硅锭由切割机切成厚度为 200μm 左右的掺有硼（B）杂质的 P 型硅片，然后在这种 P 型硅片表面扩散磷（P）原子形成很薄的 N 型硅层，在高温条件下 P 型和 N 型半导体进行扩散并结合，在结合部便会产生一个内部电场，便形成了PN 结，如图 7.9 所示。然后在 N 型硅层的表面镀上减反射膜和收集电流用的电极，背面再全部镀上背电极，便制成了如图 7.9 所示的最基本的太阳能电池结构。

　　下面对制作太阳能电池片的几点说明。

　　（1）硅片的选择　制作太阳能电池的硅片，要求其性能必须一致，若太阳能电池片是由性能不一致的硅片组合而制成的，由 P 型层和 N 型层结合形成的 PN 结的性能就会不同，影响电池片的输出功率。

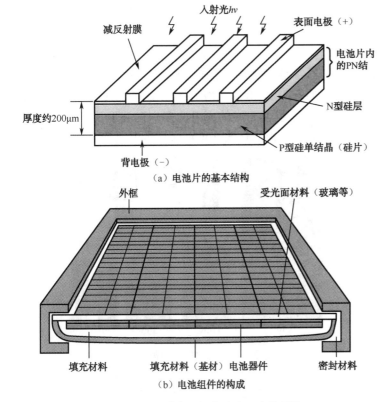

图 7.9　单晶硅太阳能电池片及电池组件

　　（2）电池片上正、负电极的制作　图 7.9（a）上电池光照面的电极称为表面电极或称上电极，是为收集电池产生的电流，这种电极应制成有利于太阳光的收集的形状，通常制成梳齿状，以避免对入射光的遮挡；在电池背面的电极称为背电极或称下电极，为减小电池串联时的电阻，下电极几乎分布在整个电池的背面。

制作电极的方法，通常有银（或铝）浆印刷烧结法、化学蒸镀镍法和真空蒸镀法等。

减反射膜的作用

（3）减反射膜　在形成 PN 结的 N 型硅层上面，即电池片的正面上蒸镀上一层（或多层）二氧化硅（SiO_2）膜，它除具有保护电池的作用外，还具有减少光反射的作用。这层镀膜可减少表面反射而增加光的吸收。

2. 太阳能电池组件

组件的形成

由图 7.9（a）所示的硅片制成的单个器件称为太阳能电池片。欲获较高的电压和较大的输出电流，必须将很多电池片连接在一起，即通过电池片的串联和并联来组成太阳能电池组件，如图 7.9（b）所示。在组件上加装接线端子用导线与外部连接，便可向外部负载输送电能了。在太阳能电池组件的受光面覆盖上玻璃，在玻璃和电池之间加入填充材料加以保护，外加固紧的框架，就可构成一个完整的电池组件。

电池组件也称太阳能光电板

太阳能电池组件，不少地方称其为太阳能光电板。作为组件，它通常是由很多个单体太阳能电池片通过串接或并接构成的，如图 7.10 所示，而单体太阳能电池是由一片一片硅（晶体）片组合而成的，组合多少硅片取决于你所设计或所要求的光电板的瓦数（W）或产生电流的大小。

各种太阳能光电板

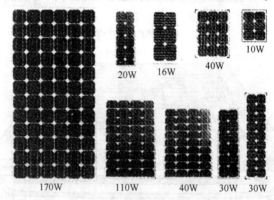

图 7.10　不同瓦数的太阳能电池组件

电流密度（mA/cm^2）

太阳电池产生电流的大小一般用电流密度（mA/cm^2）来表示，即用太阳能电池产生的电流除以电池的面积的值。单晶硅太阳能电池的短路电流密度约在 $40mA/cm^2$ 左右。根据所要求的电流（或电压）的大小进行并联或串联，形成太阳能光电板。

太阳能电池组件的结构，除了最大限度地收集光伏效应产生的电流外，还应考虑在室外的环境（刮风、下雨等），如加装高透光率（高于90%）的钢化玻璃，在电池正面蒸镀二氧化硅保护膜（除对电池起保护作用外，还可减少光反射的作用），对电池组件进行密封、加固等，以保护电池器件。

3. 太阳能电池阵列

经过优化设计和配置，根据需要可将多个太阳电池组件安装在阳光充足的室外组成太阳能电池集群，称为太阳能电池阵列。再加上电极、接线柱与外部连接，就可向外输送电能了。图7.11是多个太阳能组件的串联和并联的阵列图。

电池阵列

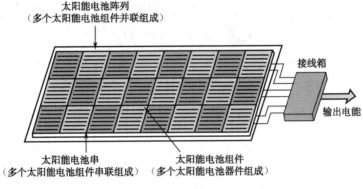

图 7.11 太阳能电池阵列的形成

7.3.3 太阳能电池发电及爱因斯坦的光量子理论

由图7.4所示的单晶硅的晶格结构可看出，硅晶体是由硅原子规则地排列形成的。而硅原子是由带正电的电子核和带负电的电子组成，电子在原子核周围的轨道上运行，最外层轨道上的电子称作价电子。根据爱因斯坦的光量子理论，光既有波动性，同时又具有粒子（光子）性，即光子是具有能量的。当阳光照射到硅电池片的价电子时，价电子受光量子激发有可能成为自由电子。而电子离开的地方形成一个空位，这就是空穴。

爱因斯坦光量子学说

光照与空穴的形成

电子和空穴的形成原理，常用如图7.12（b）所表示的电子能量状态的能带图来说明。

通常，硅晶体的价电子集中在称作价带的能量区域，价带的上方有禁带和导带。价带到导带的能量宽度叫禁带宽度，常用 E_g 表示。当照射到硅电池片上光的光量子能量大于禁带宽度时，价带的电子被激发，越过禁带而跃升至导带，电子离开后留下的空位形成空穴。这些电子和空穴被硅电池片PN结内部电场分离聚集到N型和P型半导体内，并被收集到电极，通过外引线流向外部的负载。这样，利用硅电池片这一光电转换特性就能直接将光能转称成电能。

禁带宽度用 E_g 表示

说明价电子被光（能）激发形成电能

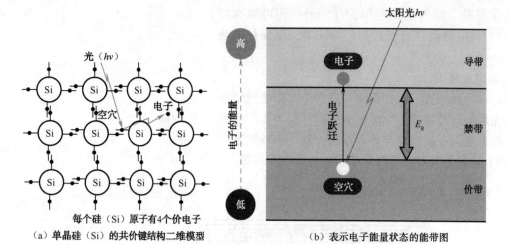

（a）单晶硅（Si）的共价键结构二维模型

每个硅（Si）原子有4个价电子

（b）表示电子能量状态的能带图

图7.12 硅（Si）原子的价电子被光量子激发跃迁至导带、留下空穴的示意图

7.4 太阳能电池片的 PN 结的结构及其光生伏特效应

半导体光电池主要是依据光生伏特效应（简称光伏效应）把太阳能转换成电能的。光伏效应本质上是在吸收光辐射能时在势垒区两边产生相应的电动势，如图7.13所示。光伏效应是半导体光电池实现光电转换的理论基础，也是某些光电器件赖以工作的物理效应。

7.4.1 太阳能电池的 PN 结的结构

硅光电池的结构如图7.14所示。它是在一块高纯度 N 型硅片上，用扩散工艺掺入一些 P 型杂质而形成的一个大面积半导体硅 PN 结。硅光电池的基体材料为一薄片 P 型单晶硅，其厚度在 0.4mm 以下，在其上表面用热扩散工艺生成一层 N 型受光层，基体和受光层的交接处就形成 PN 结。在 N 型受光层上制作栅状负电极，在受光面上均匀涂上抗反射膜。这是一种很薄的天蓝色一氧化硅膜，可提高受光面对有效入射光的吸收率。

要点▶

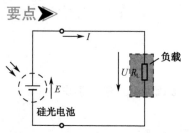

图7.13 硅光电池与外电路 PN 结的形成

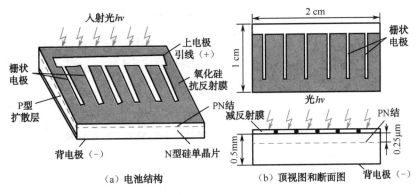

图 7.14 PN 结硅光电池结构示意图

7.4.2 硅光电池 PN 结的光生伏特效应

当硅光电池的 PN 结受到一定波长的光照射时，由于光子能量的作用，硅原子中的电子成为自由电子，逸出电子的位置成为空穴，从而产生电子－空穴对。在 PN 结内电场的作用下，空穴移向 P 区，电子移向 N 区，于是在 P 区和 N 区中就分别积累了大量的空穴和电子。这些在 P 型和 N 型半导体的结合部形成的内电场，具有与一般电池相同的功能，即在 P 区和 N 区两端产生电动势，这就是光生伏特效应。

说明光照在 PN 结如何产生电动势，即光生伏特效应

特别是太阳能电池，光照射激励出的电子和空穴在 P、N 区的结合部被内部电场分离，若将光电池与外电路相连接（如图 7.13 所示），则在外电路中就有电流 I 流通，在其负载 R_L 上可测得电压 U。电流 I 的大小取决于光照强度和光电池的 PN 结特性。这就是太阳能电池最基本的结构和光生伏特效应。

光伏效应是实现光电转换的理论基础

 提高硅光电池光照效率的几种有效方法

应用知识

1. 采用双面纯化和背面定域扩散（PERL）技术

图 7.15 是澳大利亚研制的采用双面钝化和背面定域扩散（PERL）技术研制的高效率硅光电池的结构示意图。通过在硅光电池正面上蒸镀双层减反射膜和倒金字塔式减反射结构，减少入射光的反射作用，提高入射光照在 PN 结面上的光能，从而提高光电转换效率。这种结构的电池效率可高达 24%。

方法 1

2. 硅光电池 PN 结面上的蒸镀膜法

该法是在硅光电池的光照面上蒸镀上两层或多层二氧化硅膜，不仅对电池起保护作用，还起到减少光反射的作用

方法 2

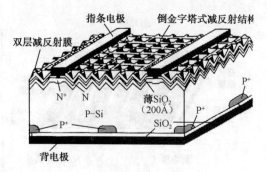

图 7.15　PERL 硅光电池的结构示意图

（可将反射光减少约 10%），从而提高光照强度，提升光电
转换效率。

方法 3

3. 对硅电池照射而进行丝绒面处理

对硅电池照射面用腐蚀法进行如图 7.16 所示的丝绒面
处理，高低不平的绒面可以有效地减少光在太阳电池表面的
反射，提高硅电池的光电转换效率。

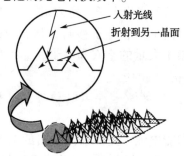

图 7.16　丝绒面技术减少光的反射示意图

7.5　常见的太阳能硅光电池

要点▶

世界上生产、应用最多的太阳能电池是单晶硅、多晶硅
和非晶体硅电池。尤其是单晶硅太阳能电池和多晶硅太阳能
电池，其产量占到当前太阳能电池总产量的 90% 以上。我
国是生产单晶硅硅锭较早的国家，但拉制出的硅锭大都在
2.5in、3in、4in、5in（1in = 2.54cm）范围，切出来的硅片
的直径也相应较小。单晶硅太阳能电池是目前国内应用最广
的一种光电池。图 7.17 是部分单晶硅电池组件。

单晶硅光电池常见的类型有 2CR 和 2DR 两种。

2CR 型硅光电池具有大面积的 PN 结，由 N 型硅制成薄
层式结构，表面为 SiO_2 减反射膜，并有银丝外引线。每片
2CR 型硅光电池在光照下能产生 450 ～ 600mV 的电压。表
7.2 列出了部分 2CR 型硅光电池的主要技术参数。

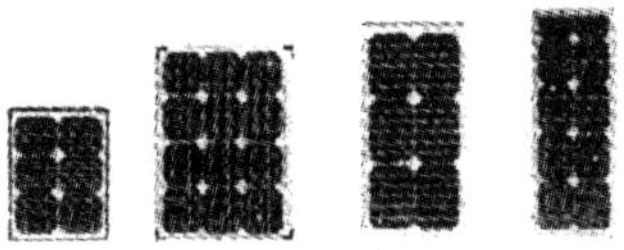

(a) 太阳能电池单元

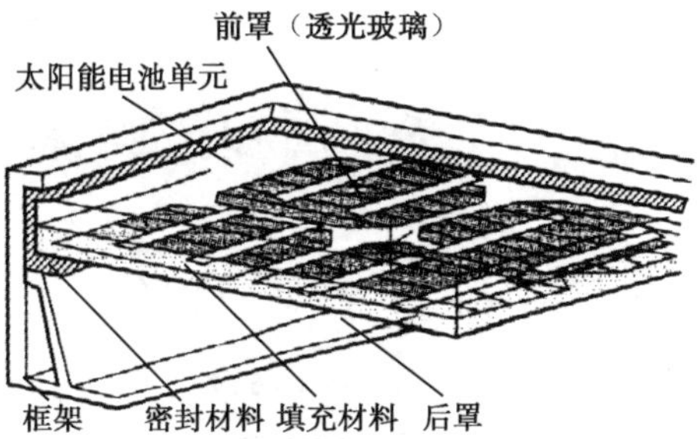

(b) 组件的结构

太阳能电池单元及组件

图 7.17 部分单晶硅太阳能电池单元及组件的构成

2DR 型硅光电池也是一个大面积的半导体 PN 结，但它是以 P 型单晶硅制造的。

每片 2CR 型和 2DR 型硅光电池在光照下只产生约 0.5V 的开路电压，若要提高使用电压，需要多片串联，而要加大输出电流时，则需要多片并联使用。表 7.3 给出了开路电压较高、短路电流较大的部分 TCA 型硅光电池的主要技术参数，供参考。

表 7.2 部分 2CR 型硅光电池的主要技术参数

参数 型号	开路电压 U_{oc} (mV)	短路电流 I_{sc} (mA)	输出电流 I_{ls} (mA)	转换效率 η (%)	受光面积 A (mm^2)
2CR11	450 ~ 600	2 ~ 4		>6	2.5 ×5
2CR31	450 ~ 600	9 ~ 15	6.5 ~ 8.5	6 ~ 8	5 ×10
2CR33	550 ~ 600	12 ~ 15	11.4 ~ 15	10 ~ 12	5 ×10
2CR41	450 ~ 600	18 ~ 30	17.6 ~ 22.5	6 ~ 8	10 ×10
2CR42	500 ~ 600	18 ~ 32	22.5 ~ 27	8 ~ 10	10 ×10
2CR71	450 ~ 600	72 ~ 120	54 ~ 120	>6	20 ×20
2CR61	450 ~ 600	40 ~ 65	30 ~ 40	6 ~ 8	ϕ17 (圆形)
2CR63	550 ~ 600	51 ~ 65	51 ~ 61	10 ~ 12	ϕ17 (圆形)
2CR81	500 ~ 600	88 ~ 140	85 ~ 110	8 ~ 10	ϕ25 (圆形)
2CR101	450 ~ 600	173 ~ 288	130 ~ 288	>6	ϕ35 (圆形)

表 7.3 部分 TCA 型硅光电池的主要技术参数

参数 型号	开路电压 U_{oc} (V)	短路电流 I_{sc} (mA)	输出功率 P (W)	转换效率 η (%)
TCA-6-50	8	55	≥0.3	≥6
TCA-6-500	8	550	≥3	≥6
TCA-3-100	4	110	≥0.3	≥6
TCA-3-160	4	176	≥0.5	≥6
TCA-31-1A	4	1100	≥5.0	≥6

7.6 硅光电池的检测及使用注意事项

7.6.1 硅光电池的简易检测

1. 检查外观

查型号、标识

对于新买的硅光电池，要查看它的型号、标识，看引线是否完好及壳体是否变形、破损等。

2. 测量硅光电池的阻值

测阻值

这里以常见的2CR型单晶硅光电池为例进行说明。这种硅光电池有矩形和圆形两种结构，如表7.2所示。圆形的硅光电池有2CR61、2CR63、2CR81和2CR101等类型。图7.18为测量硅光电池电阻的示意图。

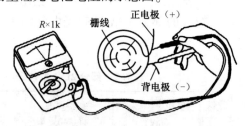

图7.18 测量硅光电池电阻的示意图

将万用表拨至电阻挡 $R \times 1k$（或 $R \times 100$），然后用红、黑表笔分别接触圆形硅光电池的正电极（+）和背电极（−）。先将硅光电池置于暗处（不见光），测量其阻值（几百千欧至无穷大）；然后将25W的白炽灯由远处移至近处（2m→0.20m），看万用表的指针所指示的阻值是否变化。若阻值有明显变化（由几十千欧变为几千欧），表明该硅光电池性能良好；若阻值无明显变化，则表明该电池有质量问题。

3. 测量硅光电池对光的敏感度

硅光电池作为一种将光能直接转换成电能的器件，应对其进行光的敏感度检测。太阳辐射出的光谱分布在0.20～2.5μm之间，辐射能量主要集中在0.4～1.2μm光谱范围内。用与太阳光谱分布相近的钨丝白炽灯进行检测，对硅光电池来说是合适的。找一个25W的钨丝白炽灯作为检测光源，可对硅光电池进行敏感度的测量。图7.19给出了硅光电池的光谱特性曲线。图7.20是硅光电池的灵敏度检测示意图。

光谱特性曲线
用白炽灯作为光源来测敏感度

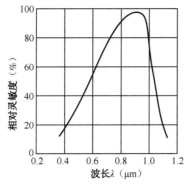

图 7.19　硅光电池的光谱特性曲线

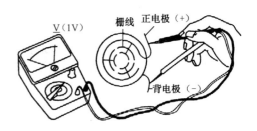

图 7.20　测量硅光电池对光的敏感度

将万用表拨至直流电压挡（V）的 1V 量程上，红表笔接正电极（+），黑表笔接背电极（－）。然后，将 25W 白炽灯（光源）由远至近移动，测量硅光电池的开路电压，由万用表的指针可以看出电压由小到大（0.2V→0.5V）的变化。硅光电池离光源越近，开路电压越高，表明硅光电池对光线的强弱是敏感的，说明硅光电池是好的。若测得的开路电压值几乎不变，则说明硅光电池对光的敏感程度差。在检测过程中，注意保持硅光电池的受光面与光源的垂直角度。

7.6.2　硅光电池的使用注意事项

（1）硅光电池的正常使用寿命很长，性能稳定，但硅光电池质脆，不能受机械损伤。

（2）硅光电池的表面有一层蓝色抗反射膜，不能用硬物碰触其表面，不能沾油污，不能受潮，以防膜脱落。若硅光电池表面有灰尘等物，可用酒精棉擦拭。通常抗反射膜脱落后，硅光电池的输出电压会略有下降，但仍可使用。

（3）焊接或安装硅光电池时，不宜过分用力拉或扭曲，以免引线脱落。

（4）硅光电池工作时，应避免白炽灯等光源长时间照射其受光面，因为这样会导致电池的温度升高，使输出功率降低。也不应受外界环境光的影响，以免产生误信号。

（5）硅光电池的输出电压一般在 0.5V 左右，为获得较高的工作电压，可将几个硅光电池串联使用，也可将几个硅光电池并联使用，以获得较大的供电电流。

（6）硅光电池的储存温度为 －10℃～ +10℃，相对湿度应小于 80%。

注意事项

7.7 太阳能电池阵列的设计及使用方法

7.7.1 单体电池、电池组件及电池方阵

笼统地说，太阳能电池是一种将光能转换成电能的半导体器件，只有在光照条件下，才能实现光－电的转换。具体地说，由一片一片的 N 型和 P 型硅片组合而成的单体半导体器件，就称作太阳能电池片。

太阳能电池片

单个（单体）太阳能电池片不能直接作为发电器来使用。在实际应用时，把很多片太阳电池组合到一起，经过封装，再加上接线柱与外部连线，就可构成一个单独向外输送电能的最小单元，即太阳能电池组件。

太阳能电池组件

太阳能电池阵列，则是将若干个太阳能电池组件经最优化设计和配置而组成的太阳能电池排列的集群。太阳能电池阵列在接受光照下便可对外供电。

太阳能阵列

7.7.2 太阳能电池方阵的设计

方阵的设计，通常是按照用户要求和负载的用电量及技术条件计算电池组件的串、并联数。串联数是由太阳能电池方阵的工作电压决定，同时应考虑蓄电池的浮充电压、线路损耗等因素的影响。在电池组件的串联数确定后，为了获得所需要的工作电流，应计算并配置一定的电池组件的并联数。适当数量的组件经过串联、并联配置完全可以满足负载的用电量和用户需求。

太阳能方阵的串联数由工作电压决定，并联数由负载的用电量决定

实际的太阳能电池阵列，除考虑电池组件的串、并联基本电路外，各太阳能电池组件串应适当串接防止逆流的元件或并接一定的旁路元件，使太阳能电池阵列电路性能更完善。

7.7.3 太阳电池的使用方法

太阳能电池方阵可分为两大类：一类是平板式方阵，只需将一定数量的太阳能组件根据负载的用电量（功率）与电压的高低对其进行串联或并联起来，并联是为了获得所要求的工作电流，串联是为了获得所需要的工作电压，平板式方阵结构简单，常用于固定安装的场合；另一类是聚光式方阵，所谓聚光，就是通过加装反射镜或平面反射镜进行阳光的汇聚，提高光照强度，但聚光式方阵通常需要加装太阳跟踪装置。

两大类：
平板式方阵

聚光式方阵

太阳能电池是一种将光能转换成电的转换器件，也就是只有在光照时才能发电。虽然将其称作电池，但它没有蓄电的功能。为解决阴雨天、夜晚无电可供的境地，世界各国大都因地而异，或采用并网连接方式，或使用蓄电池的独立型太阳能光伏发电系统。

1. 并网型太阳能光伏发电系统

在不少城市或地区的民用建筑或办公楼上，都配套装有太阳能电池阵列，但不配装蓄电池，而是和电力公司的电网相接，将用不完的电回馈给电网，按国家规定的价格收购。在阴雨天或夜晚太阳能电池不发电时，用户可向电网购电。这种与电力网相连的方式，叫作并网型发电系统。这种将电力公司的电网视作一个巨大的蓄电池，具有双向调节作用，于民于国家都有利。

2. 使用蓄电池的独立型太阳能光伏发电系统

所谓独立型，是指不和电力网连接，而是将太阳能光伏发电系统产生的电用蓄电池将多余的电能转换成化学能，在阴雨天或夜晚需要时再将化学能转换为电能。因此，这在离电力网较远的偏远山区或特定的航标台（站）、路标灯示、通信转播台（站）等地，将太阳能电池发电和蓄电池蓄电组合在一起，不失为一种很好的能源互补方式。在这些地方用蓄电池还可以省去和电力网相接及电网维护管理所需要的费用。

7.8 太阳能光伏发电－储能控制器

太阳能电池是一种直接将光量子能量转换成电的转换器件，即只有在阳光照射下才能发电，而不具有储电的功能。光伏发电产生出的电能最适合的储能方式是将电能转换成化学能，在阴雨天或夜晚需用电时，则可将储积的化学能转换为电能。铅酸蓄电池则是目前有效完成这种转换的最好的装置。

太阳能电池光伏发电－储能控制系统包括太阳能电池板（或电池方阵）、蓄电池组、充放电控制器及防反充电二极管等。根据控制器充电回路中开关器件 S_1 的接法不同，太阳能光伏发电－储能控制器，可分为单路旁路型太阳能光伏发电－储能控制器和单路串联型光伏发电-储能控制器。

7.8.1 单路旁路型太阳能光伏发电－储能控制器

1. 单路旁路型光伏发电－储能控制器的组成

图 7.21 为单路旁路型光伏发电－储能控制器电原理图。

太阳能电池有光照发电无蓄电功能

并网型发电

特点：与电网并联，不自配蓄电池

独立型发电

特点：自备蓄电池，与太阳能发电实施能源互补

◀要点

发电－储能系统的组成

它由单路太阳能电池光电板、铅酸蓄电池组、充放电控制器、开关器件 S_1 和 S_2、硅二极管 VD_1 和 VD_2 及负载等组成。

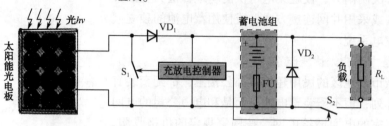

图 7.21　单路旁路型光伏发电－储能控制器电原理图

2. 单路旁路型光伏发电－储能的控制过程及要求

（1）太阳能电池光电板　太阳能光电板是由若干个太阳能电池组件串、并联连接而排列成的阵列，可以单独作为电源使用的单元。电池阵列的设计或选用，是按照用户使用要求或负载的用电量决定的。方阵的串联是为了获得所需要的工作电压，并联是为了获得负载所需要的工作电流。

光电板阵列的选用

（2）铅酸蓄电池　由于太阳能电池只有在光照时才能发电，没有蓄电的功能。加装蓄电池可弥补太阳能电池的缺陷。铅酸蓄电池具有许多优异的性能，特别是具有容量大、大电流放电等特性，还具有电极反应可逆性好的优点：充电时把电能转化为化学能，放电时又把化学能转化为电能，转换效率高。

铅酸蓄电池有很多优点

为了延长蓄电池的使用寿命，必须对蓄电池的过充电、过放电、负载过流和反充电等加以限制。目前国内与太阳能发电系统配套用的蓄电池主要是铅酸蓄电池和镉镍蓄电池。通常，配套在 200A·h 以下的铅酸蓄电池，多选用小型密封免维护铅酸蓄电池，每只蓄电池的额定电压为 DC12V。

镉镍蓄电池

（3）充放电控制器　控制器是太阳能光伏发电－储能系统的核心部分，其主要任务是对所发的电能进行控制和调节。在太阳能光电板受到光照发电时，通过防反充电二极管 VD_1 将电能送往负载 R_L，同时把多余的能量送往蓄电池组储存起来。当蓄电池充满电后，充放电控制器便会发出指令将跨接在光电板的开关 S_1 接通，此时 VD_1 截止，光电板输出电流通过 S_1 旁路，VD_1 截止，确保蓄电池不会出现过充电，对蓄电池起保护作用。

控制器的任务

扼要说明如何进行调控

在阴雨天或入夜后，太阳能电池不发电，此时光电板两端电压低，致使二极管 VD_1 关闭，防止蓄电池向光电板反向充电，故 VD_1 叫作防反充电二极管。

VD_1 防止反向充电

当负载出现过载或出现短路时，充放电控制器检测到过流时，便迅即发出指令，将蓄电池放电开关 S_2 断开，对蓄电池起到过载或短路保护的作用。而当充放电控制器检测到蓄电池电压低于过放电电压时，开关 S_2 也断开，起到蓄电池过放电保护作用。

7.8.2 单路串联型太阳能光伏发电 – 储能控制器

图 7.22 是单路串联型光伏发电 – 储能控制器电原理图。它的电路的基本组成及结构与图 7.21 所示的单路旁路型控制器相似，区别在于接在光电板的开关器件 S_1 的接法不同，本电路中的 S_1 是串接在光电板、VD_1 和蓄电池组的充电回路中。当充放电控制器中的检测电路检测到蓄电池电压高于充满切离电压时，命令 S_1 断开，则可确保蓄电池不会出现过充电。

点明两种控制器的异、同

防止过充电

单路串联型控制器的负载出现过流或短路现象时，与图 7.21 所示的单路旁路型控制器一样，蓄电池放电开关 S_2 断开，则起到输出过流或短路保护的作用。

过流保护

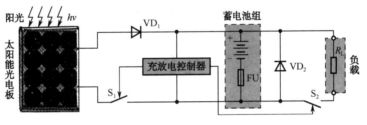

图 7.22 单路串联型光伏发电 – 储能控制器电原理图

图 7.22 中的 VD_2 为防反接二极管，当蓄电池组在电路中接反时，VD_2 导通，蓄电池便通过 VD_2 放电，则很大的短路电流迅即将熔丝 FU 烧断，起到蓄电池极性接反的保护作用。

7.9 太阳能光伏发电的实际应用

太阳能电池是将太阳辐射的光能直接转换成电能的半导体器件。太阳能电池光伏发电，不像燃烧煤炭、石油等常规火力发电先转换成热能或动能，不需要添加燃料，没有震动，也没有噪声，是一种减少二氧化碳、甲烷排放，防止地球变暖，清洁且可再生的能源。太阳照射到地球上的太阳能是取之不尽、用之不竭的可再生能源，据科学家测算，太阳一个小时照在地球上的能量相当于地球人（50 亿）一年所消耗的能量，太阳能光伏发电完全能满足全人类对能量的需求。

◄要点

我国的太阳能光伏发电起步相对较晚，但发展却极为迅速，至 2008 年已成为太阳能电池的最大生产国，技术开发也取得了长足的进步。例如，国产的太阳能光伏发电、太阳能灯具在蒙古、缅甸等地受到蒙古牧民和缅甸消费者的欢迎；保定天威英利新能源有限公司参与建设的德国凯萨斯劳藤足球场（举办世界杯）1MW 光伏屋顶发电工程，是世界杯唯一使用太阳能绿色能源的球场。国内不少偏远山区、无电村、高原、草原，一些城市的广场、道路、公园、居民小区也在相继安装太阳能光伏发电系统和太阳能电池照明装置。下面举例说明。

典型应用

1. 应用实例 1：硅光电池作为光电开关使用

图 7.23 所示是将硅光电池作为光电开关的光接收电路。在无光照射时，硅光电池 BL 呈高阻（$R_g > 1\text{M}\Omega$），三极管 VT（PNP 型）截止、不导通；当有光照射时，BL 有电压输出，VT 有偏置电压而导通，硅光电池起到一个自动开关的作用。

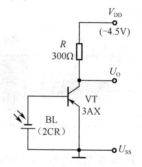

图 7.23　由硅光电池和三极管组成的光控电子开关

典型应用

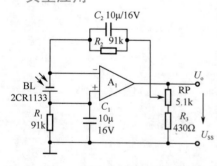

图 7.24　由硅光电池和运算放大器组成的光接收开关电路

2. 应用实例 2：由硅光电池和运算放大器组成光接收开关电路

具体电路如图 7.24 所示，由硅蓝光电池 2CR1133、运算放大集成电路 A_1 和少量阻容元件组成一个反相运算放大器。当无光照射时，A_1 呈截止状态，电路不工作；当有光照射时，硅蓝光电池 BL 呈现一定电压，为 A_1 提供偏置电压，A_1 导通，其输出状态改变。硅蓝光电池 BL 在其中起到一个自动开关的作用。

BL 采用 2CR1133 型或 2CR1133-01 型硅蓝光电池，它具有石英滤光平板玻璃窗口，对紫蓝光有较高的灵敏度。一般硅光伏器件对 $0.4\mu\text{m}$ 的入射光已无响应，而这种器件对 $0.38\mu\text{m}$ 左右的紫蓝光的响应度仍较高。此外，它对弱光也有较高的灵敏度，非常适用于对频谱较低的紫蓝光、可见光进行接收，也可做成视见函数或色探测器。

3. 应用实例3：ZD1-Y18X2型太阳能光伏照明计时路灯

这是一种专为缺电、无电的偏远地区的户外照明设计的利用太阳能的照明用路灯装置，可以安装在广场、停车场、牧场、边防及野外等需夜间照明处。它不需要架设输电线，无须管理和控制。它的原理框图如图7.25所示。

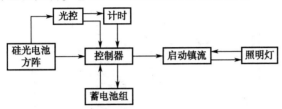

图7.25 ZD1-Y18X2型太阳能路灯的原理框图

该装置包括太阳能硅电池方阵、蓄电池组、照明灯具及灯杆支架等。

该太阳能路灯的工作原理为：白天，硅光电池将太阳能转换为电能并给蓄电池充电；天黑后，由控制器自动开启路灯照明点进行照明；天亮时，又自动将路灯关闭。整个系统设计为全自动开启、关闭、充电、放电方式，无须专人维护和管理，具有过充电保护、过放电保护、光控启动和关闭、时控关闭等功能。

ZD1-Y18X2型太阳能路灯装置的主要技术参数如下。

（1）太阳能硅光电池方阵的功率为60～90W。

（2）蓄电池组的额定容量为200A·h。

（3）照明电灯采用两盏15W钠灯。

（4）允许连续阴天数为3天（保持最低工作水平）。

（5）控制方式有两种，其中一种是光控启动、计时关闭，另一种是光控启动、光控关闭。

（6）工作环境温度为−40～+65℃。

4. 应用实例4：非晶体型薄膜硅太阳能电池光伏发电系统

在国内的太阳能电池系列中，单晶硅和多晶硅电池是现今太阳能电池的主流产品。但实际上，在这些太阳能电池中，真正用来发电的只是硅片光照面很浅的一部分，离表面深处的部分并不直接参与光电转换来发电。

非晶体型薄膜硅的制作方法与单晶硅、多晶硅太阳能电池的制作方法不同，即不是采用硅锭切成硅片来制作光电板，而是把原材料硅烷（SiH_4）利用辉光放电使其分解，借助于化学反应在衬底上堆积硅薄膜（这种方法称作等离子

优点

体增强化学气相沉积法）。用非晶体薄膜硅制作的太阳能电池，可大量节省硅材料，可降低生产成本，造价低，且易形成大规模自动化生产。

图 7.26 是使用非晶体型薄膜硅太阳能光电板电池方阵和充放电控制器、蓄电池组等组成的太阳能电池光伏发电系统。

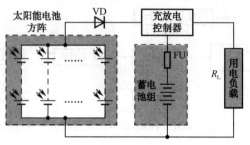

图 7.26　采用非晶体型薄膜硅太阳能电池
方阵的光伏发电系统

表 7.4 列出了非晶体型薄膜硅太阳能电池组件的主要技术参数，它是按照国际标准生产的面积为 $305 \times 915 mm^2$ 的非晶硅薄膜板，外部采用玻璃密封保护。它的开路电压可达 23.5V，输出功率可高达 14.5W。在人造卫星、宇宙飞船、星际站及太阳能发电站上，还会有开路电压更高、工作电流（或输出功率）更大的太阳能电池光伏电源系统。

表 7.4　8 ～ 13Ya-Si 非晶体型硅光电池组件的主要技术参数

型号　　　　　参数	芯板尺寸 （mm）	最大功率点 电压（V）	功率（W）	开路电 压（V）	工作电流 （mA）
8 ～ 13Ya-Si 305 ×915	305 ×915	14 ～ 17.5	8 ～ 14.5	22 ～ 23.5	700 ～ 850

注：　在标准测试条件下测量，即辐照度为 $1km/m^2$，温度为 25℃，AM1.5 光谱。

图 7.27 中的太阳能电池方阵可按照光伏发电系统的要求，将光电池串联、并联起来，以满足负载对输出电压、输出电流（即满足一定功率）的要求。蓄电池组是太阳能电池方阵的储能装置，以备在无光照或阴雨天对负载供电。蓄电池应采用品质优良的密封铅酸电池或可充电的镍镉电池。图中的 VD 是防反充电硅二极管，当太阳能电池光照充足时，其输出电压大于蓄电池组电压，VD 导通，向蓄电池和用电负载供电；而在阴雨天或入夜后，太阳能电池得不到光照，其端电压可能低于蓄电池电压，此时，VD 截止，确保蓄电池不会向太阳能电池反向充电，故 VD 称作防反充电二极管。

5. 应用实例 5：太阳能光伏发电诱虫杀虫灯

诱虫杀虫灯是根据害虫飞蛾的夜晚趋光特性进行诱杀或电击致死的。所使用的电源就是太阳能电池光伏发电－储能控制系统，如图 7.28 所示。

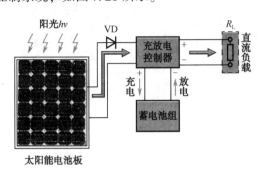

图 7.27　太阳能电池光伏发电－储能控制原理图

图 7.28　太阳能电池光伏发电－储能式杀虫灯

该控制系统由太阳能电池板、蓄电池组、充放电控制器和负载（杀虫灯）等组成。白天，利用光伏效应原理（即光生电能效应）制作的太阳能光电板，在接收太阳光照射时将光能转化为电能，经二极管 VD 和充放电控制器给蓄电池充电，即将电能转化为化学能储存起来。入夜，由充放电控制器检测、自动启动，由蓄电池给杀虫灯供电。天气转明后，充放电控制器动作，蓄电池放电结束。太阳升起后，太阳能光电板又开始充电，向蓄电池充电。图 7.28 是置放在庄稼地里或农田地头的太阳能电池光伏发电－储能式杀虫灯。杀虫灯有多种，有诱杀型、电击型、高压吸附型、紫外线照射型等类型，可根据飞蛾或害虫的种类、习性、趋光特性及气候、天时等情况选用。

典型应用

发电－储能控制系统组成
扼要说明其控制过程

发电－储能式杀虫灯

6. 应用实例 6：青岛奥林匹克帆船中心的太阳能光伏照明系统

典型应用

2008 年北京奥运会的帆船比赛由青岛主办。青岛奥帆中心在场馆建设中极力倡导"科技奥运、绿色奥运"的理念，大量利用太阳能、风能等清洁可再生能源，以降低二氧化碳等温室气体的排放量，并同时减少能源消耗，改善比赛和城市环境。

青岛奥帆中心

图 7.29 是青岛奥林匹克帆船中心配套的绿色环保型太阳能景观灯。在帆船中心处安装了 168 盏太阳能景观灯，每盏 35W 钠灯照明 8 小时，年节电高达 $1.7 \times 10^4 kW \cdot h$，更重要的是绿色环保，还为青岛的夜间海岸线添加了一道耀眼的景观。

图 7.29　青岛奥林匹克帆船中心海岸线上的太阳能光伏照明景观灯

典型应用

7. 应用实例 7：西藏大力发展太阳能光伏发电

青藏高原光照充分

西藏是世界上海拔最高的青藏高原的主体部分，海拔在 4000 米以上，素有"世界屋脊"之称。高原上空气洁净，光照充分，全年日照大于 6 小时的天数在 320 天以上，年辐射照度总量居全国第一位，加之西藏地区无大的工业和环境污染，太阳能资源可谓得天独厚。

从 20 世纪 80 年代开始，国家科委和西藏自治区政府，为开发太阳能资源和解决农牧民的用电问题，先后实施了"西藏阳光计划"、"科学之光计划"、"西藏阿里地区光电计划"等项目。2002 年国家又投巨资实施"通电到乡工程"项目，为 300 个乡村建成了光伏电站，使 30 万农牧民受益，告别了无电可用的历史。近年来，又大力实施太阳能专项计划，已建成大小 400 余座太阳能光伏电站，装机总容量居全国首位，使更多的农牧民受益。图 7.30 是西藏那曲县太阳能光伏发电站实景照片。

西藏那曲光伏发电实景
照片

图 7.30　西藏那曲县太阳能光伏发电站实景照片

8. 应用实例 8：荷兰 Amersfoort 太阳城的太阳能光伏发电系统

如果一个城市的住户安装太阳能光伏发电系统多，且城市消费电量的很大部分由自家屋顶上的太阳能电池的发电供给，则这个城市就称为"太阳城"（solar town）。在荷兰 Amersfoort 的一个太阳城里，650 个住户中有500 户的住宅屋顶上安装了总共 1.4MW 的太阳能电池。图7.31 是 Amersfoort 太阳城里两户住家屋顶上安装太阳能电池的照片。

"太阳城" 500 户屋顶可发 1.4MW 电

图 7.31 荷兰 Amersfoort 太阳城里两家屋顶上安装太阳能电池的照片

建造太阳城，整体规划，统一建造

在这个太阳城里，用九名建筑学家的竞赛设计的作品建造了不同样式的太阳能光伏发电建筑，屋顶上的太阳能光电板阵列，由城管部门事先设计好房屋顶的形状和房屋的排列，统一建造和安装，并与城市电力网并网发电，这样既可以降低建筑成本和安装价格，还可统一太阳城的建筑风格和外观，又能提高人们对保护环境、建设绿色家园的意识。

房顶的太阳能光伏发电系统与城市电力网并网，于房子的主人和电力公司都有利：房屋主人把屋顶租借给电力公司安装太阳能光电板，住户可得到太阳能发电量的20%，剩余的电卖给电力公司，可节省开支，还可因使用可增生能源提升保护地球环境的意识；电力公司因并网可得到国家补贴或以低于国家规定的市场价格收购住户剩余的电，电力公司还可增强在发生自然灾害时停电而带来的压力，突发的自然灾害难以对太阳的照射和太阳能电池发电带来巨大影响。

居家的光伏发电系统与国家电网并网，于国于民均有利太阳能是取之不尽、用之不竭的可再生能源。太阳能发电是减少煤碳、石油等能源消耗，降低 CO_2 等温室气体排放，防止地球变暖的重要举措。

应用知识

 太阳能光伏发电的 CO_2 排放仅为煤炭火力发电的 6%

近些年，地球变暖已经成为全世界的一个大问题，这也是各地气候反常的主要原因之一。为防止地球变暖，1997年 12 月在日本京都召开的世界大会通过了具有对缔约国约束性的《京都议定书》。该议定书指出，为防止地球暖化，在从 2008 年至 2012 年期间，给世界上各发达国家和主要发展中国家下达了二氧化碳、甲烷等主要温室效应气体的排放量的减排目标。为了有效地防止地球变暖，给子孙后代留下一个洁净、美丽的地球，要求尽量减少煤炭、石油等燃料能源的消耗，以降低二氧化碳等温室气体的排放量；提倡使用清洁的可再生能源，如太阳能光伏发电、风能发电、地热利用和发电等。

《京都议定书》宗旨：节能减排，防止地球变暖

据相关资料（文献）报道，使用煤炭的火力发电每发 1 度（1kW·h）电所产生的 CO_2 气体平均为 690g，而住宅用太阳能电池每发 1 度电所排出的 CO_2 气体大约为 28～45g，即单位发电量的温室气体排放量只是煤炭发电的 4%～6.5%，且这些 CO_2 气体是因为在制造太阳能电池组件及其配套器件，以及安装电池过程中需要消耗电力和燃料而产生的。大家都知道，太阳能电池是一种将光能转换成电能的半导体器件，只要有阳光照射，它就能发电。在太阳能电池的生命周期中，除去消耗能源的偿还时间（EPT）1～3 年（欧洲、美国的计算时间为 1～3 年，日本住宅用太阳能电池的 EPT 为 1～1.5 年），其余 20 多年时间（太阳能电池的寿命按 30 年计算，见文献），就相当于太阳能电池只发电而完全不产生 CO_2 等温室气体。

太阳能电池寿命为 30 年，而偿还时间（EPT）为 1～3 年

上面谈到的太阳能电池消耗能源的偿还时间（EPT）是考虑 10 年前太阳能电池处于小批量生产状况下的估算值。随着时代的发展，倘若太阳能电池生产量很大，生产效率又得到提高，则 EPT 值必然会随之变短，也必然会导致生产太阳能电池组件及配套器件的平均温室气体的排放量进一步缩小。

综上，利用取之不尽、用之不竭的太阳能来发电，可以有效地防止地球变暖，使我们的地球变得更清洁、更美丽，使人们的生活变得更丰富、更多彩。

同步自测练习题

一、填空题

1. 太阳能电池是一种将____转换成____的半导体器件。制作太阳能电池用得最多的材料是_____。按照其晶体结构不同，可分为_____电池、_____电池、_____电池等。硅光电池占当代光伏产业的_____。

2. 硅太阳能电池是目前世界各国大规模生产的主流产品。除硅电池外，按所用材料的不同，有以_____化合物半导体光电池、_____光电池、_____光电池、_____光电池等。

3. 太阳能电池只有_____才能发电。虽然称作电池，但它不具备____的功能，它只是把_____一种转换器件。作为太阳能光伏发电系统，必须将太阳能电池与_____相结合，才具有真正的实用价值。

4. 单个太阳能电池是_____作为电源使用的。在实际使用时，应根据用户要求和_____，将几十片或上百片单个太阳能电池_____连接起来，组成一个可以单独使用的_____。再由若干个_____经过_____组成所需要的_____。

5. ____到太阳能电池上，其内部便产生电，用这种电可以_____。但太阳能电池与常见的干电池____，在它的内部_____。光伏发电产生的电能最适合的储能方式是将电能转换为_____，需要用电时，再将_____转换为电能。_____是目前实现这种转换的最好装置。

6. 由一片一片硅片制成的_____半导体器件，称为_____，把多个单体电池组合在一起构成_____，由多个电池组件组合在一起便构成_____。

7. 太阳能电池发出的电是_____，而一般家用电器使用_____。因此，这就需要把电池发出的电转换成_____，这就得由一个被称作_____的部件来完成。

二、问答题

1. 太阳能电池是什么？它何以能生电？

2. 当今，制作太阳能电池用得最多的材料是硅（Si），它具有哪些特性？

3. 统计表明，单晶硅和多晶硅太阳能电池占到当今世界太阳能电池总产量的90%以上，这两种电池的性能、光电转换效率、使用寿命、生产工艺、性价比怎样？

4. 太阳能电池能生电，你认为太阳能电池最重要的部分是什么？

5. 一般太阳能电池能产生多大的开路电压 U_{oc}？与哪些因素有关？

6. 太阳能电池能产生多大的电流？其电流大小如何表示？如何计算？

7. 什么是太阳能电池组件？什么是太阳能电池光伏阵列？

8. 太阳能电池光伏阵列是根据什么进行设计的？光伏阵列的输出电压、电流由什么决定？

9. 太阳能电池发出的电，常见的使用方法有几种形式？各有什么特点？

10. 太阳能电池只是一种光电转换器件，没有储存电的功能，你认为哪种储电方式既方便且有效？有何特点？

11. 太阳能电池的使用寿命一般有多长？

12. 太空中的空间站和人造卫星（包括月球车）使用的太阳能电池与地面上的太阳能电池有什么不同？对太空用的太阳能电池有什么要求？

自测练习题参考答案

一、填空题

1. 光能　　电能　　半导体硅　　单晶硅　　多晶硅　　薄膜硅　90% 以上

2. 砷化镓、磷化铟等　　功能高分子材料　　纳米晶　　有机薄膜

3. 在光照射下　　蓄电　　光能转换成电的　　具有蓄电功能的蓄电池

4. 不能直接　　负载的用电量　　串联、并联　　最小电源单元——太阳能电池组件　　太阳能电池组件　　串联、并联　　太阳能电池方阵

5. 阳光照　　驱动各种用电器具　　不同　　不能蓄电　　化学能　　化学能　　铅酸蓄电池

6. 光-电转换　　单体太阳能电池　　太阳能电池组件　　太阳能电池光伏阵列

7. 直流电　　交流电　　交流电　　逆变器

二、问答题

1. 答 （1）太阳能电池是一种能将光能转换成电能的半导体器件，其工作原理是基于光伏效应。故太阳能电池又称为光伏电池，简称光电池。当阳光照射到太阳能电池上，其内部便产生电，用这种电可以驱动各种用电器具。太阳能光伏发电的最大优点是：不需要煤炭或石油等燃料，也不需要冷却水，不产生噪声，产生的 CO_2 温室气体量极少，可有效地防止地球变暖，且维修、保养都很简单。

（2）太阳能电池发电，是基于半导体材料很有趣的如下特性：当阳光照射这种材料面时，其内部的价电子受光粒子激发变为自由电子，电子离开的空位，就带正电，形成空穴（电子则带负电）。电子和空穴的形成原理，使用表示电子能量状态的能带图来说明，就更容易理解，请读者参看书中图 7.12（b）所示的能带图。

太阳能电池是由 N 型和 P 型两种半导体组合在一起的，类似于 PN 型半导体二极管芯片，在 N 型和 P 型的结合部便产生一个内部电场（请参看本书第 1 章图 1.5 至图 1.7）。当光照到电池面上时，由光产生的电子和空穴分别被内电场聚集到 N 型和 P 型半导体内，然后分别收集到表面电极和背电极。若两极接有外部电路（负载），电流就流向负载。这样，太阳能电池就直接把光能转换成电了。

2. 答 晶体硅被认为是目前制作太阳能电池最理想也是用得最多的材料，主要理由如下。

（1）硅（Si）材料占整个地球元素的 26%，沙子（SiO_2）主要成分也是 Si，含 Si 的化合物更是不胜枚举，可谓"取之不尽、用之不竭"。

（2）Si 材料极易提纯，提纯的硅原子浓度目前可达 99.99999999%。纯度越高，制出的太阳能电池的发电效率越高。

（3）本征 Si 原子的最外层有 4 个价电子，在光量子能量作用下，易于形成 N 区（自由电子区）和 P 区（空穴区）。

（4）Si 晶体内部的硅原子仅占晶格（请见本书的图 7.3）空间的 34%，有利于电子在晶格内运动和形成浅结。

（5）通过沉积工艺易制备出单晶 Si、多晶 Si 和多层 Si。

（6）较易生长出大直径无位错的单晶体，从而可加工出大直径（可大至 450mm）单晶 Si 芯片。

（7）Si 有良好的力学性能，易加工成非常薄的切片，也易于进行可控钝化。

（8）在 Si 材料中掺杂良导体银、铜等，可制作低欧姆接触电极（背电极、表面电极）。

（9）硅晶体的带隙大小"适中"，不致因本征激发而影响半导体器件的性能。

基于 Si 材料上述的优良性能，才使得 Si 材料在太阳能电池中得到广泛采用。

3. 答 在各种太阳能电池中，单晶硅太阳能电池和多晶硅太阳能电池的产量，会占到当前世界各国太阳能电池总产量的 90% 以上。这是由这两种电池的性能、光电转换效率、使用寿命、工艺技术和性价比所决定的。

1）单晶硅太阳能电池

在 20 世纪中期，美国贝尔实验室在半导体理论和大规模集成电路研究、实验中，用与制作计算机中的记忆存储器、中央处理器（CPU）等集成电路（IC）芯片相类同的单晶硅 PN 结，制成了世界上第一个实用的太阳能电池（1954.4.26 纽约时报报道）。至此，单晶硅不仅是现代电子工业的基础材料，也是生产光伏电池不可缺少的材料。

单晶硅太阳能电池经过六十多年的发展，其工艺技术成熟，性能稳定可靠，光电转换效率高（目前达 14% ～ 17%），已进入工业化大规模生产，但产品价格昂贵。

制作单晶硅光伏电池的单晶硅应是具有基本完整的点阵结构的晶体，即晶格取向应完全相同的晶体，其纯度应达到 99.9999% 以上。这样高纯度的单晶硅应先使籽晶（在制作大的晶体时用作种子的很小的硅单结晶）置于放在硅融解炉里的高纯度多晶硅中，在炉温约 1500℃ 高温下拉制成圆柱形的硅锭，然后再切割成厚度仅 200μm（$1\mu m = 10^{-6}m$）左右的单晶硅片，如书中图 7.8 所示。

由于制作单晶硅薄片要求硅锭的纯度高，加之制作工艺较复杂，生产成本较高，致单晶硅电池价格很贵。

2）多晶硅太阳能电池

多晶硅是单质硅的一种形态。它是将熔融的单质硅倒入铸造用凝固槽内，则硅原子便以金刚石晶格形态（如书中图 7.3）排列成许多晶核，这些晶核长成晶格取向不同的许多晶粒，就成了多晶硅。多晶硅在力学、光学、热学、电学和各向异性方面远不如单晶硅的性能好，尤其是各向一致性差。

在多晶硅的硅锭中，各个单晶硅粒间的晶界处的结合常不够完整，这就形成晶体缺陷。用这样的多晶硅片制作的多晶硅电池将影响电池的光电转换效率。为此，在多晶硅提纯方法、铸锭工艺、制作工艺等方面都采取了相应措施。多种措施使多晶硅太阳能电池的转换效率与多晶硅太阳能电池制造成本之间寻求到较合理的平衡（折中）点，目前，多晶硅太阳能电池是生产量最大的光伏电池，其价格比单晶硅太阳能电池较低。一般商品多晶硅电池的转换效率为 12% ～ 14%。

4. 答 太阳能电池最重要的部分是其内部的 PN 结和在结合部形成的内部电场。

在前面我们回答第一个问题——太阳能电池何以能发电时已提到，在 N 型和 P 型半导体结合在一起时，起初是 P 型区的空穴和 N 型区的电子各自向对侧区扩散，两者相遇而"复合"，而后便在结合部形成带正电和带负电的两个区域，并形成内部电场。在内部电场形成后，扩散至 PN 结的电子和空穴就被电场阻挡，从而达到一种平衡势态。太阳能电池内的内部电场具有与一般电池相同的功能：光粒子照射产生的电子和空穴便被该内电场分离，并作为电流从太阳能电池流出。

因此，PN 结及其内部电场是太阳能电池最重要的部分，如果没有 PN 结两侧的内部电场，即使有光照也不能发电。

5. 答 （1）太阳能电池的开路电压 U_{oc} 一般在 0.7～1.0V 范围：单晶硅电池的 U_{oc} 在 0.7V 左右，多晶硅电池的 U_{oc} 在 0.65V 左右，非晶硅太阳能电池的 U_{oc} 在 0.9V 左右。

（2）太阳能电池的开路电压与多种因素有关，但基本上与所用的半导体材料的带隙成比例。

所谓带隙（E_g），它是指半导体禁带的能量宽度。我们从书中图 7.12（b）所示的电子能量状态的能带图可看出，在安定状态下 Si 原子的价电子，在被光照射而使之从价带（层）经禁带跃迁到导带，电子被光量子激发而形成的能量跳跃 E_g 取决于所使用的半导体材料，即带隙（E_g）被视为禁带的能量宽度，是半导材料所固有的值，不同的材料有不同的量值。

带隙的单位是 eV（电子伏特），它表示一个电子被光粒子激励而跃迁所获得的能量。太阳能电池的开路电压 U_{oc} 基本上与半导体材料的带隙（E_g）成比例。例如，单晶硅（Si）的带隙是 1.11eV，其太阳能电池的开路电压 U_{oc} 在 0.7V 左右；多晶硅的晶粒比较小，开路电压 U_{oc} 一般在 0.65V 左右；非晶硅的带隙是 1.7eV，非晶硅太阳能电池的开路电压 U_{oc} 在 0.9V 左右。

6. 答 （1）太阳能电池产生多大的电流与电池（指单个器件）的大小（当前主要有 100mm×100mm、125mm×125mm 和 156mm×156mm 等）和何种类电池（分单晶硅、多晶硅、薄膜硅带状硅、非晶硅等）及所用半导体材料的能带图（带隙）、光的强度等因素都有关系。

（2）通常，太阳能电池产生电流的大小是用电流密度（mA/cm²）来表示的。不同材料种类的太阳能电池的短路电流密度是不同的：单晶硅（Si）太阳能电池的短路电流密度约在 41mA/cm² 左右，多晶硅（Si）电池的短路电流密度约在 37mA/cm² 左右，砷化镓（GaAs）化合物半导体太阳能电池的短路电流密度约在 28mA/cm² 左右，非晶硅（Si）太阳能电池的短路电流密度约在 18mA/cm² 左右。它们的电流密度之所以不同，与所用材料的带隙有直接的关联。

知道其短路电流密度后，再知其太阳能电池的尺寸大小，就很容易求出该电池产生的电流了。例如，单晶硅太阳能电池的短路电流密度为 41mA/cm²，则一片 10cm×10cm 的单晶硅电池大约能产生 41mA/cm²×100cm² = 4100mA = 4.1A 的电流。

7. 答 在说明太阳能电池组件之前，先说明一下前面反复提到的太阳能电池，为说明方便，把它称作单个太阳能电池，或称为单体太阳电池更为确切。

（1）单体太阳能电池 这是由一片一片硅晶体片按照一定的安装结构形式组合成单体性器件。但单个电池所能提供的电流和电压是有限的，人们又将多个电池组合到一起，就有了太阳能电池组件。

（2）太阳能电池组件 单个太阳能电池不能作为电源直接使用。在实际应用时，通常是根据用电负荷，将很多片太阳能电池串、并联起来，经过封装，构建成一个可以单独作为电源使用的最小单元，如书中图7.9，图7.10所示的太阳能电池组件。

（3）太阳能电池光伏阵列　根据用户用电的实际需要，经过最优化设计和组合、配置，将几十个或上百个太阳能电池组件进行串、并联连接而排列成一定的阵列，如书中图7.11所示。

实际应用的太阳能电池阵列，还应对电池组件串加接防止逆流元件、旁路元件和集总接线箱等。

8. 答 太阳能电池阵列的设计，通常是根据用户要求和负载的用电量及技术规范等，来估算太阳能电池阵列的输出功率和电池组件的串、并联数。

（1）单个电池器件的电压是由所使用的半导体材料所决定的，例如，单晶硅电池的开路电压 U_{oc} 为0.7V左右，非晶硅太阳能电池的开路电压 U_{oc} 为0.9V左右。

（2）组件串联是为了获得所需要的工作电压。

（3）组件并联是为了获得所需要的工作电流。通常，在组件串联数确定后，应根据当地气象台提供的太阳年日照时数的十年平均值最后确定或修正太阳能电池组件的并联数。

9. 答 太阳能电池是一种将光能转换为电能的器件。虽然称为电池，但它无蓄电的功能。太阳能电池只有在阳光照射时才能发电。在阴天、下雨或夜间无光照时，便处于无电可供的境地。为解决无电可用问题，世界各国大都因地制宜，想出了很多用电方法。但归纳起来，基本上是如下两种光伏发电的使用方法。

1）独立型太阳能光伏发电、用电系统。

所谓"独立"，是指这套光伏系统不与国家（或地区）电网相连接。这主要用在用电量较少或远离电网的偏远地区，如灯塔、高山上的无线通信网的转发站、山路的公路标示牌、路灯等，这些站、台利用蓄电池来蓄电，将太阳能电池组件（或光电板）发电和蓄电池组合在一起，可谓是发电、用电和电能/化学能转换的再生能源互补方式。这种发电和蓄电组合方式，还可省去与电网相接用的高压电线（架线的费用很高）和电网维护管理费用。

通常，岛礁、江岸崖壁上的灯塔和通信网的转播站及边远路边的路灯、标示牌，一般都设计为直流供电，都可采用与之配套（太阳能电池组件＋蓄电池）的独立型光伏发电系统。对于城镇的住户或个体装的太阳能光伏发电系统，由于太阳能电池和蓄电池是直流电源，而居家的家用电器，如日光灯、电冰箱、电视机、电风扇等大都是利用交流电工作的，即大多数为交流负载，欲连接交流负载，逆变器是必不可少的，这是一种将直流电转换成交流电的电气装置。

有必要提醒的是，逆变器按其运行方式的不同分为独立运行逆变器和并网运行逆变器。前者是专为独立运行的太阳能电池光伏发电系统设计的。国内市场有多种系列太阳能逆变器可供选用。

2）并网型太阳能光伏发电、用电系统。

在2012年以前，国内生产的太阳能电池大多用于独立式光伏发电系统。2013年始，太阳能电池光伏发电市场将转向并网式光伏发电系统。

并网式光伏发电系统，是通过并网控制逆变器将个体（公司或单位）或住户的太阳能电池光伏发电器与当地电网相接，将多余的电回馈到电网上，对电能进行统一调配，对电网调峰、提高电网末端电压的稳定性、改善电网功率因数是很有好处的。

并网发电系统是将太阳能电池组件发出的直流电通过并网逆变器馈入国家电网。根据其所产生光伏电能能否返送到电力系统及如何并网，可以分为以下几种。

（1）交、直流型并网发电系统。

（2）太阳能、风力互补式并网发电系统。

（3）太阳能、燃料电池并网发电系统。

（4）逆流型太阳能并网发电系统。

（5）无逆流型太阳能并网发电系统。

（6）切换型并网发电系统。

（7）自运行切换型并网发电系统等。

并网发电系统是大规模利用太阳能电池发电的主要发展方向，应用前景广阔。

10. 答 目前，太阳能电池光伏发电产生的电能最适合的储能方式是将电能转换为化学能，应用时再将化学能转换为电能，能有效完成这种转换的储能装置是铅酸蓄电池。

铅酸蓄电池具有如下特点：可长期储存电能，转换效率较高，大电流放电，性能稳定，原料易得（电池的正极是 PbO_2，负极是 Pb，电解液为稀 $PbSO_4$），价格低廉，维护成本低，还可回收再用等。铅酸蓄电池已被广泛应用于太阳能光伏发电系统。

国内铅酸蓄电池的主流产品是 AGM 吸附式蓄电池和胶体阀控密封型蓄电池。后者放电性能好，寿命也长，但制作成本高。目前，AGM 吸附式蓄电池仍在市场上占主导地位。

11. 答 太阳能电池的寿命有多长，这是电池的制作商、经销商和使用者都很关心的问题。早期（1970 年前后）生产、安装的太阳能电池组件，其核心部分是单晶硅或多晶硅的半导体器件，其结晶体像石头一样，器件内也没有可动部分，不会随着时间而发生变化，它只是在吸收阳光后直接发电，从材质上看其预期寿命应该很长。

据文献报道，1970 年安装的晶体硅太阳能电池组件，直到 2010 年还在发电！有关人士分析，影响太阳能电池的主要因素，是电池的保护器件及用于封装的树脂、玻璃、电极引线和结构件的老化和褪色，导致光的照射和输出功率的下降。据报道，即使使用 20 年后，其电功率输出仍维持在初期发电量的 90% 以上。

据（文献）称，收集到的 20 年以上的数据表明，太阳能组件的期待寿命为 20～35 年，使用 20 年其输出功率仍维持在初期的 90% 以上。生产厂家的品质保证时间为 10～20 年。

12. 答 太空中的空间站和人造卫星（包括登月车）的电源，都采用太阳能电池和储存电的蓄电池作为动力源。对它的特性、要求与地面上用的太阳能电池有如下三点不同：一是太空中的太阳能电池必须具有优良的抗辐射能力，二是空间站、人造卫星（包括登月车）应尽可能轻且小，三是要求太阳能电池的光电转换效率高且重量轻。

关于抗辐射问题，在宇宙空间有大量的高能量质子、电子流和放射线，这些高能质子、光电子、放射粒子在迎面撞击太阳能光电板时，会在半导体内部引起晶体缺陷，从而导致光电转换效率下降，使输出电压降低、电流减小。大量实验研究发现，砷化镓（GaAs）和磷化铟（InP）等化合物制成的太阳能电池的抗辐射能力比晶体硅太阳能电池强，且转换效率高。因此，人们将 GaAs 和 InP 太阳能电池用来作为宇宙空间的电能源，其转换效率均可达到 16%～19%。

关于人造卫星、空间站的重量、体积问题，重量轻、体积小直接关系到发射的经济性，重量和体积大要求发射火箭的推力会成倍地增加，大幅地提高了发射成本。

　　关于太阳能电池的光电转换效率问题，虽然用 GaAs 和 InP 化合物半导体太阳能电池抗辐射能力强，且转换效率达 19%，但人们期望在卫星和空间站、月球车上能使用效率更高、重量更轻的太阳能电池。研究人员利用透镜和聚光镜把光聚焦到小面积的多结（即多个 PN 结重叠在一起）太阳能电池上，便形成了称之为聚光型多结太阳能电池。这样的 3 结 GaInP/GaAs/Ge 太阳能电池在 20 世纪末（1998 年）其光电转换效率达到了 24%～27%，5～6 结的太阳能电池（于 2010 年）的光电转换效率提高至近 40%。据称，根据计算，多结太阳能电池的理论转换效率可以超过 60%。多结太阳能电池的制作工艺复杂，制造成本高，价格昂贵。

第 8 章

直流稳压电源

本章知识结构

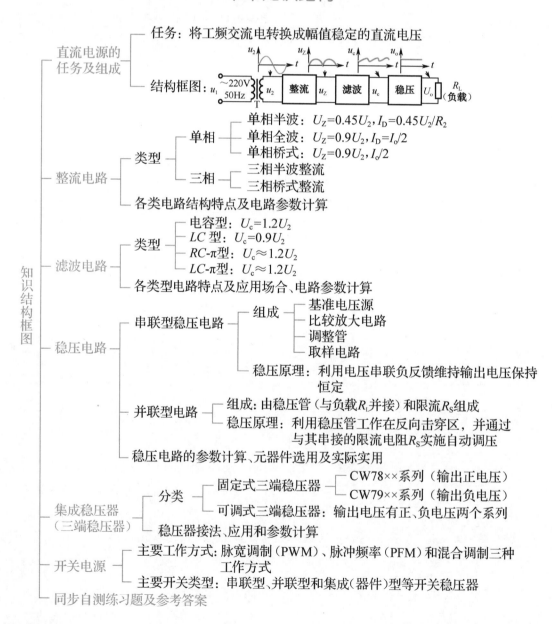

8.1　交流如何变直流

要点

稳压电路是电子装置和电气设备中不可缺少的组成部分，它为这些设备的运转提供稳定的电源。供电网提供的电能几乎全是交流电，但大多数电子设备都需要稳定的直流电压，这就需要将电网的交流电转换成直流电。将交流电转变为同一极性的脉动电流的过程叫作整流，进行整流的设备叫作整流器。整流后的直流电是脉动的，需要再经过滤波和稳压才有较稳定的直流电。因此，直流稳压电源的组成框图如图 8.1 所示。

交流如何变直流

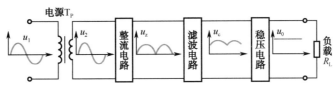

图 8.1　直流稳压电源的组成

（1）电源变压器　将交流电网的电压 u_1 变为所需的交流电压值。

（2）整流电路　利用整流器件将交流电压 u_2 变换成具有直流成分的单向脉动直流电。

（3）滤波电路　利用电感器、电容器的储能特性，将脉动直流电压中的脉动成分滤除，以得到较平滑的直流电压。

（4）稳压电路　清除电网电压的波动或负载变化对输出电压的影响，保持直流电压源有稳定的输出电压。

8.2　整流电路

要点

整流，是利用半导体二极管的单向导电性，将交流电转变为脉动直流电的过程。根据交流电源的不同，整流电路分为单相整流和三相整流两大类。

常用的二极管整流电路主要形式有单相半波、单相全波、单相桥式、三相半波和三相桥式整流电路等。

8.2.1　单相半波整流电路

单相二极管整流电路如图 8.2 所示。

为分析简单起见，可把半导体二极管理想化，设导通时正向电阻为零，反向电阻（截止时）为无穷大。这样，利用二极管的单向导电特性，把交流电转变成脉动直流电。由

单向导电性

半波整流

单相半波整流

图 8.2 可见，整流输出的脉动直流电的波形是输入交流电波形的一半，故称为半波整流：当 $u_2 > 0$ 时，二极管 VD 导通，忽略 VD 管的正向压降，$u_o = u_2$；当 $u_2 < 0$ 时，VD 截止，$u_o = 0$。

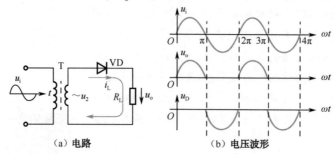

（a）电路　　　　　　（b）电压波形

图 8.2　二极管单相半波整流电路

电路计算

（1）输出直流电压平均值：

$$U_o = 0.45 U_2 \tag{8.1}$$

式中，U_2 为变压器二次侧电压有效值（V）。

（2）输出电流平均值：

$$I_o = \frac{U_2}{R_L} = \frac{0.45 U_2}{R_L} \tag{8.2}$$

（3）整流管 VD 的最大反向电压：

$$U_{DRm} = \sqrt{2} U_2 \tag{8.3}$$

（4）整流管的正向电流（平均值）：

$$I_{DF} = I_o \tag{8.4}$$

8.2.2　单相全波整流电路

单相全波整流

电路如图 8.3 所示，可视作是由两个单相半波整流电路组合而成。变压器副边的中心抽头感应出等幅的电压：$u_{2a} = u_{2b}$。加电后，在交流电一个周期内，VD_1 和 VD_2 交替导通，负载 R_L 上得到全波直流电压和电流，故称为全波整流电路。

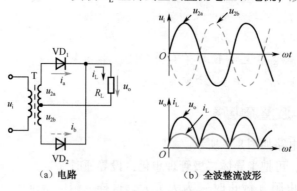

（a）电路　　　　　　（b）全波整流波形

图 8.3　单相全波整流电路

在忽略二极管 VD_1、VD_2 正向压降情况下，可计算单相　　电路计算
全波整流电路的相关参数。

（1）输出直流电压的平均值：

$$U_o = 0.9U_2 \tag{8.5}$$

（2）输出电流的平均值：

$$I_o = \frac{U_o}{R_L} = \frac{0.9U_2}{R_L} \tag{8.6}$$

（3）二极管上的平均电流：

$$I_{DF} = \frac{1}{2}I_o = \frac{0.45U_2}{R_L} \tag{8.7}$$

（4）整流二极管的最大反向电压：

$$U_{DRm} = 2\sqrt{2}U_2 \tag{8.8}$$

8.2.3　单相桥式整流电路

电路如图 8.4 所示。4 只二极管接成电桥形式，故叫作桥式整流电路。

u_2 正半周时，VD_1、VD_4 导通，VD_2、VD_3 截止，如图　　流过负载 R_L 的电流方向相同
8.5（a）所示。u_2 负半周时，VD_2、VD_3 导通，VD_1、VD_4
截止，如图 8.5（b）所示。桥式整流的电压、电流波形如　　单相桥式整流
图 8.5（b）所示。

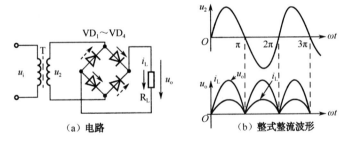

（a）电路　　　　　　　　　　（b）整式整流波形

图 8.4　单相桥式整流电路

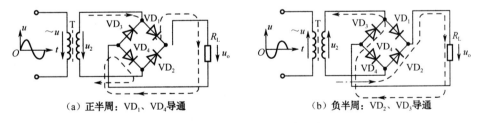

（a）正半周：VD_1、VD_4 导通　　　　　　　（b）负半周：VD_2、VD_3 导通

图 8.5　桥式整流电路电流通路

（1）输出直流电压的平均值：

$$U_o = 0.9U_2 \tag{8.9}$$

（2）负载电流平均值：

$$I_L = \frac{U_o}{R_L} = 0.9 \frac{U_2}{R_L} \qquad (8.10)$$

（3）流过二极管的平均电流：

$$I_o = \frac{I_L}{2} = 0.45 \frac{U_2}{R_L} \qquad (8.11)$$

（4）二极管承受的最大反向电压：

$$U_{DRm} = \sqrt{2} U_2 \qquad (8.12)$$

应用举例

■**例8.1**　某袖珍型电取暖器，其直流负载电阻 $R_L = 1.5k\Omega$，要求工作电流 $I_o = 10mA$。如果采用半波整流电路，请计算整流用变压器副边绕组的电压值，并选择合适的整流二极管。

解　$U_o = I_o R_L = 1.5 \times 10^3 \times 10 \times 10^{-3} = 15$（V）

$$U_2 = \frac{1}{0.45} U_o = \frac{15}{0.45} \approx 33 \text{（V）}$$

则流过整流二极管的正向电流为

$$I_{DF} = I_o = 10 \text{（mA）}$$

二极管承受的最大反向电压为

$$U_{DRm} = \sqrt{2} U_2 = 1.41 \times 33 \approx 47 \text{（V）}$$

查半导体器件手册，可选用硅整流二极管 2CZ52B 或 2CZ82B（0.1A/50V）。

单相半波整流电路的特点：电路简单，所用器件少，但其整流效率低（40%左右），输出电压脉动大。但这不影响袖珍型电取暖器的使用。

应用举例

■**例8.2**　欲设计一个小型单相桥式整流电路，要求输出电压 $U_o = 120V$，工作电流 $I_o = 2A$，试计算整流变压器副边绕组的电压 U_2，并选择适当的整流二极管。

解　$$U_2 = \frac{U_o}{0.9} = \frac{120}{0.9} \approx 133 \text{（V）}$$

则流过整流二极管的正向电流为

$$I_{DF} = \frac{1}{2} I_o = \frac{1}{2} \times 2 = 1 \text{（A）}$$

二极管承受的最大反向电压为

$$U_{DRm} = \sqrt{2} U_2 = \sqrt{2} \times 133 \approx 188V$$

查半导体器件手册，可选用整流电流为1A、最高反向工作电压为200V的4只2CZ55D或2CZ85D型整流二极管。

桥式整路电路的特点：桥式输出电压 U_o 及波形均与全波整流一样，但变压器副边绕组没有中心抽头，且绕组减少了一半，变压器利用效率高；同时，整流二极管承受的反向电压降低了一半。正因为如此，桥式整流电路远比单相半波和单相全波整流电路的应用广泛。

8.2.4　单相二倍压整流电路

　　实际应用中往往需要电压高但电流很小的直流电源。对此，可采用倍压整流电路。

倍压

　　图8.6为二倍压整流电路。交流电压 u_2 正半周期间，VD_1 导通，C_1 被充电，C_1 充电至 $\sqrt{2}U_2$ 并保持；u_2 负半周期间，C_1 上已充的电压与 u_2 相加，通过 VD_2 向 C_2 充电，使 C_2 上的电压充至 $2\sqrt{2}U_2$，即 U_2 峰值的2倍。

二倍压电路

　　倍压整流电路巧妙地利用电容器作为储能元件，反复充电，输入较低的交流电压，输出高于输入电压多倍的直流电压。

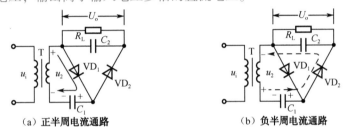

（a）正半周电流通路　　　　　　（b）负半周电流通路

图8.6　二倍压整流电路

　　（1）输出电压：

电路计算

$$U_o \approx 2\sqrt{2}U_2 \tag{8.13}$$

式中，U_2 为变压器副边电压的有效值。

　　（2）整流二极管正向电流：

$$I_{DF} \approx I_L = \frac{2\sqrt{2}U_2}{R_L} \tag{8.14}$$

　　（3）整流二极管最大反向电压：

$$U_{DRm} \approx 2\sqrt{2}U_2 \tag{8.15}$$

8.2.5　单相五倍压整流电路

　　五倍压整流电路如图8.7所示，由电源升压变压器T、5个整流二极管和5个电容器构成。

五倍压

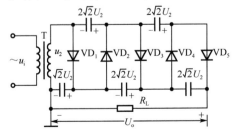

图8.7　五倍压整流电路

电路计算

（1）输出电压：

$$U_o \approx 5\sqrt{2}U_2 \qquad (8.16)$$

（2）各整流二极管最大反向电压：

$$U_{DRm} = 2\sqrt{2}U_2 \qquad (8.17)$$

（3）第1个电容器的耐压：

$$U_{C1} = \sqrt{2}U_2 \qquad (8.18)$$

（4）其余电容器的耐压：

$$U_{C2} = U_{C3} = U_{C4} = U_{C5} = 2\sqrt{2}U_2 \qquad (8.19)$$

应用举例

■例8.3 某臭氧洁净器中需要产生2000V、3mA的直流电压，请分别计算：二倍压和五倍压整流电路中变压器副边绕组的电压 U_2 和整流二极管的最大反向电压 U_{DRm}，并选用适当的整流二极管。

解 （1）二倍压整流电路的参数计算和整流管选用

参考图8.6

$$U_2 \approx \frac{U_o}{2\sqrt{2}} = \frac{2000}{2\sqrt{2}} \approx 707 \ （V）$$

$$U_{DRm} \approx 2\sqrt{2}U_2 \approx 2\sqrt{2} \times 707 \approx 1994 \ （V）$$

显然，单个整流二极管已无法满足计算出的反向耐压的要求，应采用由多个整流管串接而成的高压硅堆。查相关手册，选用正向额定电流 $I_{DF} = 3mA$，反向耐压 $U_{DRm} = 2000V$ 的高压硅堆2CL53B或2CL54B。

整流管选用2CL53B

（2）五倍压整流电路的参数计算和整流管选用：

参考图8.7

$$U_2 \approx \frac{U_o}{5\sqrt{2}} = \frac{2000}{5\sqrt{2}} \approx 283 \ （V）$$

$$U_{DRm} = 2\sqrt{2}U_2 = 2\sqrt{2} \times 283 = 800 \ （V）$$

整流管选用

计算表明，五倍压整流电路对整流管的反向电压 U_{DRm} 不高于800V，可选择价格较低的2CZ系列硅整流二极管，如2CZ52K型或2CZ82K型，其正向额定电流 $I_{DF} = 100mA$，最高反向工作电压 $U_{DRm} = 800V$。也可选用正向额定电流 $I_{DF} = 3mA$，最大反向耐压 $U_{DRm} = 1000V$ 的高压硅堆2CL52A型或2CL53A型。

倍压整流电路的特点：用较低的输入电压可输出比输入电压高几倍的直流电压。它不仅适用于正弦电压，也适用于对称的矩形波。但倍压整流只适用于高电压小电流的场合。整流管的选择是设计倍压整流电路的关键，应根据设计指标的要求灵活选择。

8.3 三相整流电路

要点 ▶

前面介绍的单相整流电路，一般说来只适用于小功率负载。若对大功率负载供电，则应采用三相整流电路，这样既保证了三相负荷的平衡，又可获得比单相整流平滑得多的直流电压。常用的有三相半波整流电路和三相桥式整流电路。

8.3.1 三相半波整流电路

1. 电路结构与工作原理

图 8.8（a）所示为三相半波整流电路。变压器的副边绕组为星形接法，三只整流二极管的阴极接到一起（K），再经过负载 R_L 接至副边的中性点。故这种电路也称为三相半波共阴极整流电路。 三相半波整流电路结构

由于三只整流管的阴极连在一起，其电位始终是相等的。这样，在一个正弦周期内 3 只管子轮流导通，导通时间各为 1/3 周期，其整流波形如图 8.8（b）所示。 电路特点

共阴极连接

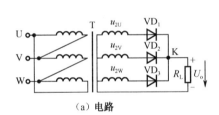

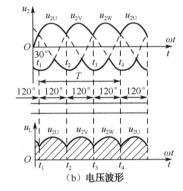

（a）电路 （b）电压波形

图 8.8 三相半波整流电路及电压波形

在 $t_1 \sim t_2$ 时间内，U 相电压最高，VD_1 管导通，VD_2、VD_3 承受反向电压而截止，电路通路为 $u_{2U} \rightarrow VD_1 \rightarrow R_L \rightarrow N$。 工作原理

在 $t_2 \sim t_3$ 时间内，电路通路为 $u_{2V} \rightarrow VD_2 \rightarrow R_L \rightarrow N$。

在 $t_3 \sim t_4$ 时间内，电路通路为 $u_{2W} \rightarrow VD_3 \rightarrow R_L \rightarrow N$。

这样，VD_1、VD_2、VD_3 在一个周期内轮流导通，每相导通时间为 $T/3$，负载 R_L 上的电流方向总保持不变。上述过程周而复始。

2. 电路计算

（1）输出直流电压： 参数计算

$$U_o = 1.17U_2 \qquad (8.20)$$

式中，U_2 为变压器二次侧（副边）相电压的有效值（V）。

（2）整流管的最大反向电压：

$$U_{DRm} = 2.45U_2 \qquad (8.21)$$

（3）输出直流电流：

$$I_o = \frac{U_o}{R_L} = 1.17\frac{U_2}{R_L} \qquad (8.22)$$

（4）整流管正向电流：

$$I_{DF} = \frac{1}{3}I_o = 0.39\frac{U_2}{R_L} \qquad (8.23)$$

应用举例

■例8.4 实验室需添置一台直流电源，要求输出电压 $U_o = 12V$，输出电流 $I_o = 51A$，请计算三相半波整流电路中的电源变压器副边绕组的电压 U_2 和整流二极管的参数。

解 电源变压器副边绕组电压：

$$U_2 = \frac{U_o}{1.17} = \frac{12}{1.17} \approx 10.3 \ (V)$$

流过整流管的正向电流：

$$I_{DF} = \frac{1}{3}I_o = \frac{51}{3} = 17 \ (A)$$

整流二极管承受的最大反向电压：

$$U_{DRm} = 2.45U_2 = 2.45 \times 10.3 \approx 25.2 \ (V)$$

8.3.2 三相桥式整流电路

1. 电路结构与工作原理

三相桥式整流电路结构

电路如图8.9（a）所示。它由三相变压器和六只整流二极管组成，可视为两个三相半波整流电路串联组合而成：VD_1、VD_3、VD_5 组成共阴极连接的三相半波整流电路，VD_2、VD_4、VD_6 组成共阳极连接的三相半波整流电路，负载 R_L 接 E、F 点。

电路特点

由电路图可见，任一时刻电路均有两只二极管——承受阳极电压最高和阴极电位最低的两只二极管导通，而其余4只二极管截止，波形图如图8.9（b）所示。

工作原理

在 $t_1 \sim t_2$ 时间内，U 相电压最高，V 相电压最低，所以 VD_1 与 VD_5 串联导通，其余二极管被反向偏置而截止，电流通路为：$u_{2U} \rightarrow VD_1 \rightarrow R_L \rightarrow VD_5 \rightarrow u_{2V} \rightarrow N$。输出电压近似为变压器副边线电压 u_{ov}。

在 $t_2 \sim t_3$ 时间内，电路通路为 $u_{2U} \rightarrow VD_1 \rightarrow R_L \rightarrow VD_6 \rightarrow u_{2w} \rightarrow N$。

以此类推，就可得到三相桥式整流电路的输出电压波形，如图8.9（b）所示。由图8.9（b）可见，三相桥式整流波形的脉动小，交流成分大为减少，且输出电压平均值得到提高。

优点

2. 电路计算

相关参数计算

（1）输出直流电压：

$$U_o = 2.34U_2 \qquad (8.24)$$

（2）输出直流电流：

$$I_o = \frac{U_o}{R_L} = 2.34\frac{U_2}{R_L} \qquad (8.25)$$

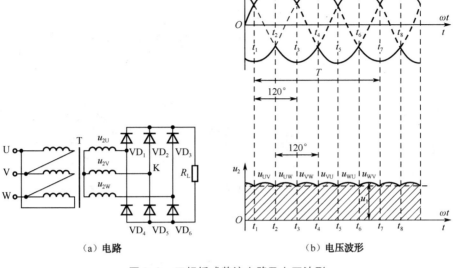

（a）电路　　　　　　　　　　　　　（b）电压波形

图 8.9　三相桥式整流电路及电压波形

（3）整流管的正向电流：

$$I_{DF} = \frac{1}{3}I_o = 0.78\frac{U_2}{R_L} \qquad (8.26)$$

（4）整流管的最大反向电压：

$$U_{DRm} = 2.45U_2 \qquad (8.27)$$

■例8.5　某电镀用直流电源，其整流电路如图 8.9 所　　**应用举例**
示。已知整流电路输出电压 $U_o = 20V$，要求负载电流 $I_o =$
450A，请计算所用整流二极管的参数并选型。

解|　$U_{DRm} = 2.45U_2 = 2.45 \times \dfrac{U_o}{2.34} = 1.05U_o$

　　　　$= 1.05 \times 20 = 21\ (V)$

　　　$I_{DF} = \dfrac{1}{3}I_o = \dfrac{1}{3} \times 450 = 150\ (A)$

根据计算参数，选用最高反向电压为 25V、正向电流为
200A 的硅整流二极管 2CZ200A。

8.4　滤波电路

整流电路输出的直流电都含有或大或小的脉动成分。滤　　◀**要点**
波就是尽可能地把直流脉动电压中的交流成分去掉，保留、
提高其直流成分，改善整流电流的平滑度。完成这种功能的
电路就是滤波电路。滤波电路主要由电容和电感组成，利用
电抗性元件的储能作用来实现滤波。

8.4.1　电容滤波电路

1. 电路结构

电路结构

图 8.10 所示三种电容滤波电路，其共同特点是在整流电路的输出端接入了一个容量很大的电容器，电路负载 R_L 与该滤波电容 C 并联。

三种电容滤波电路

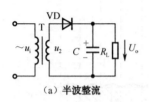
（a）半波整流

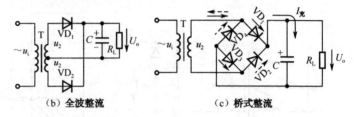
（b）全波整流　　　　　　（c）桥式整流

图 8.10　三种电容滤波电路

2. 工作原理

带有电容滤波的半波整流、全波整流和桥式整流电路的滤波原理是相同的，下面以电路相对复杂的桥式整流滤波电路为例进行说明。

1）桥式整流电容滤波

桥式整流

在图 8.10 所示桥式整流电路中加上滤波电容 C 后，负载 R_L 上的电压波形与没有滤波电容 C 时的电压波形大不一样，如图 8.11 所示。

滤波电容前后波形比较

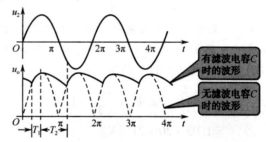

有滤波电容 C 时的波形

无滤波电容 C 时的波形

图 8.11　桥式整流电容滤波输入与输出波形

在 T_1 时间段，上升的 u_2 大于电容 C 上的电压 u_C，u_2 对电容 C 充电，致使 $u_o = u_C \approx u_2$；在 T_2 时间段，随着 u_2 下降至小于电容 C 上的电压，电容 C 通过负载 R_L 放电，并按指数规律下降，时间常数 $\tau = R_L C$。当 u_2 为负半周时，VD_2、VD_4 导通（VD_1、VD_3 截止），上述过程重复，形成充、放电波形。

半波整流

2）半波整流和全波整流

半波整流和全波整流的工作原理与桥式整流电路相同。

3. 电路计算

1）输出直流电压

半波、全波和桥式整流电路经电容滤波后，其输出直流电压在空载时均为

$$U_o = \sqrt{2}U_2 \tag{8.28}$$

有负载时，一般为

$$U_o = (1.0 \sim 1.2)U_2 \tag{8.29}$$

式中，U_2 为变压器副边绕组电压有效值（V）。

2）整流管最大反向电压

（1）桥式整流电容滤波电路：

$$U_{DRm} = \sqrt{2}U_2 \tag{8.30}$$

（2）半波和全波整流电容滤电路：

$$U_{DRm} = 2\sqrt{2}U_2 \tag{8.31}$$

3）整流二极管正向电流

（1）半波整流电容滤波电路：

$$I_{DF} = I_o$$

（2）全波和桥式整流电容滤波电路：

$$I_{DF} = \frac{1}{2}I_o \tag{8.32}$$

式中，I_o 为输出直流电流（A）。

4）滤波系数 q

（1）半波整流电容滤波电路：

$$q = \frac{\pi}{2}fCR_L \tag{8.33}$$

（2）全波、桥式整流电容滤波电路：

$$q = \frac{8}{3}fCR_L \tag{8.34}$$

式中，f 为电源频率，通常 $f=50\text{Hz}$；C 为滤波电容（F）。

8.4.2　LC-π 型滤波电路

1. 电路结构

LC-π 型滤波电路由整流电路和 LC-π 型滤波器组成，如图 8.12 所示。它们的滤波效果比单用电容滤波或单用电感滤波要好得多。

2. 工作原理

在图 8.12 中的 3 个图都有一个由 C_1、L 和 C_2 组成的滤波网络。实际上，它是在电容滤波电路的基础上加了一个 Γ 型 LC 滤波。电容 C_1 的作用与图 8.10 中的滤波电路一样，即利用 C_1 的充放电进行第一次滤波。LC-π 型网络中的电感

电路计算

三种 LC-π 型滤波电路

电路原理

电感 L 的电磁感应原理滤波效果

L具有阻止其本身电流变化的特点，即流过L的电流增加时，根据电磁感应原理，L线圈将产生一个感应电动势来阻碍电流的增加，与此同时，电感将能量储存起来，使电流增加缓慢，波形变得平滑、输出电压U_o的纹波减小；反之，当电流减小时也会使电流减小变慢，使输出电压变得平滑。

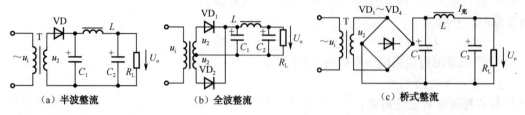

（a）半波整流　　　（b）全波整流　　　（c）桥式整流

图8.12　LC-π型滤波电路

由于电感L的交流阻抗（$X_L = W_L$）较大，而直流电阻很小，L与C_2分压后，交流分量的大部分落在电感L上，再经C_2进一步滤波，就会使输出电压的纹波变得更小。因此，LC-π型滤波具有良好的滤波效果。

3. 电路计算

1）输出直流电压U_o

半波、全波和桥式整流LC-π型滤波电路的输出直流电压，在空载时均为

$$U_o = \sqrt{2}U_2 \tag{8.35}$$

有负载时，一般为

$$U_o = (1.0 \sim 1.2)U_2 \tag{8.36}$$

式中，U_2为变压器副边绕组电压的有效值（V）。

2）整流管的最大反向电压

（1）半波、全波整流LC-π型滤波电路：

$$U_{DRm} = 2\sqrt{2}U_2 \tag{8.37}$$

（2）桥式LC-π型滤波电路：

$$U_{DRm} = \sqrt{2}U_2 \tag{8.38}$$

3）整流管的正向电流

（1）半波整流LC-π型滤波电路：

$$I_{DF} = I_o \tag{8.39}$$

（2）全波和桥式整流LC-π型滤波电路：

$$I_{DF} = \frac{1}{2}I_o \tag{8.40}$$

式中，I_o为输出正向电流（A）。

4）滤波系数q

（1）半波整流LC-π型滤波电路：

电路计算

$$q = 2\pi^3 f^3 LC_1C_2R_L \qquad (8.41)$$

（2）全波和桥式整流 $LC\text{-}\pi$ 型滤波电路：

$$q = \frac{128}{3}\pi^2 f^3 LC_1C_2R_L \qquad (8.42)$$

式中，f 为电源频率，通常 $f = 50\mathrm{Hz}$；L 为滤波电感（H）；C_1、C_2 为滤波电容（F）；R_L 为负载电阻（Ω）。

■例 8.6　某桥式整流 $LC\text{-}\pi$ 型滤波电路如图 8.12（c）所示，已知供电源频率 $f = 50\mathrm{Hz}$，电感 $L = 4\mathrm{H}$，滤波电容 $C_1 = C_2 = 1000\mu\mathrm{F}$，负载 $R_L = 12\Omega$，电源变压器副边电压的有效值 $U_2 = 12\mathrm{V}$。请计算电路输出电压 U_o 和整流二极管的参数，并选择合适的整流管。

应用举例

解　（1）滤波系数：

$$\begin{aligned}
q &= \frac{128}{3}\pi^2 f^3 LC_1C_2R_L \\
&= \frac{128}{3}\times\pi^2\times 50^3\times 4\times(1000\times 10^{-6})^2\times 12 \\
&= 2524
\end{aligned}$$

（2）整流管最大反向电压：

$$U_{DRm} = \sqrt{2}U_2 = \sqrt{2}\times 12 \approx 17\ (\mathrm{V})$$

（3）电路输出直流电压 U_o：

$$U_o = (1.0\sim 1.2)U_2 = (1.0\sim 1.2)\times 12 = 12\sim 14.4(\mathrm{V})$$

（4）电路输出直流电流：

$$I_o = \frac{U_o}{R_L} = \frac{12\sim 14.4}{12} = 1\sim 1.2\ (\mathrm{A})$$

（5）整流管正向电流：

$$I_{DF} = \frac{1}{2}I_o = \frac{1\sim 1.2}{2} = 0.5\sim 0.6\ (\mathrm{A})$$

（6）选择整流二极管：根据上面计算的整流二极管的 I_{DF} 和 U_{DRm}，选择整流电流 $I_{DF} = 1\mathrm{A}$，最高反向工作电压为 25V 的硅整流二极管 2CZ55A 或 2CZ85A。

根据计算参数选择整流管

8.5　基本稳压电路

为获得稳定的直流电压，而不受电网电压波动和负载变化的影响，在整流滤波后应进行稳压。稳压电路有并联型稳压电路和串联型稳压电路等形式。

◆要点

8.5.1　并联型稳压电路

1. 硅稳压二极管稳压电路结构

图 8.13 是简易并联型硅稳压二极管稳压电路，它由稳

电路结构

压管 VS 与限流电阻 R_S 组成，稳压管 VS 和负载 R_L 并联。电阻 R_S 用于限流，使稳压管电流 I_Z 不超过管子的允许值。稳压管 VS 反接在直流电源两端，其陡直的反向击穿特性使得电流有较大变化时稳压管两端电压的变化很小。这样，负载上得到的就是一个较为稳定的电压。

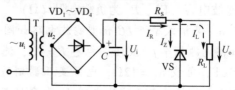

图 8.13 稳压二极管组成的稳压电路

2. 稳压电路的稳压过程

负载电流变化时如何稳压

1）当负载电流变化时如何实现稳压

在负载 R_L 上的电流 I_L 增加时（设输入电压 U_i 保持不变），如果 I_L 的增加量和流过稳压管的 I_Z 的减少量相等，则流过限流电阻 R_S 的电流 I_R 保持不变，这样就可保持输出电压 U_o 不变，这一稳压过程可描述为

反馈过程

$$R_L\downarrow \rightarrow I_L\uparrow \rightarrow I_R\uparrow \rightarrow U_R\uparrow \rightarrow U_Z\downarrow (U_o\downarrow) \rightarrow I_Z\downarrow \rightarrow I_R\downarrow$$
$$U_o\uparrow \leftarrow U_R\downarrow$$

若负载电流 I_L 下降，其输出电压 U_o 仍然保持不变，工作过程与上述稳压描述相反。

电压波动时如何稳压

2）当输入电压波动时如何实现稳压

设负载电阻 R_L 不变，若电网电压 u_1 波动升高，导致输入电压 U_i 增加，这必然引起 U_o 的增加，即与之并联的稳压管的 U_Z 增加，使 I_Z 增加，I_R 增加，从而使输出电压 U_o 减小，这一稳压过程描述为

稳压过程

$$u_1\uparrow \rightarrow U_i\uparrow \rightarrow U_o\uparrow \rightarrow U_Z\uparrow \rightarrow I_Z\uparrow$$
$$U_o\downarrow \leftarrow U_R\uparrow \leftarrow I_R\uparrow$$

电源电压 u_1 下降时，稳压过程与上述描述相反，其输出电压 U_o 仍保持其稳定性。

电路特点

硅稳压二极管稳压电路结构简单、制作成本低，但稳压不能任意调整，稳压性能差，只限用于小容量电流稳压电路。

3. 电路计算

电路计算

1）稳压电路输入电压的选择

$$U_i = (2\sim 3)U_o \tag{8.43}$$

式中，U_i 为整流电路的输入电压（V）；U_o 为输出电压。

2）稳压二极管的选择

（1）稳压管的稳定电压：

$$U_Z = U_o \tag{8.44}$$

（2）稳压管的最大稳定电流：

$$I_{Zmax} = (2 \sim 3) I_{omax} \qquad (8.45)$$

式中，I_{omax} 为最大负载电流。

3）限流电阻 R_S 的选择

（1）限流电阻 R_S 的阻值：

$$\frac{U_{imax} - U_o}{I_{Zmax} + I_{omin}} < R_a < \frac{U_{imin} - U_o}{I_Z + I_{omax}} \qquad (8.46)$$

式中，U_{imax}、U_{imin} 分别为最大、最小输入电压（V）；I_{omin} 为最小负载电流（A）；I_Z 为稳压管的稳定电流（A）。

（2）限流电阻 R_S 的额定功率 P_S：

$$P_S = (2 \sim 3) \frac{(U_{imax} - U_o)^2}{R_S} \qquad (8.47)$$

■例 8.7 稳压二极管稳压电路如图 8.13 所示。已知 **应用举例** 整流电路的输出电压 $U_i = 15V \pm 10\%$，要求稳压管稳定电压 $U_Z = 9V$，负载电阻 R_L 的变化范围为 $10 \sim 1.5k\Omega$，请计算并选用限流电阻和稳压二极管。

解 已知输入电压 $U_{imin} = 15 \times (1 - 10\%) = 13.5V$，$U_{imax} = 15 (1 + 10\%) = 16.5V$；负载电阻 $R_{Lmin} = 1.5k\Omega$，$R_{Lmax} = 10k\Omega$。

（1）稳压输出电压：

$$U_o = U_Z = 9V$$

（2）流过负载的电流：

$$I_{omin} = \frac{U_o}{R_{Lmax}} = \frac{9}{10 \times 10^3} = 0.9 \times 10^{-3} \ (A)$$

$$I_{omax} = \frac{U_o}{R_{Lmin}} = \frac{9}{1.5 \times 10^3} = 6 \times 10^{-3} \ (A)$$

（3）稳压管的最大稳定电流：

$$I_{Zmax} = (2 \sim 3) I_{omax} = (2 \sim 3) \times 6 \times 10^{-3} = (12 \sim 18) mA$$

（4）选用稳压二极管：根据给定的稳定电压 $U_Z = 9V$ 和最大稳定电流 I_{Zmax} 值，可选用硅稳压二极管 2CW37-9.1B（上海无线电十七厂）。其稳定电压为 $9.0 \sim 9.6V$，稳定电流 $I_Z = 5.0mA$，最大工作电流 $I_{Zmax} = 40mA$，最大耗散功率 $P_C = 500mW$。

（5）限流电阻的阻值和功耗：

$$\frac{U_{imax} - U_o}{I_{Zmax} + I_{omin}} < R_S < \frac{U_{imin} - U_o}{I_Z + I_{omax}}$$

$$\frac{16.5 - 9}{(40 + 0.9) \times 10^{-3}} < R_S < \frac{13.5 - 9}{(5 + 6) \times 10^{-3}}$$

$$183 \ (\Omega) < R_S < 409 \ (\Omega)$$

取 $R_S = 300\Omega$，其额定功率：

$$P_{\text{S}} = (2\sim3)\frac{(U_{\text{imax}} - U_{\text{o}})^2}{R_{\text{S}}} = (2\sim3)\times\frac{(16.5-9)^2}{300}$$
$$= (0.38\sim0.56)\,\text{W}$$

据此，可选取金属膜电阻器 RJ-0.5W-300Ω-Ⅱ。

8.5.2 简易串联型晶体管稳压电路

串联型稳压电源，通常是在输入直流电压 U_{i} 和负载 R_{L} 之间串联一个晶体三极管（俗称调整管），当电网电压或负载电流变化时，通过比较取样电压与基准电压，调整三极管两端的电压来抵偿输出电压 U_{o} 的变化而稳压。

1. 电路结构

图 8.14 是一个最简易单管串联型晶体管稳压电路。

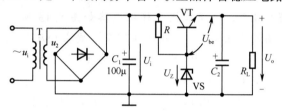

图 8.14 单管串联型晶体管稳压电路

三极管 VT 作为调整管，与负载 R_{L} 串联。电阻 R 与硅稳压二极管 VS 组成稳压电路，为调整管基极提供一个基本稳定的直流电压 U_{Z}（称为基准电压）。

2. 稳压过程

当负载变化引起输出 U_{o} 降低时，调整管 VT 的基极 – 发射极电压为
$$U_{\text{be}} = U_{\text{Z}} - U_{\text{e}} = U_{\text{Z}} - U_{\text{o}}$$
由于 U_{Z} 为稳压管所稳压为恒定值，随 U_{o} 的降低，U_{be} 增加，导致如下调整过程。

$$U_{\text{o}}\downarrow \rightarrow U_{\text{be}}\uparrow \rightarrow I_{\text{c}}\uparrow$$
$$U_{\text{o}}\uparrow$$

当输出电压 U_{o} 增加时，稳压过程与上述过程则相反。有必要指出，由于调整管 VT 的调整作用是输出电压 U_{o} 与基准电压 U_{b} 的静态误差引起的，故这种串联型稳压电路只能做到输出电压基本不变。

3. 电路计算

1）调整管

（1）三极管 VT 的 c–e 极间反向击穿电压：
$$\text{BU}_{\text{ceo}} = (2\sim3)(U_{\text{imax}} - U_{\text{o}}) \tag{8.48}$$
式中，U_{imax} 为最大输入电压（V）；U_{o} 为输出电压（V）。

电路结构

工作原理

稳压调整过程

电路计算

（2）三极管集电极最大允许电流：

$$I_{cm} = (2 \sim 3)I_{omax} \qquad (8.49)$$

式中，I_{omax} 为最大负载电流（A）。

（3）三极管集电极最大功耗：

$$P_{cm} \geqslant (U_{imin} - U_o)I_{omax} = U_{cemin}I_{omax} \qquad (8.50)$$

式中，U_{imin} 为最小输入电压（V）；U_{cemin} 为三极管 c－e 极间最小电压，通常为 $2 \sim 4V$。

2）基准电压 U_Z

$$U_Z = U_o + U_{be} \qquad (8.51)$$

式中，U_{be} 为调整管 VT 的发射结死区电压，硅管为 $0.6 \sim 0.8V$，锗管为 $0.2 \sim 0.3V$。

3）限流电阻 R_S

$$R_S \leqslant \frac{U_{imin} - U_Z}{I_Z + I_{bmax}} = \frac{U_{imin} - U_Z}{I_Z + \dfrac{I_{omax}}{\beta}} \qquad (8.52)$$

式中，I_Z 为稳压管的稳定电流（A）；I_{bmax} 为调整管基极最大电流（A）；β 为调整管的电流放大系数。

8.5.3　串联反馈式稳压电路

1. 电路结构

电路如图 8.15 所示，它包括基准电压、比较放大、调整管和取样电路四部分。U_Z 为基准电压，由稳压二极管 VS 和限流电阻 R_S 串联成的稳压电路产生；R_1、RP 和 R_3 组成反馈网络，对输出电压的变化进行取样。

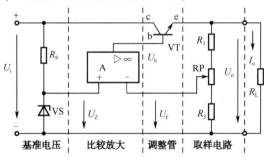

图 8.15　串联反馈式稳压电路

VT 为小功率管，作为调整管。集成运放 A 作为比较放大电路，其输出与调整管 VT 基极相接。因 VT 与负载串联，故称为串联反馈式稳压电路。

2. 稳压原理

当输入电压 U_i 增加（或负载电流 I_o 减小）时，导致输出电压增加，反馈电压 U_f 也随之增加。反馈电压与基准电压 U_Z 相比较，差值电压经运放 A 比较放大后使 U_b 减小。随之，VT 管的 I_c 减小，U_{ce} 增大，导致输出电压 U_o 减小，从而使输出电压保持基本恒定。

以上的稳压原理可写成如下关系式。

运放 A 同相输入　　　$U_+ = U_Z$

运放 A 反相输入　　　$U_- = U_f = \dfrac{RP_{\text{下}} + R_3}{R_1 + RP + R_3} \times U_o$

运放 A 的输出　　　$U_{OA} = U_B = A_{ud}(U_Z - U_f)$

式中，A_{ud} 为运放 A 的开环电压放大倍数。

当负载电阻或电源电压变化时，其稳压过程可简单表示为

$$U_i\downarrow \rightarrow U_o\uparrow \rightarrow U_f\uparrow \rightarrow U_{OA}\downarrow (U_b\downarrow) \rightarrow U_{ce}\uparrow$$
$$U_o\downarrow \longleftarrow$$

当输入电压 U_i 减小（或负载电流 I_o 增大）时，稳压过程相反。

3. 电路计算

1）稳压管限流电阻 R_s

由集成运放输入电阻 r_{id} 很高，MOS 型集成运放可高达 $10\text{M}\Omega$ 以上。因此在考虑稳压管的电流时可不考虑集成运放 A 的输入电流 I_i。故计算限流电阻：

$$R_S \leqslant \frac{U_{imin} - U_Z}{I_Z} \tag{8.53}$$

式中，U_{imin} 为最小输入电压（V）；I_Z 为稳压管的稳定电流（A）。

2）调整管 VT 的参数

（1）三极管 c–e 极间反向击穿电压：

$$U_{ceo} = (2\sim 3)(U_{imax} - U_o) \tag{8.54}$$

式中，U_{imax} 为最大输入电压（V）；U_o 为输出电压（V）。

（2）三极管集电极最大允许电流：

$$I_{cm} = (2\sim 3)I_{omax} \tag{8.55}$$

式中，I_{omax} 为最大负载电流（A）。

（3）三极管集电极最大耗散功率：

$$P_{cm} \geqslant (U_{imin} - U_o)I_{omax} = U_{cemin}I_{omax} \tag{8.56}$$

式中，U_{imin} 为最小输入电压（V）；U_{cemin} 为三极管 c–e 极间最小电压，一般为 $2\sim 4\text{V}$。

3）取样电压 U_f 及输出电压 U_o 调节范围

取样电压由 R_1、R_2 和 RP 组成的分压器的滑动端子引出，取样电压 U_f 为

$$U_f = \frac{RP_{\text{下}} + R_3}{R_1 + RP + R_3} U_o \qquad (8.57)$$

运放 A 可视为理想集成运放，引入"虚地"概念，有

$$U_f \approx U_Z$$

则

$$U_o = \frac{R_1 + RP + R_3}{R_3 + RP_{\text{下}}} U_f = \frac{R_1 + RP + R_3}{R_3 + RP_{\text{下}}} U_Z \qquad (8.58)$$

由此可见，稳压电路的输出电压 U_o 由取样分压器的分压比和基准电压 U_Z 的乘积决定，调节电位器 RP 可以改变其输出电压。

■例 8.8　某串联稳压电路如图 8.16 所示。已知输出电压 $U_o = 9V$，最大负载电流 $I_{omax} = 0.2A$，输入电压 U_i 的变化范围为 12～15V，请计算电路中主要元器件的参数。

解

1）稳压二极管的选用

根据给定的 $U_o = 9V$，选择 2CW57 型稳压管，其参数为 $U_Z = 8.5 \sim 9.5V$、$I_Z = 5mA$、$I_{Zmax} = 26mA$、最大功耗 $P_{cm} = 0.25W$。

2）放大管 VT_2 的选择

根据 VS 的参数，选用小功率硅三极管 3DG2A，$I_{cm} = 30mA$，$P_{cm} = 100mW$，$U_{CEO} = 15V$，选用 $h_{PE} \geqslant 100$ 正品管。

3）调整管 VT_1 的参数计算及选管

（1）带放大环节的串联稳压电路，根据经验公式可进行如下计算。

$$U_{CEO} = (2 \sim 3)(U_{imax} - U_o)$$

可靠系数取 3，则 $U_{CEO} = 3(U_{imax} - U_o) = 3 \times (15 - 9) = 18(V)$。

（2）三极管集电极最大允许电流 I_{cm}：

$$I_{cm} = 2.5 I_{omax} = 2.5 \times 0.2 = 0.5 \ (A)$$

（3）调整管最大功耗：

$$P_{cm} \geqslant (U_{imin} - U_o)I_{omax} = (12 - 9) \times 0.2 = 0.6(W)$$

（4）调整管选择：根据算得的参数，选用中功率硅 NPN 型管 3DD50 或 3DD1，$BU_{CEO} = 30V$，$I_{cm} = 0.5A$，$P_{cm} = 1W$，$f_T = 1MHz$，$\beta \geqslant 100$。

4）限流电阻 R_S

$$R_S \leqslant \frac{U_{imin} - U_Z}{I_Z + \dfrac{I_{omax}}{\beta}} = \frac{12 - 9}{5 \times 10^{-3} + \dfrac{0.2}{100}} \approx 429 \ (\Omega)$$

R_S 取标称值 430Ω，选金属膜 0.25W 电阻器 RJ-0.25W-430Ω-Ⅱ。

应用举例

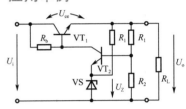

图 8.16　带放大环节的串联稳压电路

8.6　三端集成稳压器

　　三端集成稳压器具有体积小、性能可靠、使用方便等优点。它主要有固定输出和可调输出两种类型，输出电压有5V、6V、9V、12V、15V、18V、24V等。

集成稳压器的优点

　　随着集成技术的发展，稳压器也实现了集成化。集成稳压器具有体积小、可靠性高、价廉等优点，广泛应用于各种电子设备中。三端集成稳压器是应用最广的电压稳定器件，基本不需要外接元件，使用便捷、安全。三端集成稳压器可分成固定输出和可调输出两种类型。

8.6.1　固定输出三端集成稳压器

内部组成

　　图8.17是固定输出三端集成稳压器的组成框图。它由启动电路、基准电压、放大电路、调整管、保护电路和采样电路等组成。

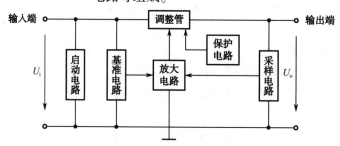

图8.17　固定输出三端集成稳压器的组成框图

　　图8.18是部分固定输出三端稳压器的外形及引脚排列图。

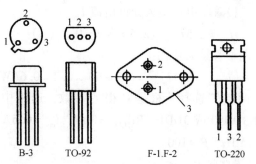

图8.18　固定输出三端稳压器的外形及引脚排列

1. 固定正电压三端稳压器

正电压输出

正电压三端正稳压器如图8.19所示。

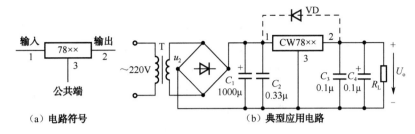

（a）电路符号　　　　　　　　　　　　（b）典型应用电路

图 8.19　正三端稳压器

在固定正电压输出 CW78××系列中，有 3 个子系列，每个子系列有 7 个电压等级：5V、6V、9V、12V、15V、18V 和 24V；电流等级也有 3 个：0.1A、0.5A 和 1.5A。国产 CW78××和 CW89××系列的主要参数见表 8.1。

CW78××系列的电压等级

表 8.1　78/79 系列集成稳压电源的型号、参数

电路型号	输入电压（V）	输出电压（V）	电压偏差	输出电流（mA）	对应国外型号
7805/7905	+ （7～35）/	+5/−5		1500	
78M05/79M05	− （7～35）	+5/−5		500	
78L05/79L05		+5/−5		100	
7806/7906	+ （8～35）/	+6/−6		1500	MC78/79 系列
78M06/79M06	− （8～35）	+6/−6	±4%	500	MA78/79 系列
78L06/79L06		+6/−6		100	SW78/79 系列
7809/7909	+ （11～35）/	+9/−9		1500	
78M09/79M09	− （11～35）	+9/−9		500	
78L09/79L09		+9/−9		100	
7810/7910	+ （13～35）/	+10/−10		1500	
78M10/79M10	− （13～35）	+10/−10		500	
78L10/79L10		+10/−10		100	
7812/7912	+ （15～35）/	+12/−12		1500	
78M12/79M12	− （15～35）	+12/−12		500	
78L12/79L12		+12/−12		100	MC78/79 系列
7815/7915	+ （17～35）/	+15/−15	±4%	1500	MA78/79 系列
78M15/79M15	− （17～35）	+15/−15		500	SW78/79 系列
78L15/79L15		+15/−15		100	
7818/7918	+ （20～35）/	+18/−18		1500	
78M18/79M18	− （20～35）	+18/−18		500	
78L18/79L18		+18/−18		100	
7824/7924	+ （26～35）/	+24/−24		1500	
78M24/79M24	− （26～35）	+24/−24		500	
78L24/79L24		+24/−24		100	

在图 8.19（b）所示应用电路中，C_1 为交流整流电容，C_2、C_3 为改善纹波电压的滤波电容，可改善负载的瞬态响应。虚线接入的大电流二极管 VD，当输入端短路时，使 C_3、C_4 所存储的电荷通过二极管放电，防止通过集成稳压器内部放电而损坏内部调整管。

2. 负电压三端稳压器

负电压输出

负电压三端稳压器的电路结构、外形几乎与正电压三端稳压器相同，只是引脚的极性不同。图 8.20 是负电压三端稳压器 CW79×× 系列的电路符号和典型实用电路，1 脚为公共（接地）端，2 为输出端，3 为输入端。

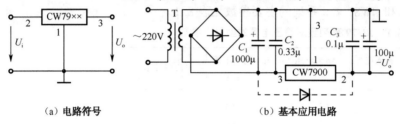

（a）电路符号　　　　　　　　　　（b）基本应用电路

图 8.20　负电压三端稳压器

3. 同时输出正、负电压的稳压电路

在电子装置中，常常需要同时输出正、负电压双向直流电源。由 CW78×× 系列和 CW79×× 系列固定输出三端稳压器各一片组成的稳压电路，如图 8.21 所示。

正、负电压应用电路

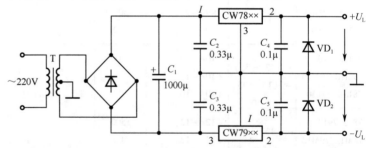

图 8.21　同时输出正、负电压的稳压电路

若采用 CW7815 和 CW7915，则同时输出 +15V 和 −15V电压，电路结构简单，成本低廉。

8.6.2　可调式三端集成稳压器

输出电压可调

可调式三端集成稳压器是在固定输出三端稳压器基础上发展起来的，它的输出电压能在一定范围内连续可调，应用较为灵活，电压极性也有正、负之分。正电压输出的可调稳压器有 CW117、CW217、CW317 系列，负电压输出可调稳压器有 CW137、CW237、CW337 系列。

1. 基本应用电路

电路说明

图 8.22（a）是正电压输出 CW317 稳压器的基本应用电路。电容 C_1 用于减小输入电压的脉动成分，并防止过电压；C_2 用于减小高频噪声，并具有消振作用。二极管 VD，当输入端短路时为 C_2 提供放电通路，保护稳压器的调整管。可调稳压器的输出电压为

$$U_o \approx 1.25\left(1 + \frac{R_2}{R_1}\right) \tag{8.59}$$

输出电压 U_o

图 8.22（b）所示负电压输出电路的结构和调整原理与图 8.22（a）所示正电压输出电路类同，这里不再赘述。

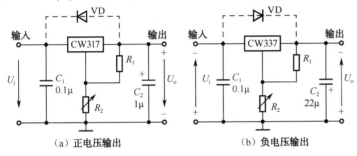

图 8.22 可调输出三端集成稳压器基本应用电路

为保证稳压器在空载或过载情况下的使用安全，要求 R_1 的取值为 $120 \sim 240\Omega$。

2. 输出 $1.5 \sim 35\text{V}$ 可调稳压电路

图 8.23 是采用三端稳压器 CW317 的稳压电路。CW317 是输出电流 $I_o = 1.5\text{A}$、功率 $P_{cm} = 1.5\text{W}$ 的可调式三端稳压器。VD_2 用以防止输入端短路时三端稳压器内的调整管损坏；VD_1 用于防止稳压器内的基准电压和误差放大器受损，起保护作用。在正常输入电压正常情况下，图示电路通过调节 RP 可使输出电压 U_o 在 $1.5 \sim 35\text{V}$ 范围内连续变化。

大范围可调稳压电路

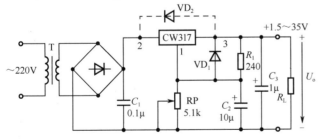

图 8.23 CW 系列可调集成稳压器应用电路

典型电路

3. 输出 $\pm(1.25 \sim 22\text{V})$ 电压可调稳压电路

图 8.24 所示为输出正、负电压可调的稳压电路。IC_1、IC_2 分别采用正电压可调稳压器 CW317 和负电压可调稳压器

正、负电压同时输出

CW337，两者的基准电压 $U_{REF} = 1.5V$，R_1、R_2 的阻值在 $120 \sim 240\Omega$ 范围内取值，RP_1、RP_2 可根据输出电压的高低调节其阻值。按图示参数，在整流输出 $U_i = \pm 25V$ 的情况下，输出电压 U_o 的可调范围为 $\pm (1.25 \sim 22)$ V。

典型电路

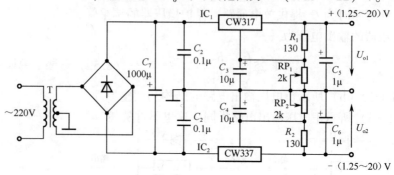

图 8.24　输出 ± (1.25 ～ 22V) 电压可调稳压电路

8.7　开关电源

要点▶

　　前面介绍的稳压电路属于普通线性电源，效率只有 $30\% \sim 40\%$，调整管功耗大。开关电源的内部器件工作在高频开关状态，耗能低，电源效率可达 $70\% \sim 85\%$。开关电源可按不同方式分类。开关电源集成电路主要有以下几种：脉宽调割（PWM）器、脉频调制（PFM）器、开关稳压器、单片开关电源。

8.7.1　开关电源与线性电源的比较

线性电源

　　前面介绍的稳压电路属于线性电源。所谓线性，是指其内部调整管工作在线性工作区。线性稳压器的优点是稳压性能好，输出的纹波和噪声电压也小，电路简单、价廉；缺点是调整管的压降较大、功耗高，电源效率仅为 $30\% \sim 40\%$。

开关电源

　　开关电源内部的功率（开关）管工作在开关状态，功耗很低，电源效率可高达 $70\% \sim 85\%$。表 8.2 列出了 20kHz 开关电源与线性电源的性能比较。

表 8.2　20kHz 开关电源与线性电源的比较

两种电源性能比较

电源相关指标	线性电源	开关电源
电源效率（%）	$30 \sim 40$	$70 \sim 85$
电压调整率（%）	$0.02 \sim 0.1$	$0.1 \sim 1$
负载调整率（%）	$0.5 \sim 2$	$1 \sim 5$
断电后输出电压的保持时间（ms）	$20 \sim 30$	$1 \sim 2$

电源相关指标	线性电源	开关电源
单位体积下的输出功率（W/cm³）	0.03	0.12
输出纹波电压 $U_{p\text{-}p}$（mV）	5～20	40～60
瞬态响应时间（μs）	15～30	80～1000

由表可见，开关电源的多数参数优于传统的线性电源。有必要说明的是，表中的开关工作频率为早期开关电源的频率，实际现有的开关工作频率已提高到 100kHz 以上。对于 100～200kHz 频率工作的开关电源，其外形尺寸仅为线性电源的 1/8；而频率更高的开关电源尺寸将更小，其性能更好。

提升开关频率的好处

8.7.2　开关电源的主要工作方式

按照开关控制方式的不同，开关电源可分为以下工作方式。

工作方式

1）脉宽调制（PWM，Pulse Width Modulation）方式

PWM 方式的特点是开关周期（T）为恒定值，通过调节开关脉宽、改变占空比来实现稳压。脉宽调制方式目前应用最为普遍，其核心是 PWM 控制器。

PWM 方式

2）脉冲频率调制（PFM，Pulse Frequency Modulation）方式

PFM 方式的特点是脉冲宽度为恒定值，通过调节开关频率（f）来改变占空比而实现稳压，其核心是 PFM 控制器。PFM 开关电源很适合用于便携式装置。

PFM 方式

3）混合调制方式

混合调制方式是 PWM 和 PFM 两种方式的组合，即包含了 PWM 控制器和 PFM 控制器，其开关周期和脉冲宽度均可改变，使稳压调节更有效。

PWM 和 PFM 混合方式

除上述三种方式外，还有一种脉冲密度（PDM，Pulse Density Modulation）调制方式，其特点是脉冲宽度为恒定值，通过调节脉冲数实现稳压。

PDM 方式

8.7.3　串联型开关稳压电路

1. 电路结构

图 8.25 为典型串联型开关稳压电路的基本组成框图，主要包括开关控制电路、储能滤波电路和取样电路三大部分。因开关调整管 VT 与负载 R_L 相串接，故称其为串联型开关稳压电路。

串联型稳压

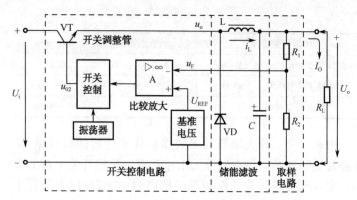

原理框图

图 8.25　串联型开关稳压电路原理框图

如何稳压

2. 稳压原理

结合波形图进行分析

开关控制电路中的调整管，受开关控制电路产生的脉冲信号控制，而工作于开关状态。R_1 和 R_2 组成取样电路，取样电压 U_F 能适时将输出电压的变化加至比较放大器 A 的反相输入端，与同相输入端的基准电压比较后，经比较放大后控制脉冲的宽度和周期，从而改变调整管 VT 的导通和截止时间比。储能滤波电路由电感器 L、电容器 C 和续流二极管 VD 组成，把调整管输出的断续脉冲电压滤波成连续的波动电流 I_L，如图 8.26 所示。U_o 是经滤波电容 C 平滑后的输出电压。

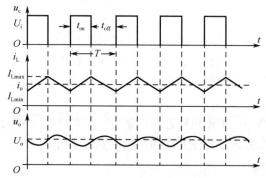

图 8.26　开关稳压电路电压和电流波形图

t_{on}、t_{off} 分别是调整管 VT、的饱和导通时间和截止时间，T 是开关转换周期，$T = t_{on} + t_{off}$。在不考虑 VT 饱和压降和滤波电感直流压降的情况下，串联型开关稳压电路的输出电压的平均值为

输出电压

$$U_o = \frac{U_i t_{on} + 0 \cdot t_{off}}{T} = \frac{t_{on}}{T} U_i \qquad (8.60)$$

式中，t_{on}/T 称为脉动占空比，调节占空比就可改变输出电压 U_o 的大小。

8.7.4 并联型开关稳压电路

1. 电路结构

并联型开关稳压电路的原理图如图 8.27 所示，它主要由开关调整管 VT、储能电感、取样和比较控制电路、充放电回路等组成。由于开关调整管 VT 与负载 R_L 并联，故称为并联型开关稳压电路。L 为储能电感，C 为储能兼滤波电容。电感 L、电容 C 和续流二极管 VD 共同组成储能电路。

并联型稳压

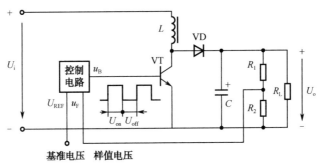

图 8.27 并联型开关稳压电路原理图

2. 稳压原理

开关管 VT 的基极加进的是矩形脉冲。当脉冲 u_B 为高电平时，VT 饱和导通，其集电极电位仅为 0.3V 左右，VD 管反偏而截止，则输入电压 U_i 通过电流 i_L 使电感 L 储能（将电场能转换为磁能在 L 中储存起来）。与此同时，已充有电荷的电容 C 向负载放电，供给负载电流，如图 8.28（a）中箭头所示。当矩形脉冲为低电平时，三极管 VT 截止，由于电感 L 上的电流不能突变，在 L 两端产生自感电动势 e_L，使续流二极管 VD 导通，产生电流 i_L 向电容 C 充电，同时向负载 R_L 供电，如图 8.28（b）所示。此后，开关管 VT 随输入脉冲高低电平的变化，VT 随之导通或截止，电感 L 再将电能储存为磁能，而电容 C 给负载供电，重复上述过程。于是，在输出端获得稳定的直流电压：

$$U_o \approx \left(1 + \frac{t_{on}}{t_{off}}\right)U_i \qquad (8.61)$$

式中，t_{on}、t_{off} 分别为调整管 VT 的导通和截止时间。

由式（8.61）不难看出，并联型开关稳压电路的输出 U_o 要高于输入电压 U_i，且随着 t_{on}/t_{off} 的加大，电感中储能越多，则输出电压 U_o 相应地增大。

稳压过程

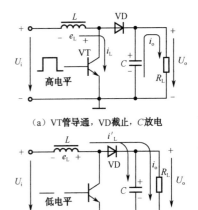

（a）VT管导通，VD截止，C放电

（b）VT截止，自感电势 e_L 经VD向C充电

图 8.28 并联型开关稳压电路的储能与 C 充放电示意图

8.7.5　集成开关稳压器

1. 常用集成开关稳压器及主要性能参数

表8.3列出了部分常用集成开关稳压器的型号及主要性能参数。

表 8.3　常见集成开关稳压器的型号及主要性能参数

产品类型	型号	输入电压 U_i（V）	输出电压 U_o（V）	最大输出电流 I_{omax}（mA）	封装形式
升压式	MAX773	$2\sim16.5$	5、12、15（或可调）	1000	DIP-8
	MAX771	$2\sim16.5$	12（或可调）	2000	DIP-8，SO-8
	LM2577	$3.5\sim40$	12、15	3000	TO-220，TO-263
降压式	LM2576	$\leqslant40$（或$\leqslant60$）	3.3、5、12、15（或可调）	3000	TO-220，TO-263
	LM2596	$\leqslant40$	3.3、5、12（或可调）	3000	TO-220，TO-263
	MAX639	$5.5\sim11.5$	5	100	DIP-8
	MLAX758A	$4\sim16$	$1.25\sim U_i$	750	DIP-8
电荷泵式	ICL7660	$1.5\sim10.5$	$-U_i$	20	DIP-8，TU-99
	ICL7662	$4.5\sim20$	$-U_i$	20	DIP-8，TO-99
	NCP1729	$1.15\sim5.5$	3、5	50	TSOP-6
	MAX5008	$2.95\sim5.5$	5	125	μMAX-10
	LTC33200	$2.7\sim4.5$	5	100	MSOP-8
	TPS60100	$1.8\sim3.6$	3.3	200	TSSOP-20

注：开关电容式稳压器也称极性反转式或电荷泵式稳压器，其特点是在开关频率作用下，外接陶瓷电容［称为"泵送"电容或"闪速"（flying）电容］在开关稳压器内部 FET 开关阵列的控制下快速地充电和放电，使输入电压倍增或降低，在输出端得到所需要的电压。

2. 升压式开关稳压器应用实例

升压式稳压电路

图 8.29 是以 LM2577-ADJ 为核心的升压 +15V 稳压电路。

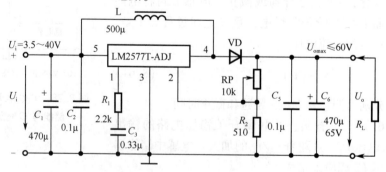

图 8.29　由 LM2577 构成的可调式开关稳压电路

LM2577 系列为 NSC 公司的产品，输入电压 $U_i = 3.5 \sim 40V$。其中，LM2577-ADJ 为可调式稳压器，输入电压 $U_i = +5V$，输出 $U_o = +15V$（可调），$I_o \leqslant 800mA$。

1）升压式开关稳压原理

当 LM2577 的功率开关管闭合时，电感 L 上有电流通过而储存电能，整流二极管 VD 截止。此时，电容 C_6 对负载 R_L 放电；当功率开关管开通时，电感 L 上便产生反向电动势（右正、左负），使 VD 导通，L 上储存的磁能经 L、VD 向 C_6 充电。由于开关频率相当高（$>50kHz$）及电感的储能作用，以超过输入电压 U_i 的电压向 C_6（充电）和为负载 R_L 提供电流，因而具有提升电压的作用并使输出电压 U_o（15V）保持恒定。

工作原理

RP、R_2 组成输出电压 U_o 的取样分压器，将样值电压 U_F 加至 LM2577 的 FB 端（2 脚）。R_1 和 C_3 为频率补偿网络。

2）升压稳压器工作条件和输出电压值

（1）LM2577-ADJ 为升压式稳压器，具有提升电压的作用。实际上，

升压作用

$$U_o = U_i + U_L - U_{VD} \approx U_i + U_L > U_i$$

式中，U_L 为电感上的压降。

（2）升压稳压器工作条件：

计算公式

$$\left. \begin{array}{l} U_o \leqslant 10U_{imin} \\ I_{om} \leqslant 2.1(U_{imin}/U_o) \end{array} \right\} \tag{8.62}$$

（3）稳压器的输出电压：

$$U_o = 1.23(V) \times (1 + RP/R_2) \tag{8.63}$$

调节 RP，使输出电压 $U_o = +15V$。

8.7.6 脉宽调制（PWM）控制器

表 8.4 列出了部分典型 PWM 控制器的型号及主要性能参数。

PWM 方式

表 8.4 脉宽调制（PWM）控制器的典型型号及主要参数

类型	国外型号	最高开关频率 f_{max}（Hz）	输出最大峰值电流 I_{PM}（A）	国内型号	封装形式
单端输出、中速型	UC1840/2840/3840	500k	0.4	CW1840/2840/3840	DIP-18
	UC1842/2842/3842	500k	1	CW1842/2842/3842	DIP-8
	UC1841/2841/3841	500k	1		DIP-18
	TEA2018	500k	0.5	CW2018	DIP-8
	μPC1094	500k	1.2		DIP-14

续表

类型	国外型号	最高开关频率 f_{max}（Hz）	输出最大峰值电流 I_{PM}（A）	国内型号	封装形式
单端输出、高速型	UC1823/2823/3823	1M	1.5		DIP-16
	UC1825/2825/3825	1M	1.5		DIP-16
	UC1848/2848/3848	1M	2		DIP-16
双端输出、中速型	MC3520 UC3520	100k	0.1×2	CW3520	DIP-16
	SG3525A	500k	0.4×2	CW3520A	DIP-16
	TL494 UC494A	300k	0.2×2	CW494	DIP-16

PWM 控制器分为两种

（1）脉宽调制（PWM）稳压集成电路分双端输出和单端输出两种。前者可构成推挽输出功放电路，可构成几十瓦至几百瓦的大功率开关电源；单端输出具有外围元件少、电路简单的优点，适于制作中、小功率开关电源。

开关工作频率可高达 1MHz

（2）早期开关电源的工作频率一般为几十千赫兹，目前多在 100kHz 以上，有的将开关频率提高至 1MHz。通常，开关频率越高，高频变压器和开关电源的尺寸可做得更小，重量也大为减小，电源效率也随之提高。

（3）UC18×× 系列产品为美国 TI 公司出品。UC1842/2842/3842 为单端隔离式脉宽调制器，三种芯片内部电路和基本性能指标、外部封装（DIP-18）等类同，区别在于工作温度范围不同。

8.7.7　UC1842 构成的通用开关稳压电路

1. UC1842 简介

UC1842/2842/3842 是使用较广的一种电流型、单端隔离式脉宽调制控制器，具有引脚少、外围元件少、性价比高等优点，适于制作 20～50W 小功率开关电源。

（1）最高输入电压 $U_{imax} = 30V$，$I_{p-p} = 1A$，平均电流 I_{cp} 200mA，正常工作电流为 15mA，最大功耗 $P_{CM} = 1W$。

（2）最高开关频率为 500kHz，频率稳定度为 0.2%，电压调整率为 0.2%（$U_{CC} = 12 \sim 15V$），负载调整率为 0.3%（$I_o = 1 \sim 20mA$）。

（3）具有输入端过电压保护、输出端过流保护、欠电压锁定功能。

2. 由 UC1842 构成的通用开关电源

电路结构

图 8.30 是以 UC1842 为核心的 5V、6A 通用开关电源电路，主要由 5 个部分构成：输入整流滤波电路、功率开关管 VT 及高频变压器 T、脉宽调制式控制器（含振荡器、基准

电压源 U_{REF}、误差放大器和 PWM 比较器)、输出整流滤波器、取样反馈回路和电流检测电路。

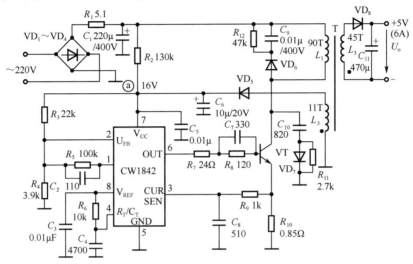

图 8.30　以 CW1842 为核心的开关电源电路

　　UC1842 的工作电压 $U_{CC} = +16V$。刚启动时，经桥式整流和滤波后的直流高压（+300V），经 R_2 降压和 C_2 充电使 ⓐ点电压升至 +16V，从而实现启动。当电源转入正常工作后，变压器 T 的线圈 L_3 上的高频电压经过 VD_5、C_6 整流滤波，则 +16V 作为 UC1842 的供电电压。

同步自测练习题

　　一、填空题

　　1. 通常，小功率直流稳压电源由_____、_____、_____和_____等组成。

　　2. 整流变压器是利用具有_____性能的_____，将正弦交流电变换成_____。

　　3. 常见小功率整流电路有_____、_____、_____和_____整流电路。

　　4. 滤波电路的作用，是将整流输出电压中_____尽可能地滤掉，一般是由_____、_____等储能元件滤除，使输出电压变得平滑。

　　5. 稳压电路的功能，使整流、滤波后的直流电压在_____、_____发生变化时，保持输出电压_____。

　　6. 最简单的稳压管是_____，它是一种_____二极管，是利用其_____进行稳压的。

　　7. 在稳压管稳压电路中，稳压管是与_____并联连接的，其输出电压由_____决定。

　　8. 稳压管稳压电路的稳压作用的实质是通过_____调整电流的作用和_____的调压作用，才达到稳压的功效。

9. 书中图 8.14 所示的单管串联型晶体管稳压电路中，当负载 R_L 增加、输出电压 U_o 下降时，其稳压值 U_Z _____，U_{BE} 会____，使 U_{CE}____，从而使输出电压 U_o _____。

10. 半导体硅二极管的正向导通电压为____左右，若将这样的 3 个二极管正向串接起来，其稳压电压约为_____。

11. 有两个硅稳压管 VS_1 和 VS_2，两管的稳定电压分别为 5V 和 9V，正向压降均为 0.7V。用这两只稳压管除组成 5V 和 9V 稳压电路外，还能组成_____、_____和_____稳压电路。

12. 具有比较放大级的串联反馈式稳压电路，通常是由_____、_____、_____、_____四部分组成的。

二、分析计算题

1. 由工频 50Hz、220V 的降压变压器和整流二极管组成的整流电路，其输出电压 U_o = 9V，如下三种电路的变压器次级绕组电压 U_2 和所用二极管所承受的最高反向电压 U_{RM} 各为多少？（1）单相半波整流；（2）单相全波整流；（3）单相桥式整流电路。

2. 在图 8.31 所示的单相半波整流电路中，变压器 T 次级绕组的电压 U_2 = 30V，负载电阻 R_L = 500Ω，向负载 R_L 上的输出电压平均值 U_o、输出电流平均值 I_o 及整流管承受的最高反向电压 U_{RM} 各是多少？请选用合适的整流二极管。

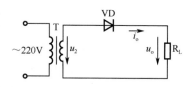

图 8.31　单相半波整流电路

3. 在图 8.32 所示的单相桥式整流电路中，已知负载 R_L = 200Ω，要求通过负载电流的平均值 I_o = 0.5A，（1）选择整流电路中的二极管；（2）计算变压器的相关参数并选择合适的变压器。

4. 图 8.33 是一个单相桥式整流、滤波电路，输入为 50Hz、220V 电压，负载电阻 R_L = 1000Ω，要求输出直流电压 U_o = 24V。试选择合适的整流二极管和滤波电容 C。

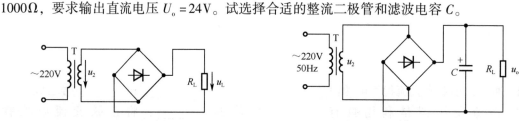

图 8.32　单相桥式整流电路　　　　图 8.33　单相桥式整流电容滤波电路

5. 在图 8.33 所示的桥式整流滤波电路中，R_L = 1000Ω，C = 100μF，变压器 T 的副边绕组的电压（有效值）U_2 = 20V，（1）该整流滤波电路正常工作状态时，其输出电压 U_o 为多少？（2）若测得的 U_o 为下列数值：ⒶU_o = 28V，ⒷU_o = 20V，ⒸU_o = 9V，试分析并说明每种电压所代表的电路状态及出了什么故障。

6. 图 8.34 是一个带放大环节的串联型稳压电路，试分析：（1）它是由几部分电路组成的，并扼要说明各部分的作用；（2）当输入电压 U_o 升高或负载电阻增大时，电路是如何自行调节和稳压的。

7. 图 8.35 为简单实用的采用稳压二极管的桥式整流稳压电路，整流滤波后的电压 U_C = 25V，输出电压 U_o = 10V，负载电阻 R_L 由开路（∞）变到 2kΩ，准许 U_o 的变化范围为 ±10%，（1）试扼要说明其稳压过程；（2）请计算并选择稳压二极管和限流电阻 R_S。

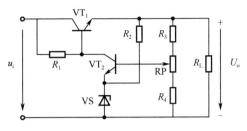

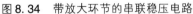

图 8.34　带放大环节的串联稳压电路

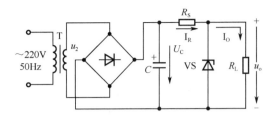

图 8.35　稳压二极管组成的稳压电路

8. 图 8.36 是采用集成运放 A 作为比较放大环节的串联反馈式稳压电路，已知桥式整流滤波电压 $U_c = 22V$，稳压二极管 VS 采用硅管 2CW54，其稳定电压为 $5.5 \sim 6.5V$，最大功耗 $P = 0.25W$，工作电流 $I_{VSmax} = 38mA$，调整管 VT 采用 3DD4A。

（1）计算输出电压 U_o 的可调范围 U_{omin} 和 U_{omax} 的值。

（2）在整流滤波电压 $U_c = 22V$ 和流过 VT 发射极电流 $I_E = 100mA$ 状态时，试计算 VT 的最大管耗 P_{cmax} 的值。

（3）在调整管 VT 的管压降 $U_{CE} = 4V$ 和输出电压 $U_o = 18V$ 时，电源变压器的副边绕组的电压 U_2 需多少伏？

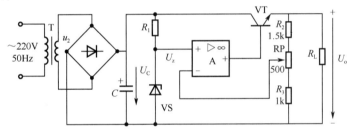

图 8.36　采用集成运放 A 的串联稳压电路

9. 在图 8.37 所示的桥式整流滤波电路中，欲采用三端 CW 型稳压器，已知电源变压器副边绕组电压 $U_2 = 16V$，输出稳定电压 $U_o = 15V$，负载电流 $I_o = 100mA$。

（1）桥式整流器中的二极管如何选择？

（2）在已知 U_2、U_o 和 I_o 参数下，能否计算出待选的三端 CW 型稳压器的功耗 P_w，并选定其型号？

（3）滤波电路中的滤波电容 $C_1 \sim C_4$ 如何选择？

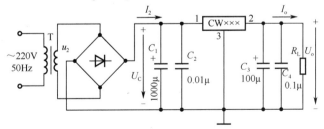

图 8.37　三端固定稳压器电路

自测练习题参考答案

一、填空题

1. 电源变压器　　整流器　　滤波电路　　稳压电路

2. 单向导电　　整流二极管　　单向的脉冲直流电压

3. 单相半波　　全波　　桥式　　倍压

4. 脉动成分　　电感　　电容

5. 电源电压发生波动　　负载或温度　　稳定

6. 稳压二极管　　面接触型　　反向击穿特性

7. 负载 R_L　　稳压管

8. 稳压管　　限流电阻

9. 保持不变　　增大　　减小　　回升到原来的数值

10. 0.7V　　0.7V×3

11. 5.7V　　9.7V　　14V

12. 基准电压　　比较放大　　取样电路　　调整管

二、分析计算题

1. 【解题提示】　本题要求读者掌握电工电子电路常用的三种最基本的整流电路的基础计算，弄清输出 U_o 与整流前的输入电压 U_2 之间的关系，以及所用二极管可承受多高的电压 U_{RM}。

三种整流电路的输出与输入电压之间的关系如表8.5所列。

表8.5

整流电路	半波整流	全波整流	桥式整流
输出电压 U_o	$0.45U_2$	$0.9U_2$	$0.9U_2$
整流管承受最高反向电压 U_{RM}	$\sqrt{2}U_2$	$2\sqrt{2}U_2$	$\sqrt{2}U_2$

解　（1）单相半波整流电路。

由于 $U_o = 0.45U_2$，已知 $U_o = 9V$

故有

$$U_2 = \frac{U_o}{0.45} = \frac{9}{0.45} = 20 \ (V)$$

$$U_{RM} = \sqrt{2}U_2 = \sqrt{2} \times 9 = 12.7 \ (V)$$

（2）单相全波整流电路。

由于

$$U_o = 0.9U_2$$

故

$$U_2 = \frac{U_o}{0.9} = \frac{9}{0.9} = 10 \ (V)$$

$$U_{RM} = 2\sqrt{2}U_2 = 2\sqrt{2} \times 10 \approx 28.3 \ (V)$$

（3）单相桥式整流电路。

由于

$$U_o = 0.9U_2$$

故
$$U_2 = \frac{U_o}{0.9} = \frac{9}{0.9} = 10 \ (\text{V})$$

$$U_{RM} = \sqrt{2}U_2 = \sqrt{2} \times 10 \approx 14.1 \ (\text{V})$$

2. 答 已知图 8.31 所示半波整流中的负载 $R_L = 500\Omega$，变压器 T 次级绕组的电压 $U_2 = 30\text{V}$，据此可求 U_o、I_o 和 U_{RM}。

输出电压平均值 $\qquad U_o = 0.45U_2 = 0.45 \times 30 = 13.5 \ (\text{V})$

输出电流平均值 $\qquad I_o = \frac{U_o}{R_L} = \frac{13.5}{500} = 0.027 \ (\text{A}) \ = 27\text{mA}$

整流二极管承受的最大反向电压

$$U_{RM} = \sqrt{2}U_2 = \sqrt{2} \times 30 = 42.4 \ (\text{V})$$

对于电路中的整流二极管，其正向电流平均值 I_o 和能承受的最大反向电压 U_{RM} 是其最重要的参数。据算出的参数查整流器手册，选择硅整流二极管 2CZ54C，其 $I_o = 50\text{mA}$（$> 27\text{mA}$），$U_{RM} = 100\text{V}$（$> 42.4\text{V}$）。

3. 【解题提示】　本题意在要求图 8.32 所示单相桥式整流电路输出电压和输入电压之间的关系及相关计算，如何选管和电源变压器的变比 k 及容量 S 的估算。有关计算式如下。

桥式整流电路的输出电压 $\qquad U_o = 0.9U_2$

整流管最高反向电压 $\qquad U_{RM} = \sqrt{2}U_2$

变压器副绕组电流有效值 I_2 与整流电流的平均值 I_o 的关系为

$$I_2 = 1.11I_o$$

解 （1）选择整流二极管（已知 $R_L = 200\Omega$，$I_o = 0.5\text{A}$）。

整流电路输出电压 $\qquad U_o = I_o R_L = 0.5 \times 200 = 100 \ (\text{V})$

流经二极管的电流平均值 $\qquad I_D = \frac{I_o}{2} = \frac{0.5}{2} = 0.25 \ (\text{A})$

变压器副边绕组电压有效值 $\qquad U_2 = \frac{U_o}{0.9} = \frac{100}{0.9} \approx 111 \ (\text{V})$

二极管承受的最高反向电压 $\qquad U_{RM} = \sqrt{2}U_2 = \sqrt{2} \times 111 = 157 \ (\text{V})$

根据计算出的 I_D 和 U_{RM} 数值查半导体器件手册，选用硅整流二极管 2CZ53D（0.3A，200V）或 2DP3A（0.3A，200V）。

（2）计算变压器的变比 k 及容量。

变压器的变比 $\qquad k = \frac{U_1}{U_2} = \frac{220}{111} \approx 2$

变压器副绕组电流有效值 $\qquad I_2 = 1.11I_o = 1.11 \times 0.5 \approx 0.56 \ (\text{A})$

R_L 为纯阻，变压器的功率 $\qquad P = U_2 I_2 = 111 \times 0.56 \approx 62.2 \ (\text{W})$

根据计算，可选择变比 $k = 2$，容量为 $S = 80\text{VA}$ 的工频变压器。

4. 【解题提示】　本题意在掌握图 8.33 所示，滤波电路的输出与输入电压关系及关于滤波电容的选择方法。提示如下。

（1）桥式整流滤波的输出电压 $U_o = 1.2U_2$。

（2）采用电容滤波时，其输出电压的脉动程度与电容器的放电时间常数 $\tau = R_L C$ 有关系，$R_L C$ 越大，则脉动越小，为了得到较平直的输出电压 U_o，一般要求时间常数：

$$R_\text{L}C \geqslant \frac{(10 \sim 15)}{\pi} \cdot \frac{1}{2f} = (3 \sim 5)\frac{T}{2}$$

式中，T 是供电源的交流周期，本题 $f = 50\text{Hz}$，则 $T = \frac{1}{f} = 0.02\text{s}$。

解　(1) 选择整流二极管。

流过整流二极管的电流平均值　$I_\text{D} = \frac{I_\text{o}}{2} = \frac{U_\text{o}}{2R_\text{L}} = \frac{24}{2 \times 1000} = 12$（mA）

变压器副边电压的有效值　$U_2 = \frac{U_\text{o}}{1.2} = \frac{24}{1.2} = 20$（V）

二极管能承受的最高反向电压　$U_\text{RM} = \sqrt{2}U_2 = \sqrt{2} \times 20 = 28.3$（V）

根据计算数据，查半导体器件手册，选择硅整流二极管 2CZ52B，其最大整流电流为 100mA（>12mA），最高反向工作电压为 50V（>28.3V）。

(2) 选择滤波电容器 C。

按解题提示，要求时间常数 $R_\text{L}C = (3 \sim 5)\frac{T}{2}$。这里取 $R_\text{L}C \geqslant \frac{4T}{2}$，其中 $T = \frac{1}{f} = \frac{1}{50} = 0.02\text{s}$，故滤波电容 C 的容量为

$$C \geqslant \frac{4T}{2R_\text{L}} \geqslant \frac{4 \times 0.02}{2 \times 1000} \geqslant 40 \times 10^{-6} \geqslant 40 \ (\mu\text{F})$$

根据计算值和整流电压值，选取容量为 68μF、耐压为 50V 的电解电容器，如 CD11-50V-68μF-Ⅱ 电容器或 CD10-50V-68μF-Ⅱ。

5.【解题提示】　(1) 本题意在要求掌握单相整流滤波电路输出与输入电压之间的关系，弄清何为工作正常，何为不正常，并学会分析可能的原因，找出故障所在，灵活运用所学知识。

(2) 提示分析方法：表 8.6 列出了分析常用的三种整流滤波电路工作正常与否的三种状态，供解题时参考。

表 8.6　三种整流滤波电路输出电压与输入电压的关系表

整流滤波电路	电源变压器副边电压 U_2	电路输出电压 U_o		
		电路工作正常	负载 R_L 开路	滤波 C 开路
单相半波式	20V	$U_\text{o} = U_2$	$U_\text{o} = \sqrt{2}U_2$	$U_\text{o} = 0.45U_2$
单相全波式	20V	$U_\text{o} = 1.2U_2$	$U_\text{o} = \sqrt{2}U_2$	$U_\text{o} = 0.9U_2$
单相桥式	20V	$U_\text{o} = 1.2U_2$	$U_\text{o} = \sqrt{2}U_2$	$U_\text{o} = 0.9U_2$

解　(1) 电路工作正常时，其输出电压 U_o：
$$U_\text{o} = 1.2U_2 = 1.2 \times 20 = 24 \ (\text{V})$$

(2) 判断Ⓐ、Ⓑ、Ⓒ各数值是否合理，指出何种故障。

Ⓐ当 $U_\text{o} = 28\text{V}$ 时，此时 $\frac{U_\text{o}}{U_2} = \frac{28}{20} = 1.4 \approx \sqrt{2}$，即 $U_\text{o} = \sqrt{2}U_2$，说明负载处于开路状态，即 $R_\text{L} = \infty$ 的情况，R_L 被断开或无负载。

Ⓑ当 $U_\text{o} = 18\text{V}$ 时，此时 $\frac{U_\text{o}}{U_2} = \frac{18}{20} = 0.9$，即 $U_\text{o} = 0.9U_2$，说明电路处于桥式整流状态，但没

进行电容滤波，可判定为电容开路了。

ⓒ当 $U_o = 9V$ 时，$\dfrac{U_o}{U_2} = \dfrac{9}{20} = 0.45$，即 $U_o = 0.45U_2$，说明该电路处于半波整流状态，可判定滤波电容 C 开路，同时桥式整流电路中有一只二极管开路（或烧断）或某对臂中的两只管子同时开路（或烧断）了。

6. 答　（1）图 8.34 所示的串联型稳压电路由四部分组成，各部分的作用如下。

① 取样电路：由 R_3、RP 和 R_4 组成的分压电路，对输出电压 U_o 进行取样，并将样值电压反馈至比较放大（VT_2）电路。

② 基准电压：它由 R_2 和稳压二极管 VS 组成，为 VT_1 的基极提供一个比较的基准电压。

③ 比较放大电路：它由小功率管 VT_2 和 R_1、R_2、VS 组成，将取样得到的样值电压与基准电压进行比较，并将比较后的偏差信号进行放大后送给调整管 VT_1。

④ 调整电路：因调整管 VT_1 与负载相串接，故称之为串联反馈式稳压电路。VT_1 管根据比较放大所得到的结果，对输出电压进行调整，从而保持输出电压 U_o 基本稳定。

（2）串联型稳压电路的稳压过程：当负载电阻增大或输入电压 U_i 升高时，都将引起输出电压 U_o 升高，利用取样电路，并将样值电压实施串联负反馈的作用，及时对调整管进行调压，使输电压保持基本恒定，其自动调整如下。

$$U_o\uparrow \rightarrow U_{B2}\uparrow \rightarrow U_{BE2}\uparrow \rightarrow I_{B2}\uparrow \rightarrow I_{C2}\uparrow \rightarrow U_{B1}\downarrow \rightarrow I_{BE1}\downarrow \rightarrow U_{CE1}\uparrow$$
$$U_o\downarrow \longleftarrow$$

7. 【解题提示】　（1）图 8.35 所示稳压电路，因其稳压管 VS 与负载 R_L 相并接，故为并联型稳压电路。因 R_L 与 VS 并联后与限流电阻 R_S 相串接，当负载 R_L 大范围变化时，通过 R_S 两端电压的升降可自动调节电压。

（2）稳压二极管稳压电路是由稳压管 VS 的电流调节作用和限流电阻 R_S 的电压调节作用互相配合实现稳压作用的。

限流电阻 R_S 的值应根据下式选择。

$$\frac{U_{cmax} - U_Z}{I_{Zmax} + I_{omin}} < R < \frac{U_{cmin} - U_Z}{I_Z + I_{omax}}$$

限流电阻 R_S 的额定功率按下式选择。

$$P = (2 \sim 3)\ \frac{(U_{cmax} - U_Z)}{R_S}$$

解　（1）稳压主要是利用硅稳压管工作的反向击穿特性及稳压管 VS 的电流调节与限流电阻 R_S 的互相配合实现输出电压 U_o 基本保持恒定的，其稳压过程如下。

$$U_o\uparrow \rightarrow U_Z\uparrow \rightarrow I_Z\uparrow \rightarrow I_R\uparrow \rightarrow U_R(=I_R \cdot R_S)\uparrow$$
$$U_o\downarrow = (U_C - U_R) \longleftarrow$$

当负载变化或电源变化导致 U_o 下降时，稳压过程相反，读者不难自行分析。

（2）稳压二极管 VS 和限流电阻 R_S 的计算、选用。

已知，滤波后电压 $U_C = 25V$；输出电压 $U_o = 10V$，准许 $U_o \pm 10\%$ 的变化；负载 R_L 的最低值 $R_{Lmin} = 2k\Omega$。

① 选择稳压二极管。

根据输出电压 $U_o = 10V$，选定 $U_Z = 10V$。

负载电流 $I_{\mathrm{omax}} = \dfrac{U_{\mathrm{o}}}{R_{\mathrm{Lmin}}} = \dfrac{10}{2 \times 10^3} = 5$ （mA）

为留有余地，通常选流过稳压管的电流 $I_Z = （2 \sim 3）I_{\mathrm{omax}}$，取 $I_Z = 3I_{\mathrm{omax}} = 3 \times 5 = 15\mathrm{mA}$。查半导体器件手册，选稳压二极管 2CW59，其稳定电压 $U_Z = 10 \sim 12\mathrm{V}$，最大工作电流 $I_{Z\mathrm{max}} = 20\mathrm{mA}$，$P_{\mathrm{max}} = 250\mathrm{mW}$，完全能满足技术要求。

② 选择限流电阻 R_S。

题中要求 U_{o} 的变化范围为 $\pm 10\%$，则

$$U_{\mathrm{omax}} = 10 \times （1 + 10\%） = 11 （\mathrm{V}）$$
$$U_{\mathrm{omin}} = 10 \times （1 - 10\%） = 9 （\mathrm{V}）$$

根据 U_{o} 有 $\pm 10\%$ 的变化，则整流滤波后的直流电压 U_C 的变化量级通常也有 $\pm 10\%$ 的量级变化，据此则有

$$U_{C\mathrm{max}} = U_C（1 + 10\%） = 25 \times （1 + 10\%） = 27.5 （\mathrm{V}）$$
$$U_{C\mathrm{min}} = U_C（1 + 10\%） = 25 \times （1 - 10\%） = 22.5 （\mathrm{V}）$$

按照解题提示，限流电阻 R_S 阻值和功率计算如下。

R_S 的阻值 $\dfrac{27.5 - 10}{20 + 0} （\mathrm{k\Omega}） < R < \dfrac{22.5 - 10}{5 + 5} （\mathrm{k\Omega}）$

故 $$R_{S\mathrm{min}} = \dfrac{27.5 - 10}{20 + 0} = 0.875 （\mathrm{k\Omega}）$$

$$R_{S\mathrm{max}} = \dfrac{22.5 - 10}{5 + 5} = \dfrac{12.5}{10} = 1.25 （\mathrm{k\Omega}）$$

选限流电阻 R_S 标称值为 $1.2\mathrm{k\Omega}$。

R_S 的功率 $P = 2.5 \times \dfrac{(25 - 10)^2}{1.2 \times 10^3} = 0.469 （\mathrm{W}）$

根据算得的数据，限流电阻选择 RJ-0.5W-1.2kΩ-Ⅱ金属膜电阻器。

8. 【解题提示】 图 8.36 是采用集成运放 A 和稳压二极管的串联型稳压电路，电路稍复杂些，特提示如下。

（1）稳压电路的输出电压 U_{o} 由取样分压器的分压比和基准电压 U_Z 的乘积决定，调节电位器 RP 可以改变其输出电压。计算 U_{omin} 和 U_{omax} 值时，可按此思路列式计算。

（2）图 8.36 为桥式整流滤波电路，注意 $U_C = 1.2U_2$。

解 （1）计算 U_{omin} 和 U_{omax}。

根据解题提示①，不难列出如下关系式。

当电位器 RP 调至最上端时，输出电压最低，即

$$U_{\mathrm{omin}} = \dfrac{R_2 + RP + R_3}{RP + R_3} \cdot U_z = \dfrac{1.5 + 0.5 + 1}{0.5 + 1} \times 6 = 12 （\mathrm{V}）$$

当 RP 调至最下端时，输出电压最高，即

$$U_{\mathrm{omax}} = \dfrac{R_2 + RP + R_3}{R_3} U_z = \dfrac{1.5 + 0.5 + 1}{1} \times 6 = 18 （\mathrm{V}）$$

（2）计算调整管 VT 的最大功耗 P_{cmax}。

当输出电压最低时，VT 的管压最大，因此管耗也最大，即

$$P_{\mathrm{cmax}} = IU_{CE} = I_E（U_C - U_{\mathrm{omin}}） = 0.1 \times （22 - 12） = 1.0 （\mathrm{W}）$$

（3）计算电源变压器副边所需的 U_2 值。

当输出 $U_o = 18V$ 而 VT 的管压降 $U_{CE} = 4V$ 时，其 $U_C = U_o + U_{CE} = 18 + 4 = 22V$。桥式整流滤波电路有 $U_C = 1.2U_2$ 的关系，故

$$U_2 = \frac{U_C}{1.2} = \frac{U_o + U_{CE}}{1.2} = \frac{18 + 4}{1.2} = 18.3 \text{（V）}$$

即设计电源变压器时，其副边绕组的电压有效值不应低于 18.3V。

9. 【解题提示】 图 8.37 所示电路给出了一个采用桥式整流、滤波和采用 CW 型三端稳压器的结构框图，给出了变压器副端绕组电压 U_2，输出电压 U_o 和负载电流 I_o，让读者自行选择整流二极管、滤波电容和三端固定稳压器。为方便选用，提示如下。

（1）选择整流二极管的相关参数。

流过二极管的平均电流 $I_o = I_I/2$。

整流滤波后的电压 $U_C = 1.2U_2$。

二极管承受的最高反向电压 $U_{RM} = \sqrt{2}U_2$。

（2）流入三端稳压器的电流为输出电流 I_o 与稳压器的静态电流 I_{ST}（CW78×××的 I_{ST} 约为 6mA）之和，即 $I_I = U_o + I_{ST}$。

（3）三端稳压器的功耗 P_W 为流过它的电流 I_o 乘以调整管的管压降 U_{CE}，即 $P_W = I_o \cdot U_{CE}$。一般 CW××× 系列的 U_{CE} 在 4V 左右。

解 （1）选择用于桥式整流二极管的计算。

流过桥式整流管的电流平均值 $I_D = \frac{I_o}{2} = \frac{0.1}{2} = 50$（mA）

整流滤波后的电压 $U_C = 1.2U_2 = 1.2 \times 16 = 19.2$（V）

二极管能承受的最高反向电压 $U_{RM} = \sqrt{2}U_2 = \sqrt{2} \times 16 = 22.6$（V）

根据计算数据，查器件手册，选择硅整流二极管 2CZ52A，其最大正向整流电流 100mA（>50mA）；最高反向工作电压为 25V（>22.6V）。

（2）计算待选三端稳压器的功耗，选定三端稳压器。

已知 $U_2 = 16V$，$U_o = 15V$ 和 $I_o = 0.1A$。

整流滤波电路输出的电压 $U_C = 1.2U_2 = 1.2 \times 16 = 19.2$（V）

三端稳压器的调整管承受的电压 $U_{1-2} = U_C - U_o = 19.2 - 15 = 4.2$（V）

三端稳压器的功耗 P_W 应为流过它的电流 I_o 乘以其内调整管的电压 $U_{1-2} = 4.2V$，即

$$P_W = U_{1-2}I_o = 4.2 \times 0.1 = 0.42 \text{（W）}$$

根据上述有关的稳压器参数，查半导体器件手册，选用 CW78M15，其技术参数 $U_o = +15V$，$I_{CM} = 0.5A$，输入电压 $U_{in} = 14 \sim 35V$，完全满足本题要求。

（3）选择滤波电容器 $C_1 \sim C_4$。

为了使整流滤波后输出电压有足够小的纹波系数，一般取滤波时间常数 $R_LC = (3 \sim 5)T$，式中 $T = \frac{1}{f}$，对于工频 $f = 50Hz$，则 $T = \frac{1}{f} = \frac{1}{50} = 0.02$（s）

负载电阻 $R_L \approx U_C/I_I = 1.2U_o/I_I$，式中 $I_I = I_o + I_{ST}$，I_{ST} 为三端稳压器 CW78M15 的静态电流，查相关使用手册，$I_{ST} = 6mA$。故 $I_I = I_o + I_{ST} = 100 + 6$（mA）$= 0.106A$。

$$R_{\text{L}} = \frac{1.2 U_{\circ}}{I_{\text{I}}} = \frac{1.2 \times 15}{0.106} = 169.8 \ (\Omega)$$

对滤波时间常数 $R_{\text{L}}C = (3 \sim 5) \ T$ 中的系数取 5，则

$$C = \frac{5T}{R_{\text{L}}} = \frac{5 \times 0.02}{169.8} = \frac{0.1 \ (\text{s})}{169.8 \ (\Omega)} = 589 \ (\mu\text{F})$$

取 $C = 1000 \mu\text{F}$。

电容器的耐压 $U_{\text{CM}} \geqslant \sqrt{2} U_{\text{C}} = \sqrt{2} \times 16 = 22.6\text{V}$，故选取 C_1、C_3 为 CD10 型或 CD11 型铝电解电容器，如 CD10-25V-1000μF-Ⅱ 或 CD11-25V-1000μF-Ⅱ。

图 8.37 中的 C_2、C_4 为防自激振荡用的高频滤波电容器，一般取值为 $0.01 \sim 0.1 \mu\text{F}$，选用小型 CI3-1 型玻璃釉电容器，如 CI3-1-63V-0.1μF-Ⅱ 等。

参考文献

［1］ 童诗白．模拟电子技术基础［M］．北京：人民教育出版社，1982.
［2］ 清华大学通信教研室．高频电路［M］．北京：人民邮电出版社，1980.
［3］［日］太阳光发电研究中心．太阳电池の本［M］．北京：化学工业出版社，2010.
［4］ 黄汉云．太阳能光伏照明技术与应用［M］．北京：化学工业出版社，2009.
［5］ 陈永甫．电工电子技术入门［M］．北京：人民邮电出版社，2005.
［6］ 陈永甫．常用电子元件及其应用［M］．北京：人民邮电出版社，2005.
［7］ 陈永甫．常用半导体器件及模拟电路［M］．北京：人民邮电出版社，2006.
［8］ 陈永甫．数字电路基础及快速识图［M］．北京：人民邮电出版社，2006.
［9］ 陈永甫．实用无线电遥控电路［M］．北京：人民邮电出版社，2007.
［10］ 陈永甫．电子电路智能化设计实例与应用［M］．北京：电子工业出版社，2002.
［11］ 陈永甫．用万用表检测电子元器件［M］．北京：电子工业出版社，2008.
［12］ 陈永甫．电子工程师技术手册［M］．北京：科学出版社，2011.
［13］ 陈永甫．电子技师技术手册［M］．北京：科学出版社，2013.

反侵权盗版声明

电子工业出版社依法对本作品享有专有出版权。任何未经权利人书面许可，复制、销售或通过信息网络传播本作品的行为，歪曲、篡改、剽窃本作品的行为，均违反《中华人民共和国著作权法》，其行为人应承担相应的民事责任和行政责任，构成犯罪的，将被依法追究刑事责任。

为了维护市场秩序，保护权利人的合法权益，我社将依法查处和打击侵权盗版的单位和个人。欢迎社会各界人士积极举报侵权盗版行为，本社将奖励举报有功人员，并保证举报人的信息不被泄露。

举报电话：（010）88254396；（010）88258888

传　　真：（010）88254397

E-mail：　dbqq@phei.com.cn

通信地址：北京市万寿路 173 信箱

　　　　　电子工业出版社总编办公室

邮　　编：100036